未爆弹药处置技术

谢兴博 周向阳 李裕春 钟明寿 编著

国防工业出版社
·北京·

内 容 简 介

本书系统介绍了未爆弹药组成与结构、处置技术、销毁技术、处置行动流程和安全技术，重点介绍未爆弹处置原则和未爆弹的侦察、探测、挖掘、识别、装卸、运输、处置方法，以及原地炸毁、野外集中炸毁与燃烧等销毁技术，明确了未爆弹药处置行动的原则及要求、准备工作、行动内容与实施程序等。此外，本书还对未爆弹药处置与销毁的安全风险评估、安全设计和技术措施进行了阐述。

本书可作为在试验、训练、演习等环节中出现未爆弹药的处置教材，也可为处置战争遗留未爆弹药和销毁废旧弹药提供参考。

图书在版编目（CIP）数据

未爆弹药处置技术 / 谢兴博等编著. —北京：国防工业出版社，2021.9 重印
 ISBN 978-7-118-11862-9

Ⅰ. ①未… Ⅱ. ①谢… Ⅲ. ①弹药–处理 Ⅳ. ①TJ410.89

中国版本图书馆 CIP 数据核字（2019）第 116684 号

※

*国防工业出版社*出版发行
（北京市海淀区紫竹院南路 23 号　邮政编码 100048）
北京虎彩文化传播有限公司印制
新华书店经售

*

开本 787×1092　1/16　印张 14　字数 300 千字
2021 年 9 月第 1 版第 2 次印刷　印数 1501—2500 册　定价 75.00 元

（本书如有印装错误，我社负责调换）

国防书店：(010)88540777　　　发行邮购：(010)88540776
发行传真：(010)88540755　　　发行业务：(010)88540717

前　言

未爆弹药一是指已被解除保险、起爆、点火或以其他方式准备使用或已经使用，因各种原因可能在点火、投掷、发射、埋设后由于引信失效、功能失灵、设计缺陷、超过使用期限、勤务处理中受潮霉变生锈、破裂受损或其他原因而没有爆炸的弹药；二是指在武装冲突中没有被使用，但被武装冲突当事方留下来或遭集中遗弃、丢失、掩埋，而且已不再受其控制的爆炸性弹药。

军队在战争、军事演习、训练或新型弹种试验中，也会出现许多落地后的未爆弹药。此外，经历战争和武装冲突多年后的国家或地区仍有数目相当可观的未爆弹药被遗留下来。

战争中的未爆弹药会对人员造成杀伤，迟滞或阻碍部队人员和装备机动，甚至延误战机。演习、训练、新型弹药试验出现的未爆弹药，容易对误入区域或捡拾后处理不当的当地群众和牲畜造成爆炸事故。战争遗留下来的未爆弹药所处地点位置不明，空投的航弹、发射的炮弹、埋设或抛撒的地雷等出现的未爆弹药，多数钻入或埋入地下土中，或沉落于江河淤泥之中，经日晒雨淋或水流冲刷，地表已发生变化，所处地点位置无明显特征，难以探测、定位、发现，严重威胁当地人民群众的生命财产安全。

由于弹药具有易燃易爆的固有特性，因此，对未爆弹药的处置要求专业性非常强，处置过程风险性相当大、安全要求特别高。特别是对于一些安全性差、性能不稳定的未爆弹药，在接近、挖掘、运输、销毁等过程中稍有不慎，就会造成重大的安全事故，对作业人员的生命安全造成威胁，甚至给部队和社会的安全稳定带来严重的负面影响。如何安全、迅速地处置未爆弹药，是世界各国一直都在进行研究的重大课题之一。作为军队装备保障的重要力量，对废旧弹药实施安全高效销毁处理，积极研究探索销毁处置技术、安全防护措施和组织指挥程序，对于消除未爆弹药隐患、确保部队作业人员和人民群众生命财产安全、促进社会稳定和经济发展具有十分重要的意义。

本书较为全面地介绍了未爆弹药的组成、处置、销毁和安全防护技术。全书共分 6 章。第 1 章为未爆弹药处置概述，概要介绍了未爆弹药概念、特点、处置方法，阐述了未爆弹药处置的意义。第 2 章为未爆弹药的组成与结构，主要对弹药的基本组成、常见弹药结构进行了介绍，分析了弹药可靠性与未爆原因。第 3 章为未爆弹药处置技术，包括处置原则及行动指南、处置程序、侦察与前期处置、未爆弹药探测技术、挖掘识别、处置方法、未爆弹药的装卸和运输。第 4 章为未爆弹药销毁技术，主要包括原地炸毁法、野外炸毁法销毁技术、野外烧毁法销毁技术、燃烧罐销毁枪弹信号弹技术、野外销毁处理作业实施程序与标准、销毁作业安全规定等内容。第 5 章为未爆弹药处置行动，包括行动处置的原则及要求、准备工作、处置行动内容与实施程序。第 6 章为未爆弹药处置与销毁安全技术，介绍了未爆弹药的风险评估、销毁作业事故树分析及安全措施、未爆弹药销毁安全防护设计，以及爆破震效应、爆破冲击波与噪声、爆破飞散物的计算与控制措施。

本书主要从技术和组织程序上介绍未爆弹的处置，对部队处置战争和训练中的未爆弹药、地方处理战争遗留哑弹、销毁过期弹药均有指导意义。

目 录

第 1 章 未爆弹药处置概述 1
  1.1 未爆弹药概念及其处置意义 1
  1.2 未爆弹药特点与处置方法选择 3
    1.2.1 未爆弹药的特点 3
    1.2.2 未爆弹药销毁处置方法选择 4
  1.3 未爆弹药处置技术研究现状 5
    1.3.1 国外处置技术研究现状 5
    1.3.2 国内处置技术研究现状 6
    1.3.3 国内外聚能装药处置技术研究现状 7
  1.4 未爆弹药处置存在的问题 8

第 2 章 未爆弹药的组成与结构 10
  2.1 未爆弹药的组成 10
    2.1.1 弹药壳体 10
    2.1.2 弹药装填物 11
    2.1.3 引信 13
    2.1.4 投射部 18
    2.1.5 稳定部 19
  2.2 常规未爆弹药的结构 19
    2.2.1 航空炸弹的结构 19
    2.2.2 炮弹的结构 33
    2.2.3 迫击炮弹 35
    2.2.4 火箭弹 36
    2.2.5 导弹 37
    2.2.6 枪榴弹 38
    2.2.7 手榴弹 38
    2.2.8 地雷的结构 42
  2.3 弹药可靠性与未爆原因分析 46
    2.3.1 弹药可靠性 46
    2.3.2 弹药未爆原因分析 46
    2.3.3 演习训练未爆弹预防措施 47

第3章 未爆弹药处置技术 ··· 49
3.1 未爆弹药处置原则与应急行动 ··· 49
3.1.1 未爆弹药处置原则 ··· 49
3.1.2 应急行动 ··· 50
3.2 未爆弹药处置程序 ··· 55
3.2.1 战场敌方未爆弹和演训未爆弹药 ······································· 55
3.2.2 战争遗留、废弃未爆弹药 ··· 56
3.3 未爆弹药侦察与前期处置 ··· 57
3.3.1 落弹观察 ··· 57
3.3.2 前期处置 ··· 58
3.3.3 现场侦察 ··· 60
3.3.4 未爆弹药状态与判断 ··· 63
3.4 未爆弹药探测技术 ··· 66
3.4.1 概述 ··· 66
3.4.2 低频电磁感应探测技术 ··· 68
3.4.3 高频探测技术 ··· 68
3.4.4 脉冲雷达探测技术 ··· 69
3.4.5 红外成像探测技术 ··· 71
3.4.6 声学探测技术 ··· 73
3.4.7 核四极矩共振探测技术 ··· 75
3.4.8 中子探测技术 ··· 77
3.4.9 生物探测技术 ··· 79
3.5 未爆弹药挖掘 ··· 81
3.5.1 未爆弹药开挖总体要求 ··· 81
3.5.2 挖弹 ··· 82
3.5.3 取弹 ··· 83
3.6 未爆弹药识别 ··· 83
3.6.1 未爆弹实际状况 ··· 83
3.6.2 标志识别 ··· 85
3.6.3 外观特征识别 ··· 92
3.6.4 日制化学弹的识别 ··· 103
3.7 未爆弹药处置方法 ··· 104
3.7.1 动磁炸弹人工拆卸法 ··· 104
3.7.2 航空弹药人工拆除法 ··· 105
3.8 未爆弹药的装卸和运输 ··· 108
3.8.1 未爆弹药的分类包装 ··· 108
3.8.2 未爆弹药的装卸 ··· 108

3.8.3　未爆弹药的运输 ·· 109
　　3.8.4　未爆弹药储存要求 ·· 110

第4章　未爆弹药销毁技术 ·· 111
4.1　原地炸毁法 ·· 111
　　4.1.1　炸毁法原理 ··· 111
　　4.1.2　炸毁药量 ·· 118
　　4.1.3　装药设置部位与方法 ·· 119
　　4.1.4　聚能金属射流销毁技术 ······································· 120
　　4.1.5　起爆 ··· 122
4.2　野外炸毁法 ·· 123
　　4.2.1　炸毁法原理与特点 ·· 123
　　4.2.2　炸毁对象 ·· 126
　　4.2.3　炸毁法场地和安全警戒距离 ································· 126
　　4.2.4　炸毁方法 ·· 127
　　4.2.5　安全要求 ·· 132
4.3　野外烧毁法 ·· 132
　　4.3.1　烧毁原理与特点 ··· 132
　　4.3.2　烧毁对象 ·· 132
　　4.3.3　烧毁场地和安全警戒距离 ···································· 133
　　4.3.4　烧毁方法 ·· 133
4.4　燃烧罐销毁枪弹信号弹技术 ······································ 135
　　4.4.1　燃烧罐烧毁原理 ··· 135
　　4.4.2　燃烧罐 ··· 135
　　4.4.3　安全要求 ·· 135
4.5　销毁未爆弹药其他技术 ··· 136
　　4.5.1　柔性聚能切割器销毁技术 ···································· 136
　　4.5.2　爆炸装置摧毁器 ··· 136
　　4.5.3　高热剂 ··· 137
　　4.5.4　导爆索切割技术 ··· 137
　　4.5.5　磨料水射流切割技术 ·· 137
　　4.5.6　高压液氮低温切割技术 ······································· 138
　　4.5.7　其他销毁技术 ·· 138
4.6　野外销毁处理作业实施程序与标准 ····························· 138
　　4.6.1　程序一：建立销毁作业组织机构 ·························· 138
　　4.6.2　程序二：鉴别区分待销毁器材 ····························· 138
　　4.6.3　程序三：勘察销毁场地 ······································· 139
　　4.6.4　程序四：拟制销毁实施方案 ································ 139

    4.6.5 程序五：炸毁法销毁作业实施程序 ································· 140

    4.6.6 程序六：烧毁法销毁作业实施程序 ································· 141

  4.7 废旧器材销毁作业安全规定 ·· 142

    4.7.1 基本规定 ··· 142

    4.7.2 销毁作业具体规定 ··· 144

第5章 未爆弹药处置行动 ··· 145

  5.1 未爆弹药处置行动的原则及要求 ·· 145

    5.1.1 未爆弹处置行动的基本原则 ·· 145

    5.1.2 未爆弹处置行动的基本要求 ·· 145

    5.1.3 未爆弹处置行动安全要求 ·· 146

    5.1.4 未爆弹处置行动安全要点 ·· 146

  5.2 未爆弹药处置的准备工作 ·· 147

    5.2.1 预先准备 ··· 147

    5.2.2 行动前的准备 ··· 149

  5.3 未爆弹药处置行动内容与实施程序 ·· 151

    5.3.1 排除作业现场布局 ··· 151

    5.3.2 未爆弹警戒范围 ··· 151

    5.3.3 器材检查 ··· 151

    5.3.4 前期处置与人员搜索 ··· 152

    5.3.5 地下探测 ··· 153

    5.3.6 未爆弹开挖 ··· 154

    5.3.7 未爆弹排除作业 ··· 155

    5.3.8 结束撤收 ··· 156

  5.4 未爆弹药处置行动示例 ·· 156

    5.4.1 未爆手榴弹处置方案 ··· 156

    5.4.2 未爆弹处置行动 ··· 157

  5.5 部分处置器材、软件介绍 ·· 162

    5.5.1 多旋翼无人机 ··· 162

    5.5.2 防护器具 ··· 166

    5.5.3 爆炸品储存箱 ··· 172

    5.5.4 激光引爆装置 ··· 172

    5.5.5 排爆机器人 ··· 176

    5.5.6 排爆杆 ··· 179

    5.5.7 未爆弹行动 APP ··· 181

第6章 未爆弹药处置与销毁安全技术 ··· 189

  6.1 未爆弹药的风险评估 ·· 189

    6.1.1 影响风险因子的各种输入参量 ······································ 189

6.1.2 风险评估及等级划分 ··· 191
 6.2 销毁作业事故树分析及安全措施 ·· 191
  6.2.1 销毁作业事故树分析 ··· 191
  6.2.2 销毁作业安全措施 ··· 194
 6.3 未爆弹药销毁安全设计 ·· 195
  6.3.1 爆破震动效应 ··· 195
  6.3.2 爆炸销毁飞散物 ··· 198
  6.3.3 爆破冲击波与噪声 ··· 202
  6.3.4 炸药的殉爆 ··· 206
  6.3.5 销毁安全防护设计 ··· 207
参考文献 ··· 213

第1章 未爆弹药处置概述

1.1 未爆弹药概念及其处置意义

一般弹药是指能在外界作用下发生爆炸并产生破坏和杀伤效应的爆炸物，如各种地雷、水雷、子弹、炮弹、火箭弹、爆破器等；特殊弹药是指炸药量较大、制作精巧、有较高科技含量且具有较大破坏和杀伤作用的爆炸物，如各种航弹、导弹等。更特殊的弹药是指一些能够发生核爆炸的弹药，如各种原子弹、氢弹等。这些弹药与各种发射或投掷武器相配合，被交战双方用来破坏敌方重要目标或杀伤人员，对于战争的取胜具有非常重要的作用。

未爆弹药英文缩写为 UXO（Unexploded Ordnance），未爆弹药一是指因各种原因可能在点火、投掷、发射、埋设后由于引信失效、功能失灵、设计缺陷、超过使用期限、勤务处理中受潮霉变生锈、破裂受损或其他原因而没有爆炸的弹药；二是指在武装冲突中没有被使用，但被武装冲突当事方留下来或遭集中遗弃、丢失、掩埋，而且已不再受其控制的爆炸性弹药。前者通常已经装入起爆炸药、引信而进入待发状态；后者可能未装入起爆炸药或引信，处于相对安全状态。

未爆弹也可分为战场、战争遗留、演训和过期未爆弹。战场未爆弹主要为敌方袭击后的未爆弹，弹药种类、性能不掌握，放置时间短，弹体受环境腐蚀轻，处置程序复杂。军队在平时的军事演习、训练或新型弹种试验中出现的未爆弹药，种类、性能相对明确，放置时间短，弹体受环境腐蚀轻，处置程序较为复杂。当今世界和平为主体，经历战争和武装冲突多年后的国家或地区，至今仍有数目相当可观的未爆弹被遗留下来。战争遗留未爆弹时间长，弹体和部件受环境腐蚀和影响严重，性状不明，挖掘、转移较新生未爆弹略微安全。过期未爆弹起爆炸药或引信与主装药分离，存放环境较好，相对安全。

现代武器弹药高度智能化，除了当时造成目标破坏和人员杀伤之外，故意产生一定数量的未爆弹或等待一定条件才能爆炸的弹药，严重影响部队行进，阻碍机场、跑道抢修，威胁人员生命，及时安全地排除关键部位的未爆弹对赢得战争胜利至关重要。

战争中敌我双方利用飞机互相轰炸，是常用的作战方式。除了配合地面部队的直接战斗行动实施轰炸外，还向对方的政治经济中心、军事基地、军事工业、重要工矿地区和交通枢纽等目标进行轰炸。第二次世界大战期间，除美国外，各参战国的后方无不受到飞机的轰炸，损失极其惨重。据统计，美、英、苏联等国空军对德国投弹 4.2×10^6 t，被炸死的平民就有 50 多万人，约为第二次世界大战中德国全部死亡人数的 9%。德国有 19.2%（1500 架）的飞机是苏联用轰炸方式在机场上消灭的。在第二次世界大战中，航空兵共击沉大型水面舰艇（战列舰、航空母舰、巡洋舰和驱逐舰）272 艘，占击沉大型舰艇总数的 38.3%。美国在该次大战中共投弹 2.06×10^6 t，其中在日本就投了 17.45×10^4 t，仅 1945 年 3 月就对东京投弹 2×10^3 t，造成 10 万人死亡，4 万多人受伤，100 多万人无家可归。美国在朝鲜战争期间，仅头 18 个月就出动轰炸机近 17 万架次，投弹近 5×10^5 t，相当于第二次世界大战中美国轰炸日本本土总投掷量的 3 倍。在整个朝鲜战争期间，美国投弹近 1.0×10^6 t。1965 年 2 月 7 日开始到 1973 年，美国在越南北方共投弹 7.48×10^6 t，相当于美国在第二次世界大战中总投弹量的 3 倍以上。

战争经验证明，空袭轰炸后，往往会留下许多未爆炸弹。据统计，美国在第二次世界大战中所投下的炸弹，有 5%~10% 没有爆炸。美国在越南战争中所投下的炸弹，据计算有 10%（约 2.0×10^6 颗）以上没有爆炸。苏联在第二次世界大战后，陆续处理了 2.25×10^5 颗未爆炸弹。西班牙战后处理了 7×10^4 颗未爆炸弹。在 20 世纪 90 年代初的海湾战争中，美军投放了含有近 14×10^6 枚子弹的各类子母弹，按子弹失效率 5% 计，有近 7×10^5 枚子弹遗撒在海湾地区，对当地居民与驻军的生命安全造成了严重威胁。一则报道称，美军在"沙漠风暴"行动中，共发生了 94 起未爆弹意外伤害事故，伤 104 人，亡 30 人，至少 19 名士兵是被未爆的集束炸弹炸死，占海湾战争美军死亡人数的 10%，同时，有上百名当地居民被未爆弹致死。海湾战争结束后，有 2000 多名科威特人受到未爆弹的伤害，其中大部分是儿童。据不完全统计，全世界每年大约有 5000 多位平民受到未爆弹的意外伤害。

战场上使用地雷也是有效的反机动手段，这就是世界各国军队为何密切关注地雷和布雷器材发展和应用的原因。运用地雷武器与敌方作战不仅是工程兵单一兵种的任务，而且也是其他相关军兵种的任务。其他军兵种也要配备相关种类的地雷协同，地雷的大量使用，在战争中给作战部队带来严重威胁，更严重的是给战后恢复重建带来长期的危害。排除战后残留地雷，需要投入很大的财力、物力，耗费很长时间。海湾战争后，科威特为了排除伊拉克布设的地雷，已花费了数十亿美元。据一些国家和国际组织不完全统计，目前在全球 68 个国家内仍埋有 0.65×10^8~1.1×10^8 枚地雷及未爆弹药，主要分布在非洲、亚洲及欧洲地区。可以说，哪里有战争，哪里就有战争遗留的雷患问题。一些雷患严重国家的人们不无伤感地表示：战争或许停止，但是对付地雷的战争会永远伴随着他们，成为当地人们心中永远的痛。雷患正在严重威胁着那里的无辜平民，特别是妇女和儿童，无数的人遭受着地雷的痛苦。地雷使农田无法耕种，道路无法使用，人们无法返回家园，严重阻碍着各国战后重建和经济发展。

据国际红十字会统计，世界上每年因战争遗留爆炸物而导致人员致伤、致残、致死的事故数以万计。其中，在 1979 年 1 月至 2003 年 12 月期间，柬埔寨共发生了 60289 起地雷/UXO 伤亡事故，记录在册的地雷/UXO 伤亡人员超过 6×10^4 人，其中约 30% 死亡，约 70% 计 4×10^4 人遭受非致命伤害（被烧伤、致盲，或导致截肢、瘫痪），丧失劳动力。

据世界残联的统计，仅 2001 年至 2002 年，新增了 15000 个地雷/UXO 受害者。

2001 年 10 月 25 日上午 9 时许，泰国呵叻府巴冲地区一座存储火箭弹的军火库发生爆炸，持续爆炸长达 8h，造成至少 19 人死亡，100 余人受伤，事故原因是一辆满载旧弹药的卡车开往销毁场途中，在军火库附近倾覆引发爆炸并引起军火库大爆炸。2005 年 9 月 7 日，中国台湾高雄县大树乡的军备局生产制造中心 203 厂，处理直径 5.56mm 子弹时突然失火引发爆炸，造成 3 人死亡。2009 年 11 月 13 日晚，位于俄罗斯中部城市乌里扬诺夫斯克的俄罗斯海军第 31 号军火库，工作人员对废旧炮弹回收处理时引发连环爆炸，造成 2 人死亡，40 余人受伤。11 月 23 日下午两点半，俄军士兵清理残存弹药运往郊区销毁，装有残存未爆弹的车辆一启动就发生爆炸，造成专业排爆的 2 名军官和 8 名士兵死亡，2 人重伤。

由于弹药具有易燃易爆的固有特性，因此，对未爆弹药的处置要求专业性非常强，处置过程风险性相当大、安全要求特别高。特别是对于一些安全性差、性能不稳定的未爆弹药，在挖掘、运输、销毁等过程中稍有不慎，就会造成重大的安全事故，对作业人员生命安全造成威胁，甚至给部队和社会的安全稳定带来严重的负面影响。如何安全、迅速地处置未爆弹药，是世界各国一直都在进行研究的重大课题之一。作为军队装备保障的重要力量，对废旧弹药实施安全高效销毁处理，积极研究探索销毁处置新技术，对于消除未爆弹药隐患、确保部队作业人员和人民群众生命财产安全、促进社会稳定和经济发展具有十分重要的意义。

1.2 未爆弹药特点与处置方法选择

1.2.1 未爆弹药的特点

（1）战争中未爆弹种类不明，性状不清。无论是敌方无意还是有意出现的未爆弹，其引信类型和作用原理不了解，产生未爆原因不清楚，盲目处置会引发爆炸造成更大伤亡。

（2）未爆弹药所处地点位置不明，发现困难。空投的航弹、发射的炮弹、埋设或抛撒的地雷等出现的未爆弹药，多数钻入或埋入地下土中，或沉落于江河淤泥之中，经日晒雨淋或水流冲刷，地表已发生变化，所处地点位置无明显特征，或者雷场文件缺失，难以探测、定位、清理和收集。严重威胁当地人民群众的生命财产安全，处置前必须进行详细探测，以判明其具体地点和位置。

（3）未爆弹药的挖掘难度大，处置作业危险性极高。战后遗留的未爆弹药，多数是由于引信内部故障（如保险未解脱或击发机构被卡等）所引起，经历长时间的地下埋藏、水流冲蚀、弹体腐蚀等不稳定环境的影响，一旦保险装置失去作用或击发机构偶然激发，弹药随即爆炸。尤其是当未爆弹药位于密集居民区、重要建筑设施附近时，需要将其挖掘运至安全地点再行销毁，挖掘运输过程危险性极大。因其性能最不稳定，状态最不易判别，对人民群众的生命安全与财产安全威胁也最大，进行销毁处理最为棘手。

（4）数量大，种类多。在第二次世界大战时期，日军和美军在我国境内投掷了大量制式弹药，其中航空炸弹主要有爆破弹、燃烧弹、杀伤弹，陆军弹药主要有炮弹、地雷、手榴弹、水雷、手雷、火箭弹或其他的特种弹药，还有一些难以判明的非制式弹药或疑似爆炸物，在湖南长沙、湘潭、常德等地，还发现有日军遗弃的化学弹药。

（5）埋入地下或江河水中历经数十载，仍具有较大杀伤破坏威力。我国所遇到的未爆弹药，多是抗日战争或解放战争期间遗留的产物，在国家基础设施建设和城建工程中进行土工作业时，经常挖掘出大量的未爆弹药。这些遗留的未爆弹药，在地下或江河之中埋藏数十年之久，经过长期腐蚀，锈迹斑斑，弹药类型鉴别困难，其性能极不稳定，仍有可能具备爆炸能力，严重威胁人民群众生命和财产安全。

（6）演习、训练、新型弹药试验出现的未爆弹药，安全隐患较大。在和平时期部队组织军事训练、演习或新型弹药试验过程中，也会出现发射后不发生爆炸的未爆弹药，此类未爆弹药数量虽然很少，但安全风险性极高。这是因为在和平时期人们的警惕性和安全意识往往不高，当地群众和牲畜容易误入未爆弹药区域或捡拾后处理不当而引起爆炸事故，处置此类未爆弹药的主要问题在于发现非常困难，转运难度很大，经过射击、投掷的弹药，虽未正常爆炸，一般情况下，弹药引信的保险已经解除，任何震动、撞击都有可能使其发火爆炸，需要花费大量的人力、物力来实施安全挖掘、运输和销毁处理。

（7）收缴的违规弹药种类繁多，性能不一，鉴别处置较为困难。这类未爆弹药主要是公安机关在历次清缴行动中收缴的散失遗弃在民间的子弹、炮弹、地雷、土炸弹、私配炸药和各类违禁烟花爆竹、烟火制剂等。此类未爆弹药种类繁多、状态多样，性能不一，通常情况下不易鉴别。在全国范围内，每年都有为数众多的爆炸物销毁处置任务，相关安全事故也时有报道，其危害性已引起各部门和社会的高度重视。

1.2.2 未爆弹药销毁处置方法选择

弹药销毁处理是一项技术较为复杂、危险性较大的工作，如果处理不当会引起重大事故。因此，如何安全、迅速、彻底地处置未爆弹药，是世界各国军队和军械领域一直都在进行研究的重大问题之一。

销毁处理弹药，应根据不同的销毁对象选择正确的销毁处理方法与销毁组织程序，这对于销毁工作的成败和安全至关重要。如果采用了错误的销毁方法或未按照规定的程序实施，不仅不能把弹药销毁，反而还会发生火灾、爆炸或中毒事故，造成人员伤亡和财物损失，此类事故在国内外时有发生。

弹药销毁处理方法有炸毁法、烧毁法、拆分法、掩埋法、深海倾倒法、聚能切割法、化学分解法、热解法等多种方法。

对于因炸药变质、引信失效或其他原因而不能满足作战、训练和储存要求的战技术性能的各类炸药、火药和未爆弹药，或超过规定年限失去了修理价值和使用价值的弹药，或按照弹药质量分级标准被确定为过期或淘汰的各种退役弹药，或因作战装备的更新而被取代的各种弹药，或因体制调整不再使用的各类弹药，以及因各种原因按总部文件要求作为废旧处理的各种弹药等，因为该类弹药数量较大，质量相对较好，其弹壳和战斗部装药有一定的回收和利用价值，一般采用转运至销毁站、军工厂等专业机构进行可回收式销毁方法的处理，以最大限度发挥其价值。利用专用设备拆分法等回收式销毁方法，以及利用专用烧毁炉烧毁法，本书不做介绍。对于掩埋法、深海倾倒法、聚能切割法、化学分解法、热解法等方法，本书也不做介绍，如需进一步了解其内容，可查阅相关专著。

对于以往战争中遗留下来的各种未爆弹药、公安机关在历次清缴行动中收缴的散失遗弃在民间的各类弹药，通常采用原地炸毁或经挖掘后转移至一安全空旷地点炸毁的方法处理，各类炸药、索类火具等一般采用烧毁法销毁。这两种方法是未爆弹药销毁处置的主要方法。战场未爆弹、和平时期军队实弹训练、演习试验中出现的各种未爆弹药，通常处置程序要考虑引信类型、弹药性状等因素，采取逐步排除、谨慎靠近、原地炸毁的方法。

1.3　未爆弹药处置技术研究现状

弹药的销毁处理与弹药本身相生相伴，自弹药产生之初，就同时产生了弹药的销毁处理技术，其发展大致可以划分为以下 3 个阶段：20 世纪 50 年代以前，受当时的经济水平与科技能力的限制，遗弃方法在销毁废旧弹药时广为采用，例如美国和英国曾长期将废旧弹药倾入公海，这一做法是不负责任的行为，存在长期的安全隐患。50 年代至 70 年代，废旧弹药的销毁处理问题逐渐受到各国的重视，发达国家逐渐淘汰遗弃的销毁方法，焚烧技术、炸毁技术逐渐发展并成熟，拆卸倒空再利用技术开始出现。70 年代至今，销毁过程中引发的污染问题逐渐得到重视，一些国家制定法律，对除战后未爆弹药外的其他废旧或退役弹药的焚烧及炸毁处理进行了诸多限制，更为先进、更为环保、更为科学的废旧弹药销毁处理新方法开始被人们追求和探索。

1.3.1　国外处置技术研究现状

弹药销毁处理是一项综合性较强的技术，其发展受到各国经济实力、科技能力和工业水平等多方面条件的限制。由于各国在发展进程与销毁能力上存在一定差异，导致技术水平参差不齐，但大致上可划分成两个层次：以美、英、德、瑞典等国为代表的欧美国家技术层次和以俄罗斯、乌克兰等国为代表的原华约国家技术层次。在进行倒空、拆卸、焚烧、炸毁等非军事化处理及弹药材料的再利用领域，欧美发达国家的技术能力较强，这主要得益于其具有先进的技术方法和完善的设备设施。欧美发达国家在废旧弹药处理领域具有以下 4 个特点：一是设施设备较为先进，销毁作业的机械化水平较高；二是重视技术开发，销毁作业的自动化程度较高，具有较高的销毁效率；三是注重废旧弹药处理过程中的环境保护，环保要求相对较高；四是重视对废旧弹药材料的再回收和再利用。

从发展趋势上来说，炸毁技术目前在欧美等发达国家只作为一种辅助性的销毁方法，但这种方法却有其余方法无可替代的优势与作用，因而在现实中也是一种必不可少的方法，世界各国都在对炸毁技术进行深入研究。例如，美国根据不同的地形、地质条件和人口密度，在东部地区因人口稠密进行深孔炸毁，在西部的荒漠地区进行浅埋炸毁，提高了销毁作业的效率。瑞典的博福斯公司，研制开发了一种可用来进行炸毁作业的可移动钢室，在一定程度上避免了露天炸毁可能带来的环境污染问题。

1.3.2 国内处置技术研究现状

我军与原华约国家的废旧弹药处理的技术层次相当，废旧弹药处理技术水平相对落后，存在的问题主要有：销毁作业的自动化程度不高，总体上仍然采用"简单机械+人工"的办法，废旧弹药的处理方法多数停留在粗放的烧毁、炸毁层次，技术手段多为简单的分解、拆卸和倒空，在分解拆卸作业中，每个工序环节都需要依靠人工完成，导致销毁作业中风险较高，效率较低，而且部分从业人员由于长时间从事废旧弹药销毁处理工作，对身体健康造成了相当程度的损害。

我军处理废旧弹药的方法比较传统，炸毁法在处理废旧弹药中应用较多，其做法主要为采用炸药进行殉爆，将一定当量的猛炸药置于待销毁弹药的环形面上，引爆猛炸药后通过殉爆引爆弹丸，从而实现弹药的销毁处理。炸毁法销毁弹药时，一般难以用单发雷管将销毁对象直接引爆，必须要有一定数量的炸药作为诱爆装置，这种诱爆装置称为起爆体。起爆体由炸药、雷管等爆破器材组成，常见的起爆体有导火索起爆体、电力起爆体、导爆索起爆体、聚能起爆体等。实际作业中，对于数量较多的未爆弹药，挖掘收集后常用装坑爆破法进行炸毁，具体方法是将待销毁弹药按一定的形状堆放在事先挖好的坑中，立式装坑法（图 1-1）和辐射状装坑法（图 1-2）使用比较广泛。

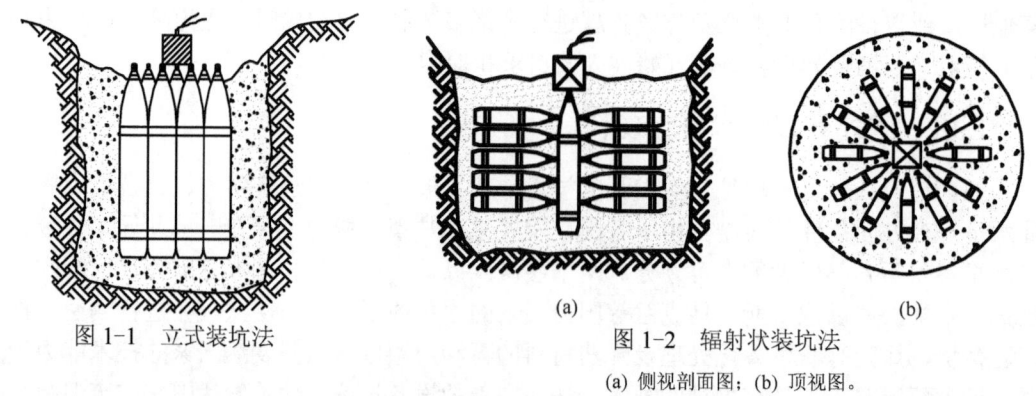

图 1-1 立式装坑法

图 1-2 辐射状装坑法

(a) 侧视剖面图；(b) 顶视图。

堆码完毕后，用土或沙将弹体进行掩埋，采用电点火或导火索点火的方式对起爆体实施起爆，起爆体爆炸后将坑内的弹药引爆，从而达到销毁的目的。装坑爆破法的优点是操作简单且使用方便，但作业时的装药量较大，对于弹壳较厚弹体的殉爆率较低，销毁作业的可靠性无法得到保证。

1.3.3 国内外聚能装药处置技术研究现状

第二次世界大战之后，各国对于聚能装药技术的研究进入一个高峰期，聚能装药技术在反装甲武器上得到了大量应用。随着聚能技术的不断发展与成熟，其也被应用于起爆器材，近年来在未爆弹的清除方面发挥了巨大作用。

1. 国外聚能销毁技术研究现状

在英国、瑞典等欧美国家，聚能金属射流引爆未爆弹药的技术已比较成熟，由于聚能销毁弹适用于多种弹药的引爆，其操作简便、费用经济，现已被西方国家大量采用，形成了一批聚能引爆弹装备。瑞典的波费司公司，采用聚能装药技术设计生产了 SM-EOD 系列装备，该装备由聚能破甲部分、三角架、颈部支撑杆和传火起爆装置构成，配有瞄准具，能根据现场情况调整三脚架和颈部支撑杆，从而达到最佳的瞄准位置。SM-EOD 系列装备根据装药量和作用距离分为多种型号，用于多种场合下未爆弹的销毁。例如，SM-EOD20 型聚能引爆弹能引爆可见的或被雪、水、土壤覆盖厚达 10cm 的未爆弹；JN-CW35 型聚能引爆弹是在未爆弹销毁方面使用最广的型号，它能够处理引爆裸露地面，或埋藏于土壤 20cm 以内的未爆弹；SM-EOD67 聚能引爆弹可用于销毁各种配有电子装置的未爆弹，能够引爆裸露或被雪、水、土壤覆盖的未爆弹药，引爆弹上配备有瞄准装置，能销毁 0.5～3m 距离上的未爆弹；SM-EOD130/190 聚能引爆弹装药较多，穿透能力强，主要用于处理被土壤、雪或水覆盖较深的大型炸弹、航弹等未爆弹，能够引爆埋藏于地下 2m，淹没于水下 2.5m 处的未爆弹。表 1-1 所列为国外几种常见聚能销毁弹的主要技术参数。

表 1-1 国外几种聚能销毁弹主要技术参数

型号	外部尺寸/mm	长度/mm	总质量/g	装药类型	装药重量/g	药形罩材料	壳体材料
SM-EOD20	24	55	96	HWC94.5/4.5/1	11.5	铜	塑料
JN-CW35	35	90	215	HWC94.5/4.5/1	55	铜	塑料
SM-EOD67	70	162	970	HWC94.5/4.5/1	444	铜	铝
SM-EOD130	198	241	6790	PBXN-6	130/1540	铜	塑料
SM-EOD190	220	297	14100	PBXN-6	190/7830	铜	塑料

美军已将聚能射流技术应用于聚能销毁弹上，主要用于对埋藏于地下的路边弹等进行销毁处理，该聚能销毁弹被安装在排爆车上，在伊拉克战争和阿富汗战争中对路边炸弹进行排爆。据报道，2009 年美军进行了聚能装药排爆试验，将聚能销毁弹与机器人技术进行结合，在无人参与现场的情况下实现了安全排爆，降低了作业人员直接参与排爆作业的危险性。

2. 国内聚能销毁技术研究现状

聚能装置按装药结构一般可以分为线性装药和锥形装药，这两类装药结构在废旧弹药销毁领域均有应用，国内学者对利用锥形装药和线性装药销毁废旧弹药都进行了大量研究：一是研究了用导爆索串联的聚能射孔弹，选择良好的销毁场地进行了未名弹药的销毁，取得了较好的销毁效果；二是研究分析了大口径弹药的壳体厚度、材料以及装药类型等，结合聚能射流的特性论证了利用聚能射流销毁大中口径弹药的可行性，使用聚能装置对大壁厚的某型破甲弹进行了现地销毁试验；三是针对部分大壁厚弹药的结构特点，对利用聚能射流实施销毁作业的可行性进行了分析，设计了一款具有轴对称结构的聚能销毁装置，同时对该装置的有利炸高进行了研究；四是分析了传统销毁技术在处理危险弹药方面存在的安全隐患，研究了利用锥形聚能装药销毁废旧弹药的作用原理和效能，通过现地试验验证了锥形装药在引爆某型号榴弹方面的可靠性，进而设计了一款聚能销毁装置；五是分析了使用口径较小的聚能装置销毁大中口径废旧弹药的可行性，利用设计好的聚能装置对某型号破甲弹进行了销毁试验；六是针对待销毁弹药多样性的特点，按照待销毁弹药的主要技术参数设计了一款多用途的聚能销毁弹，该销毁弹采用模块化结构，可根据销毁对象不同进行组合和拼装，采用该销毁弹进行现地销毁试验表明其具有良好的销毁效果。

综上所述，目前国内在聚能装药弹药销毁领域开展了一系列研究，从不同角度分析了利用聚能射流销毁废旧弹药的可行性，并通过不同方法利用聚能射流实施了对废旧弹药销毁处理，取得了一定成果，但这些研究的系统性还不够，在弹药销毁领域也没有形成制式的聚能装药销毁器材。

1.4 未爆弹药处置存在的问题

未爆弹处置出现过多起事故，有运输废旧弹药时意外爆炸、搬运中跌落爆炸、处置方法不当爆炸的，也有检查人员在爆后不按规定提前进入现场造成事故等。总体分析造成事故的原因有以下几点：

（1）未爆弹本身性能极不稳定，容易爆炸。弹药未爆的原因很多，也很复杂。处于临界状态下的未爆弹极易受到外界影响而发生爆炸，所以在处置未爆弹时要慎之又慎。

（2）思想上不重视，对未爆弹危险性认识不足。未爆弹处置凭经验，为简单省事不按科学方法、正确程序处理是事故的原因之一。所以，每次处置未爆弹都要从最坏处考虑，提高思想认识，采取有效措施。

（3）处置人员缺少专业知识，方法不当。炸药、火工品以及弹药种类繁多，性能差异很大，在没有经过系统学习和培训的情况下，接近、挖掘、分拣、装箱、运输、销毁等环节处置不当，均埋下安全隐患。例如，有人私自拆解信号弹时，在人工拆解的废屑和药剂上面洒水，造成金属镁粉和水反应产生氢气发生爆燃，造成人员严重烧伤。

（4）未爆弹处置缺乏规范程序，组织指挥有失误。目前，未爆弹处置凭个人认识和经验，缺乏统一而科学可靠的程序，处置人员主观臆断容易出现判断和操作错误，组织者也无法正确决策和指挥。特别是组织实施不到位就容易产生事故，未爆弹处置过程中一次死伤多人的事故，都有组织失误的原因。

（5）不了解弹药性能，盲目蛮干。弹药类型差异很大，内部结构不一，引信也五花八门，不能一概而论。对毒气弹应交专门机构处置，对燃烧弹等特殊弹种要采取安全措施。

本书力争从弹药常识、销毁技术、处置程序和安全设计等方面，对未爆弹处置与销毁进行阐述。

第 2 章　未爆弹药的组成与结构

2.1　未爆弹药的组成

弹药通常由战斗部、引信、稳定部、引导部、投射部等组成。战斗部是弹药毁伤目标和完成既定终点效应的核心部分，部分弹药如手榴弹、地雷等仅由战斗部单独组成。对未爆弹药进行销毁处理，最主要的就是对战斗部的销毁，以消除弹药的杀伤和破坏作用，典型的战斗部由壳体与装填物两部分组成。

2.1.1　弹药壳体

弹药壳体用于容纳炸药及各种战剂，并能与引信相连接，以确保战斗部能组成一个整体，同时还能盛装和保护发射药、主炸药等，以防止其受潮、变质及损坏。在某些情况下，壳体也是形成毁伤元的基体，利用聚能射流销毁弹药首先需要击穿其壳体。

1. 壳体材料

为确保弹体具有足够的强度，弹药壳体多采用高强度的钢材，最常用的是 D60 或 D55 炮弹钢。榴弹与航空炸弹的弹体材料多采用锻钢、无缝钢等钢质材料，少数采用高强度合金钢。迫击炮弹的壳体，多采用稀土球墨铸铁与钢性铸铁，但钢性铸铁强度较低、破片性能较差，因此更多采用稀土球墨铸铁。穿甲弹目前常使用穿甲能力强的高密度、高强度钨合金或贫铀合金材料。碎甲弹为了保证弹丸在碰击目标时既易变形又不破裂的需要，弹体采用强度较低、塑性较好的材料，兼顾发射强度的要求，通常主要选择 D15 钢和 D20 钢。地雷的雷壳可以由金属或木材、塑料、油纸等非金属材料制成，但更多采用金属材料。现阶段我军通用弹药弹丸壳体多为钢质材料。表 2-1 所列为几种典型通用弹药弹丸技术参数。

表 2-1　几种典型通用弹药弹丸技术参数

弹 药 名 称	弹壳材料	弹丸直径/mm	弹丸长度/mm	弹丸质量/kg
40mm 杀伤枪榴弹	铝壳（含钢珠）	40	289	0.36
手榴弹	钢	48	100	0.27
122mm 枪榴弹杀伤爆破榴弹	钢	121.9	660	21.76

(续)

弹 药 名 称	弹壳材料	弹丸直径/mm	弹丸长度/mm	弹丸质量/kg
130mm 加农炮杀伤爆破子母弹 39mm 型破甲子弹	钢	39.2	46.5	0.22
130mm 加农炮远程杀伤爆破榴弹	钢	130	814	32.2
152mm 加榴炮Ⅰ型杀爆榴弹	钢	152	700	43.56
60mm 迫击炮杀伤弹	球墨铸铁	60	382	2018
37mm 高炮曳光杀伤榴弹	钢	37	175	0.73

2．壳体厚度

弹药的壳体厚度是根据作用目标不同而设计的，其结构有较大的差别。设弹药圆柱部分的壳体厚度为 δ_d，口径为 D_d，则通常用弹丸圆柱部分壁厚 δ_d 与其口径 D_d 之比 λ 来描述弹药壳体厚度，即

$$\delta_d = \lambda D_d$$

榴弹壳体厚度一般规律是：杀伤榴弹 $\lambda=1/6\sim1/4$，杀伤爆破榴弹 $\lambda=1/8\sim1/5$，爆破榴弹 $\lambda=1/12\sim1/8$。由此可见，杀伤榴弹的弹药壳体厚度较大，爆破榴弹的弹药壳体厚度较小，杀伤爆破榴弹的弹药壳体厚度在两者之间。杀伤榴弹口径在 85～155mm 之间，平均壁厚在 $\delta=18.1\sim25.8$mm 之间。

迫击炮弹口径一般为 $D=60\sim120$mm，弹丸壳体厚度大于同口径杀伤榴弹，迫击炮弹壳体多用铸铁材料，力学性能同榴弹壳体材料相比较差。

破甲弹口径为 $D=100$mm 左右，$\lambda=1/3\sim1/4$。

碎甲弹弹丸较长，除了为保证弹带附近和弹底部分的发射强度而使其壳体厚度较大外，弹壳较普通榴弹更薄，有的碎甲弹壁厚最薄处只有 1.5～2.5mm。

穿甲弹弹壳较厚，装填炸药较少，不同口径的穿甲弹弹丸，其外表面距离炸药的弹壁厚不同，普通穿甲弹 $\lambda=0.22\sim0.37$，壁厚 $\delta=30\sim70$mm，并且弹体用特种钢材制成，力学性能好，炸毁处理比较困难。

航弹由于其特殊作用功能，口径较大，一般在 250mm 以上，壳体壁厚 $\delta=10.5\sim17.0$mm。

2.1.2 弹药装填物

战斗部的装填物主要有炸药、烟火药、预制或控制形成的杀伤穿甲等元件，还有生物战剂、化学战剂、核装药及其他物品。通过装填物（剂）的自身反应或其特性，产生相应的机械、热、声、光、化学、生物、电磁、核等效应来毁伤目标或达到其他战术目的。

常规弹药战斗部内装填物一般为炸药，也称为主装药。炸药是弹药爆炸、燃烧的能源物质，是毁伤目标的能源物质或战剂。弹药内所装填炸药根据其战斗需求装填满足其

特殊要求的炸药或药剂。弹药对目标和人员产生的破坏杀伤作用大小，均取决于炸药的种类、质量、数量。一般弹药的装填炸药主要如下：

（1）以黑索金、太安为主体的各类混合炸药，如梯黑炸药和各种塑性炸药；

（2）以硝化甘油为主体的各类混合炸药，如胶质炸药；

（3）TNT 或以 TNT 为主体的各类混合炸药；

（4）各类火药。

装填物根据弹药性质和用途有所不同，主要弹药的装填物如下：

（1）榴弹。通常采用的装填炸药为 TNT 和钝化黑铝炸药，在大威力远程榴弹中也采用高能 B 炸药，TNT 炸药通常用于大、中口径榴弹，钝化黑铝炸药一般用在小口径的榴弹中。

（2）迫击炮弹。该弹种弹体材料多采用铸铁，由于铸铁的力学性能较差，装药不易采用高能炸药，以防止弹体被炸得过于破碎，从而影响其杀伤威力，故装填的炸药一般为混合炸药，主要类型有锑萘炸药、铵锑炸药和热塑黑-17 炸药等。

（3）穿甲弹。装填的炸药是穿甲弹发挥二次效应的能源，由于穿甲弹药室较小，一般采用高威力炸药，既能发挥一定的爆炸作用，又具有一定的燃烧作用，常用的炸药有钝化 RDX、钝化黑铝炸药等。

（4）破甲弹。装填的炸药是形成高速高压金属射流的能源，要求炸药具有较高的能量，以便使其具有良好的破甲效果，通常选用黑/梯（50/50）炸药或 RDX 为主体的混合炸药或其他高能炸药。

（5）碎甲弹。为保证其在碰击目标时能更好地堆积，以便紧贴表面爆炸，要求使用在可能温度条件下具有一定塑性变形能力的炸药，通常采用塑性炸药。为提高层裂效应，还要求塑性炸药具有较高的猛度和较高的爆速。为防止装药在冲击作用下早炸，通常还在弹壳内腔的顶部装填一定感度较低、威力较小的弹性炸药。

（6）航空炸弹。弹体装药是其产生各种作用的主要能量来源，不同用途的航弹其装药类型也有所区别，可能是普通炸药、热核炸药、燃烧剂、特种药剂、化学战剂、生物战剂等。

（7）地雷。其装药通常采用铸装或压装的 TNT 炸药以及铸装的 TNT 与 RDX 混合炸药，也可能装有照明剂、发烟剂、燃烧剂、毒剂等。

为了详细说明常用弹药的装填物，表 2-2 和表 2-3 给出国产弹药几种典型装填物情况和美军几种常用弹药的装填技术参数。

表 2-2　国产弹药典型装药情况

炸药名称	曾用代号	说　明
TNT 炸药	T	TNT
铵梯炸药	A-80	硝酸铵 80%+ TNT20%
铵梯炸药	A-90	硝酸铵 90%+ TNT10%
铵梯炸药+TNT 炸药	AT-80	口部装 TNT，下部装 A-80

(续)

炸药名称	曾用代号	说明
铵梯炸药+ TNT 炸药	AT-90	口部装 TNT，下部装 A-90
TNT 炸药+烟火强化剂	TL	上部装 TNT，下部装烟火强化剂
梯萘炸药	TN-42	TNT58%+二硝基萘 42%
RDX 炸药	H	钝化 RDX
黑铝炸药	HR	RDX80%+铝粉 20%
黑梯炸药	HT-50	RDX50%+TNT50%

表 2-3 美军几种常用弹药的装填技术参数

炮装备名称	弹名	弹重/kg	弹体长/mm	药重/kg	装药种类	当量系数
90mm 加农炮	M71	10.67	0.416	0.957	B 炸药	1.35
105mm 榴弹炮	M1	14.89	0.494	2.08	B 炸药	1.35
155mm 榴弹炮	M107	43.89	0.613	6.985	B 炸药	1.35
175mm 加农炮	M437A2	66.70	0.868	14.06	B 炸药	1.00
203mm 榴弹炮	M106	90.72	0.875	13.60	TNT	1.00
106.7mm 迫击炮	M329	12.29	0.454	3.54	TNT	1.00
90mm 加农炮	M82	10.94	0.411	0.20	D 炸药	1.00
105mm 榴弹炮	M67	13.30	0.502	1.30	B 炸药	1.35
155mm 榴弹炮	M112B2	45.44	0.600	0.653	D 炸药	1.00

从国内外已经装备的各种炮弹装药的情况来看，弹药的装药种类主要有 TNT 炸药、黑梯混合炸药、钝化黑铝炸药、Bomb-B、PENT 炸药等，就其机械感度和冲击波感度而言，B 炸药是较钝感的一种装药，PENT 较敏感，TNT、钝化黑铝炸药和黑梯炸药属于中间范围。

2.1.3 引信

引信是弹药中用来为起爆药发生燃烧和爆炸提供初始能量的各种元器件的组装系列，也可称为起爆装置。引信是控制弹药内的炸药爆炸的决定性元件，它控制弹丸的起爆时机，以达到最佳的爆炸效果。不管是常规武器还是尖端武器，也不管是战术武器还是战略武器，除枪弹和炮弹用实心穿甲弹外，都不能缺少引信。弹药没有引信等于扔出去一块废铁球。弹药结构的简单与复杂，排除时的难与易，关键看其引信的组成。

1. 引信的分类

引信有各种分类方法：按作用方式分，有触发引信、非触发引信等；按作用原理分，有机械引信、电引信等；按配用弹种分，有炮弹引信、航弹引信等；按弹药用途分，有穿甲弹引信、破甲弹引信等；按装配部位分，有弹头引信、弹底引信等；还可按配用弹丸的口径、引信的输出特性等方面进行分类。

1）按与目标的关系分类

引信对目标的觉察分直接觉察和间接觉察，直接觉察又分接触觉察与感应觉察。图 2-1 所示为常用的引信分类。

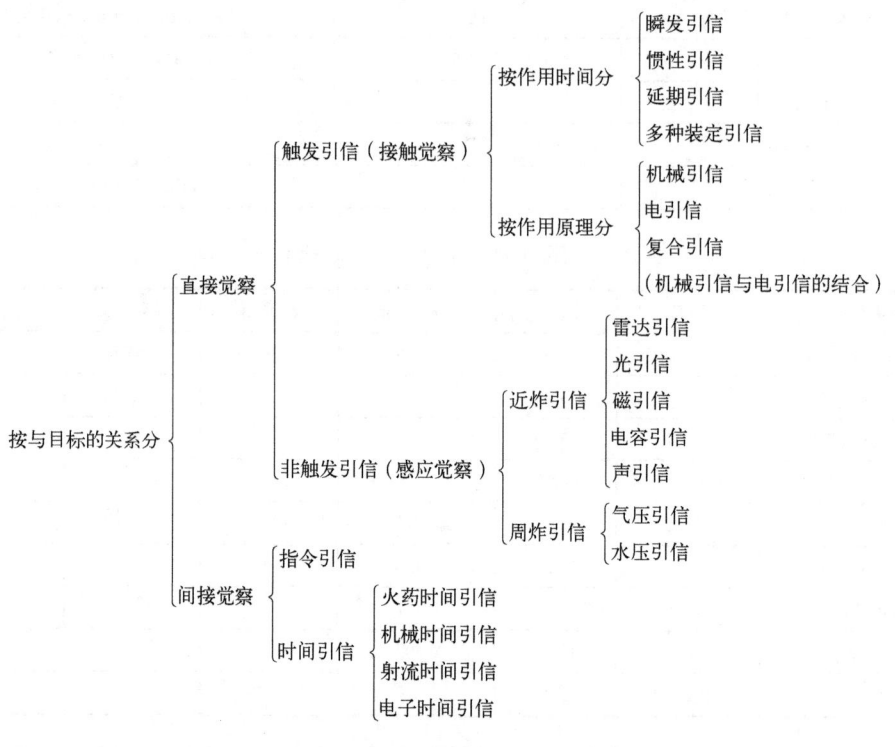

图 2-1　引信分类

在直接觉察类引信中，可以按作用方式分为触发引信和非触发引信等；触发引信按作用原理来分，分为机械引信、电引信等；非触发引信可分为近炸引信和周炸引信。目前，周炸引信用得极少，非触发引信几乎都是近炸引信。

瞬发触发引信，简称瞬发引信，指直接感受目标反作用力而瞬时发火的触发引信。瞬发引信广泛配用于要求高瞬发度的战斗部，如破甲战斗部、杀伤战斗部和烟幕战斗部等。

惯性触发引信是指利用碰击目标时的前冲力发火的触发引信。通常由惯性发火机构、安全系统和爆炸序列组成。惯性作用时间一般为 1～5ms。常配用于爆破弹、半穿甲弹、穿甲弹、碎甲弹、手榴弹和破甲弹或子母弹的子弹。

延期触发引信，简称延期引信，是指装有延期元件或延期装置，碰目标后能延迟一段时间起作用的触发引信。延期元件或延期装置可采用火药、化学或电子定时器。按延期方式可分为固定延期引信、可调延期引信和自调延期引信。按延期时间的长短又可分为短延期引信（延期时间一般为 1～5ms）和长延期引信（延期时间一般为 10～300ms）。有些触发引信的发火机构利用侵彻目标过程接近终结时前冲加速度的明显衰减而发火，虽然它的作用与时间并无直接关联，但习惯上仍称这种引信为自调延期引信。

多种装定引信，它兼有瞬发、惯性和延期3种或其中2种作用，这种引信需在射击装填前根据需要进行装定。

机械触发引信是指靠机械能解除保险和作用的触发引信。一般由机械式触发机构、机械式安全系统和爆炸序列等组成。当引信与目标碰撞后，引信的机械触发机构输出一个激发能量引爆第一级火工品从而引爆爆炸序列，继而使战斗部起爆。机械触发引信常用于各类炮弹、火箭弹、航空炸弹及导弹上。

机电触发引信是指具有机械和电子组合特征的触发引信。一般由触发机构、安全系统、能源装置和爆炸序列组成。当引信与目标碰撞后，引信的触发机构或能量转换元件（如压电晶体）输出一个激发能量引爆传爆序列、第一级火工品，从而引爆爆炸序列，继而使战斗部起爆。机电触发引信的电源可以采用物理电源、化学电源等，其发火机构可以是机械发火机构或电发火机构，主要应用于破甲战斗部、攻坚战斗部等。

复合引信是指具有一种以上探测原理（体制）的引信。本来包括多选择引信和多模引信，但现在一般特指这两种引信之外的几种探测原理（体制）复合而成的引信，如红外/毫米波复合引信、激光/磁复合引信、声/磁复合引信、主动/被动毫米波复合引信等。复合引信的优点是探测识别目标能力和抗干扰能力更强，缺点是成本较高，目前多用于导弹和灵巧弹药。在弹药灵巧化的进程中，复合引信的应用面将会逐步扩大。

周炸引信，又称环境引信，是感觉目标周围环境特征（不是目标自身特征）而作用的引信，有时被归并为近炸引信的一个特殊类别。由于目标区环境信息很难人为制造，因此周炸引信不易被干扰。典型的周炸引信是压力引信。气压定高引信可用于攻击地面大范围目标的核战斗部，水压定深引信用于攻击潜艇的深水炸弹。

近炸引信是指在靠近目标最有利的距离上控制弹药爆炸的引信。靠目标物理场的特性而感受目标的存在并探测相对目标的速度、距离和（或）方向，按规定的启动特性而作用。其特点在于采用带有感应式目标敏感装置的发火控制系统。近炸引信按其对目标的作用方式，可分为主动式引信、半主动式引信、被动引信和主动/被动复合引信。按其激励信号物理场的不同，可分为无线电引信、光引信、静电引信、磁引信、电容感应引信、声引信等。对于地面有生力量，杀伤爆破战斗部配用近炸引信可得到远大于触发引信的杀伤效果；对于空中目标，各类杀伤战斗部配用近炸引信可以在战斗部未直接命中目标时仍能对目标造成毁伤，是对弹道散布的一个补偿。近炸引信还可实现定高起爆，以满足子母式战斗部等多种类型战斗部的高需求，还可与触发引信等复合。近炸引信的发展趋势是提高引信作用的可靠性、抗干扰性；提高对目标的探测、识别能力；提高炸点及战斗部起爆点精确控制和自适应控制能力，充分利用制导系统获得的弹目交会信息；提高引信与战斗部的配合效率。图2-2所示为无线电近炸引信结构。

在间接觉察类引信中，可分为指令引信和时间引信两大类。

指令引信，又称遥控引信，是指受弹药以外的指令控制而作用的引信。指令可以来自操作人员，也可以来自发射平台的自动控制装置。起爆控制有外界干预是其与时间引信的共同点，两者的区别在于指令引信是实时控制，时间引信是事先设定。尽管指令传输媒介、传输距离、抗干扰能力等都在发展，但是随着引信探测、识别能力的提高，指令引信正逐步蜕化为多模引信的一种作用方式，主要用于地雷、水雷的指令激活、指令休眠、指令自毁以及导弹的指令自毁。

时间引信，又称定时引信，是指按使用前设定的时间而作用的引信。根据定时原理分为电子时间引信、机械时间引信（又称钟表引信）、火药时间引信（又称药盘引信）、化学定时引信等，主要由定时器、装定装置、安全系统、能源装置和爆炸序列组成。时间引信可以用于子母弹、干扰弹、照明弹、宣传弹、发烟弹、箭霰弹等特种弹的开舱抛撒，可以用于高炮弹丸对飞机实施拦截射击，还可以用于定时炸弹对目标区实施封锁。图 2-3 所示为电子时间引信结构。

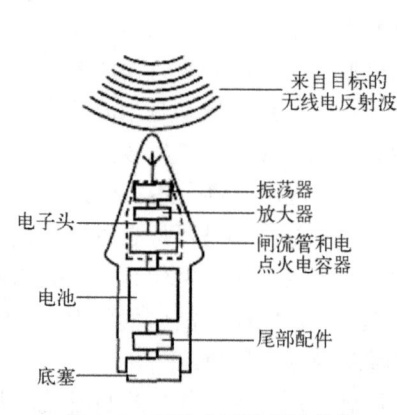

图 2-2　无线电近炸引信结构

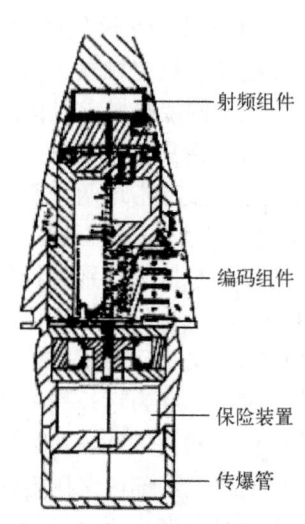

图 2-3　电子时间引信结构

2) 按装配部位分类

按装配部位分类，可分为弹头引信、弹身引信、底部引信和尾部引信 4 类。

弹头引信，是指装在弹丸或火箭弹战斗部前端的引信。类似地，装在航空炸弹或导弹前端的引信，则称为头部引信。弹头引信可以有多种作用原理和作用方式，如触发、近炸或时间。使用最为广泛的是直接感受目标的反作用力而瞬时作用或延期作用的弹头触发引信，这种引信要同目标直接撞击，必须有足够的强度才能保证正常作用。弹头引信的外形对全弹气动外形有直接影响，因此必须与弹体外形匹配良好。

弹身引信，又称中间引信，是指装在弹身或弹体中间部位的引信。一般是从侧面装入弹体，多用于弹径较大的航空炸弹、水雷和导弹。为了保证起爆完全和作用可靠，大型航空炸弹和导弹战斗部可同时配用几个或几种弹身引信。弹身引信多采用机械引信和电引信。

底部引信，是指装在战斗部底部的引信。炮弹的底部引信又称弹底引信。穿甲爆破、穿甲纵火、碎甲等战斗部配用的都是底部引信。为使战斗部在侵彻目标之后爆炸，底部引信通常带有延期装置。引信装在战斗部底部，不直接与目标相碰，可防止引信在战斗部侵彻目标介质时遭到破坏。

尾部引信，又称弹尾引信，是指装在航空炸弹或导弹战斗部尾部的引信。穿甲爆破型的航空炸弹通常配用尾部引信。为了保证起爆完全性和提高战斗部作用可靠性，重型航空炸弹通常同时装有头部引信和尾部引信。

新型引信包括灵巧引信、弹道修正引信、红外引信、激光引信等，可以加大引信智能化，提高抗干扰能力，主要用于新型弹药之中。

2．引信的组成和作用

1）引信的组成

引信主要由目标探测与发火控制系统、能源装置、安全系统、爆炸序列等组成，如图2-4所示。

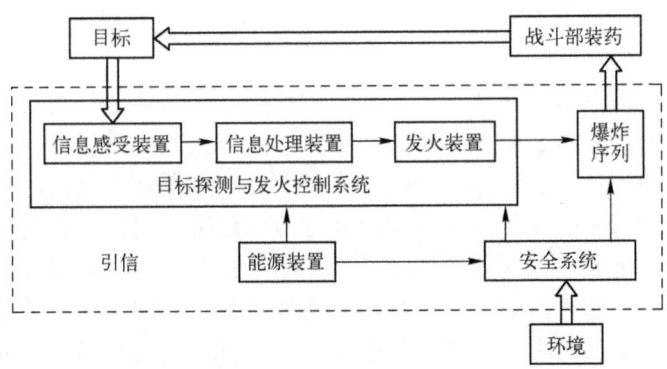

图2-4 引信基本组成

（1）目标探测与发火控制系统，其作用是感觉目标信息与目标区环境信息，经鉴别处理后，使爆炸序列第一级元件起爆，包括目标敏感装置、信号处理装置和执行装置（发火装置）3个基本部分。

（2）安全系统，是防止引信在勤务处理、发射（或投掷、布设）以及在达到延期解除保险时间之前的各种环境条件下解除保险或爆炸的各种装置的组合，其作用是保证引信进入目标区以前的安全。安全系统包括环境敏感装置（主要是发射和飞行弹道敏感装置）或指令接收装置、保险与解除保险的状态控制装置、爆炸序列的隔爆件或能量隔断件等。

（3）能源装置，是为引信正常工作提供所需的环境能量转换或储能、换能的装置。

（4）爆炸序列，是爆炸元件按感度由高到低排列而成的序列。其作用是将较小的激发冲量有控制地放大到能使装药完全爆炸或燃烧，分为传爆序列和传火序列。

2）引信的作用过程

引信的作用过程是引信从弹药发射（或投掷、布设）开始到引爆或引燃战斗部装药的过程，包括解除保险过程、目标信息作用过程和引爆（引燃）过程。

（1）解除保险过程。引信平时处于保险状态，发射时，引信的安全系统根据预定出现的环境信息，分别使发火控制系统和爆炸序列从安全状态转换成待发状态。

（2）目标信息作用过程。分为信息获取、信号处理和发火输出3个步骤：信息获取包括感觉目标信息、信息转换和传输。引信感觉到目标信息后，转换为适于引信内部的力信号或电信号，输送到信号处理装置，进行识别和处理，当信号表明弹药相对于目标已处于预定的最佳起爆位置时，信号处理装置即发出发火控制信号，再传递到执行装置，产生发火输出。

引信作用可靠性主要取决于解除保险过程与信息作用过程中各个程序是否完全正常。

（3）引爆（引燃）过程。指执行装置接收到发火信号的能量使爆炸序列第一级起爆元件发火，通过爆炸序列起爆或引燃战斗部装药的过程。

3．引信的基本要求

根据武器系统战术使用的特点和引信在武器系统中的作用，对引信提出了一些必须满足的基本要求。由于对付目标的不同和引信所配用的战斗部性能不同，对各类引信还有具体的特殊要求。

引信安全性系指引信除非在预定条件下才作用，在其他任何场合下均不得作用的性能。这是对引信最基本也是最重要的要求。爆炸或点火的过程是不可逆的，所以引信是一次性作用的产品。引信不安全将导致勤务处理中爆炸或发射时膛炸或早炸，这不仅不能完成消灭敌人的任务，反而会对我方造成危害。引信的作用可靠性系指在规定储存期内，在规定条件下（如环境条件、使用条件等）引信必须按预定方式作用的性能。引信的使用性能系指对引信的检测，与战斗部配套和装配，系统接电、作用方式或作用时间的装定，对引信的识别等战术操作项目实施的简易、可靠、准确程度的综合，它是衡量引信设计合理性的一个重要方面。经济性的基本指标是引信的生产成本。在决定引信零件结构和结合方式时，应考虑简化引信生产过程，采用生产率高、原材料消耗少的工艺手段提供充分的可能。长期储存稳定性是指引信储存15～20年后各项性能仍应合乎要求。

2.1.4 投射部

投射部是为弹丸提供发射动力的装置，使战斗部具有一定速度射向预定目标。射击式弹药的投射部由发射药、药筒或药包、辅助元件等组成，并由底火、点火药、基本发射药组成传火序列，保证发火的瞬时性、均一性和可靠性。弹药发射后，投射部的残留部分与战斗部分离，不随弹丸飞行。火箭弹、鱼雷、导弹等自推式弹药的投射部，由装有推进剂的发动机形成独立的推进系统，发射后伴随战斗部飞行。某些弹药，如地雷、水雷、航空炸弹、手榴弹等，一般没有投射部。

弹药药筒内装注的发射药是提供弹药战斗部驱动发射的能源提供物。发射药一般装在弹体的底部，由底火引燃。引燃发射药的机械底火通常安装在底部中心，被武器撞针撞击时点燃推进药。发射药是一种低爆炸力的细粒物质，以受控制的速度燃烧，所产生的气体膨胀时的能量将弹头推出枪管。主要用作推进药的是黑火药。黑火药在现代弹药中，主要用于某些火炮的点火剂、引信及其他专用弹药。现代弹药一般使用无烟火药作推进药。无烟火药可以是单基的，也可以是双基的。单基火药主要由硝化纤维素组成，用硝化法制作。双基火药除有硝化纤维素以外，还有硝化甘油以及少量的稳定剂。

无烟火药做成的发射药通常被挤压成不同的形状，有片状、方块状、圆柱状和十字状等形状。发射药颗粒的形状至关重要，它决定着发射药的燃烧速度和武器筒管内的压力大小，从而决定着射弹的速度。

2.1.5 稳定部

稳定部是保证战斗部稳定飞行，以正确姿态接触目标的部分。典型的稳定部结构，有赋予战斗部高速旋转的导带或涡轮装置，有使战斗部空气阻力中心移于质心之后的尾翼装置，以及两种装置的组合形式。某些弹药还有制导部分（导弹），用以导引或控制其进入目标区，或自动跟踪运动目标，直至最终击中目标。

2.2 常规未爆弹药的结构

了解和识别 UXO 是处理 UXO 的第一步，也是最重要的一步。全世界有大量的弹药在使用，形状和大小各异。根据各种类型弹药的总的识别特征，可以将弹药分为 4 种类型，即空投式、发射式、投掷式和放置（埋设）式。

空投式弹药不管是何种类型，出于何种目的，此类弹药都是从飞机上散布或投放的。空投式弹药又可分为航空炸弹、子母弹和子弹药三小类。发射式弹药均由某种发射器或枪、炮管发射出来。这类弹药又可以分为炮弹、迫击炮弹、火箭弹、导弹、枪榴弹。投掷式弹药包括手榴弹、手雷等战斗人员投掷的弹药。布设式弹药包括所有地雷、水雷和爆炸装置。

2.2.1 航空炸弹的结构

航空炸弹在结构上一般包括弹体、弹翼、引信、装药等（图 2-5）。航空炸弹还可以加装制导装置、升力翼面、减速装置等实现特定功能的附加部件。一般来说，航空炸弹弹体为两头尖锐的流线型圆柱体，尾部一般有各式各样的尾翼。作战时，作战飞机将航空炸弹投掷向目标，命中时以冲击波、破片、火焰等各种杀伤效应实现对目标的毁伤。

弹体的主要作用是容纳装药。航空炸弹弹体一般都近似圆柱体。航空炸弹外形上可大致分为低阻力和高阻力两种。低阻航空炸弹具有流线的纺锤外形，或呈球端圆柱体，弹翼小而后掠，适合高速的战斗机、攻击机携带。高阻航空炸弹（如俄制ФАБ-M54系列、250-1 等）外形粗钝，空气阻力大，不适合高速飞机外挂。航空炸弹弹体内装填的装填物主要是炸药或其他特殊物质（如燃烧剂），是航空炸弹发挥作用的核心部分。最为广泛采用的航空炸弹装药是成熟、便宜的 TNT，或混合多种化学成分而成的混合装药，如特里托纳尔（TNT/铝混合炸药）、H6、RDX、NTO 等更先进的炸药品种。引信的主要用途是，在符合起爆条件时令炸弹起爆，反之则令炸弹处于安定状态。根据其工作原理，可分为定时、定高、碰炸、压力引信等。航空炸弹引信最普遍的工作方式是"碰炸+延时"，引信在弹体撞击目标时被触发，经预先设置的时间延迟，引爆雷管、传爆管，进而使装药爆炸。引信一般以螺接等方式和弹体连接。为确保可靠起爆，航空炸弹经常用两个以上的引信。

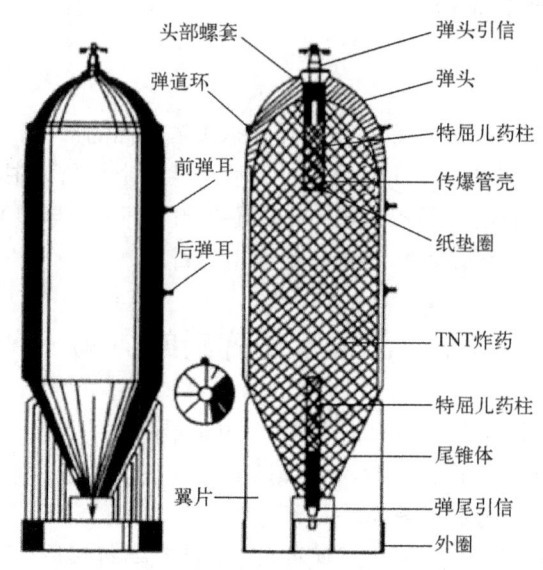

图 2-5　典型航空炸弹结构

航空炸弹仍然是航空兵使用的一种主要武器，主要包括爆破弹、杀伤弹、杀伤爆破弹、穿甲弹、反坦克弹、燃烧弹等。

1. 爆破弹

爆破弹是主要依靠装药爆炸后形成强大的爆炸波而破坏目标的炸弹。弹壳所形成的破片也有杀伤和破坏作用。爆破弹是运用最广泛的一种基本航空炸弹，用来破坏建筑物及重要军事设施，如机场、铁路、公路、桥梁、工厂、仓库、防御工事、舰船等。

1）爆破弹的特点

（1）爆破弹平均重量和体积较大。苏军最小口径爆破弹为 250kg，长 1.4m 以上，直径 32cm 以上；最大口径的爆破弹为 9000kg、长 5m、直径 120cm。美军最小的爆破弹为 100 磅[①]、长 1m 以上、直径 20cm 以上；最大的爆破弹重 44000 磅[①]、长 9.7m、直径 137cm 以上。

（2）炸弹的装填系数大。多数爆破弹的装填系数不小于 40%，有的高达 80%。因此，爆破弹的弹壳都比较薄，除了少数对付硬目标的厚壁弹外，弹壳圆柱部的厚度一般为 0.8～2.5cm。

（3）爆破弹的头部和尾部都有引信室，部分口径大的炸弹尾部有两个引信室。有的爆炸弹只安装一个引信，其余引信室用螺塞封闭。有的爆破弹在使用时，所有引信室内

---

① 1 磅=0.45kg。

都安装引信。

(4) 除了破坏地面装备和设施的爆破弹外,多数装配短延期或中延期引信,以便侵入目标内部爆破。为使目标连续不断地遭到破坏,爆破弹的尾部引信室可装配延期并带有反拆卸装置的引信。

2) 爆破弹的类型

美军和苏军爆破弹如表2-4和表2-5所列。

3) ФАБ-250М-54爆破弹

弹体用钢材焊接而成。弹头焊有弹道环,用以改善炸弹的跨声速稳定性,其直径与弹体圆筒部直径相同。弹体头部和尾部各有一个引信室,内装传爆管,可配用螺纹直径52mm和36mm的引信。弹体上有3个弹耳,相距250mm的两个弹耳焊在弹体一侧,另一弹耳焊在另一侧炸弹重心处。安定器为双圆筒式,焊接在弹体尾锥部。弹体内装TNT炸药98kg,弹长(不含引信)1471~1500mm,弹体直径325mm,全重236kg。当投弹高度为10000m时(表速800km/h),在中等密度的土壤,侵彻深度3.8m。

4) ФАБ-1500М-54爆破弹

弹头为铸钢制成,并焊有弹道环。弹体圆筒部用厚18mm的钢板焊接而成,外面焊有两个弹耳。为保证悬挂在飞机上的炸弹轴线与飞机轴线平行,在弹体圆筒部前部焊有2块定位块,后部焊有4块定位块。安定器为双圆筒式,焊接在弹体尾锥部。部体头部和尾部各有一引信室,内装传爆管,可配用螺纹直径52mm和36mm的引信。弹体内装TNT炸药或MC炸药(TNT19%、RDX57.6、细粒铝11%、片状铝6%、卤蜡6.4%)。装填TNT炸药时,装药量为675kg;装填MC炸药时,装药量为718kg。弹长(不含引信)2726~2765mm,弹体直径630mm,全重1550kg。装MC炸药时,全重为1586kg。当投弹高度为10000m时(表速800km/h),在中等密度的土壤,侵彻深度为7.8m,弹坑容积可达170m^3。

5) 250lbMK81 Modl低阻爆破弹

250lbMK81 Modl低阻爆破弹属于MK80系列低阻炸弹。该系列炸弹是美国海军为高速飞机外挂投弹发展的新型炸弹,是美军现役航空炸弹中使用最广泛的一类。目前使用的伞形机械尾翼减速炸弹和激光制导炸弹,就是在这类炸弹基础上改进而成的。

弹体为流线型铸钢弹体,有头部引信室和尾部引信室。该弹采用双弹耳,间距356mm。在炸弹重心处另有一个弹耳,弹耳均用螺纹与弹体连接。在前弹耳和重心弹耳之间,有一个插塞,用以连接头、尾引信的电路(使用电引信时)。弹体尾部安装有锥形钢制圆筒,并在尾部固定4片安定器翼片。弹体内装特里托纳(Trional,TNT80%、铝20%)或H$_6$炸药(B炸药(RDX39%,TNT40%,蜂蜡1%)74%,铅21%,钝化剂D$_2$5%,另加氯化钙,其量为前3项总重的0.5%),装药量为45.4kg。弹头传爆管用M126A1(T45E1),弹尾传爆管用T46E4。炸弹全长1882mm,弹体直径229mm,炸弹全重118kg。

6) 500lbAN—M64A1通用爆破弹(带箱形安定器)

该弹为整体铸钢式弹体,头部和尾部各有一引信室。弹体一侧有两个弹耳,另一侧的炸弹重心有一个弹耳,均用焊接的方法固定在弹体上。弹尾安装有箱形(方框式)安定器。弹体内可装填 4 种类型的炸药：可装 TNT 炸药 121kg；可装阿梅托炸药（硝酸铵和 TNT 各 50%）119kg；可装 B 炸药（RDX60%、TNT40%、外加蜡 1%）124kg，可装特里托纳炸药（Tritonal）128kg。全弹长 1503mm，弹体直径 360mm，全弹重 245～254kg。该弹爆炸后可形成直径 9～11m、深 4～6m 的弹坑，冲击波对人员的有效杀伤半径 22.9m，弹片杀伤半径 914m。

2．杀伤弹

杀伤弹是主要利用炸弹爆炸时所形成的破片杀伤有生力量和破坏技术兵器的炸弹，是一种常用的基本航弹。

1）杀伤弹的特点

（1）体积小，重量轻。苏军（俄军）最大的杀伤弹全长不到 110cm，直径约 20cm，重 96kg；最小的杀伤弹全长不到 16cm，直径 5cm，全重只有 0.86kg。美军最大的杀伤弹全长不到 150cm，直径稍大于 20cm，全重 125kg；最小的杀伤弹（球形）直径约 7cm，重量只有 0.434kg。

（2）弹壳厚，装填系数小。由于杀伤弹主要利用飞散的破片进行杀伤和破坏，所以要求炸弹爆炸时所形成的破片要多，而且均匀。因此，弹壳一般较厚，并且用较脆的材料铸造而成，有的用铸铁或高碳钢，有的弹有两层弹壳，内层为无缝钢管，外层再缠绕钢带；美军很多杀伤弹的外壳中还铸压许多预制破片。杀伤弹的装药只是用来使弹壳形成所需要的高速飞散的破片，故装填系数很小，一般不超过 20%，最小的只有 3.3%。

（3）多利用弹束和弹箱投掷。已知苏军 6 种杀伤弹中，有 5 种是用弹束和弹箱投掷的。已知美军 28 种杀伤弹中，至少有 16 种是用弹束和弹箱投掷的。集束投掷杀伤弹，投弹迅速，杀伤面积大，破片利用率高，是最常用的投掷方式。

（4）多数杀伤弹只有一个引信室，通常在炸弹头部。50kg 以上的杀伤弹中，多数有两个引信室，即头部引信室和尾部引信室，部分小型杀伤弹的外部无引信室，引信安装在弹体中央。

（5）多数杀伤弹采用瞬发引信，炸弹落地立即爆炸。为了更有效地发挥破片的杀伤、破坏效果，有的杀伤弹利用触发杆或非触发引信使炸弹距地表面一定高度爆炸。为了扰乱对方行动，个别杀伤弹采用延期引信（有的延期时间长达 6.5h）。

2）杀伤弹的类型

美军及苏军杀伤弹的类型如表 2-6 和表 2-7 所列。

3）AO-25-33 杀伤弹

AO-25-33 杀伤弹是 РБС-100 弹束的子弹。РБС-100 弹束中装 3 颗 AO-25-33 杀伤弹，弹束在空中由 TM-24Б 定距引信点燃黑火药，黑火药气体抛散连接部件，3 颗杀伤弹分散下落，直至碰击目标爆炸。

弹体用 20 钢铸成，壁厚 12～18mm，内壁铸成锯齿形，用以增加破片数量并使破片均匀。弹头有一引信室，内装 33g 特屈儿传爆药柱。弹体前端焊有固定销，用以插入集束弹架套筒中，作为前支承点。弹尾锥体由厚 2mm 的钢板焊接而成。安定器为双圆筒式，内圆筒为形成弹束的后支承点。弹体内装 TNT 或阿梅托炸药 5.6kg，炸弹全长 982～

987mm，直径122mm，全重33kg，杀伤半径54m，有效杀伤面积3630m^2，破片可在10m内击穿12mm装甲钢板。

4）AO—2.5СЧ杀伤弹

AO-2.5СЧ杀伤弹是РБК-250通用一次使用式弹箱的子弹。РБК-250通用一次使用式弹箱中装填42颗AO-2.5 СЧ杀伤弹（也可装8颗AO-10СЦ杀伤弹或30颗ЛТА-2.5反坦克弹）。弹箱从飞机上投下后，由ТМ-24Б定距引信点燃黑火药，火药气体进入弹箱内，作用在弹头底板上，将连接弹头与弹体的3个铆钉切断，使弹头与弹体分离。由于弹头脱开时火药气体产生的反作用力，使弹箱运动的速度突然降低，子弹即从弹箱中脱出，各自落地爆炸。

该弹由弹体、装药、引信和安定器等部分组成。弹体由钢性铸铁制成，壁厚14mm，弹头有一引信室，弹尾有一箭羽式安定器。弹内装填TNT和二硝基萘炸药0.09kg。全重2.7kg，弹长（不包括引信）373～378mm，直径52mm，安定器翼展60mm。每个弹的杀伤半径15m，有效杀伤破片数140～150片。

5）BLU-3/B杀伤弹（"菠萝"弹）

BLU-3/B杀伤弹是装在SUU-14/A（或SUU-14A/A）弹箱内，构成CBU-14/A（或CBU-14A/A）子母弹中的子弹。SUU-14/A弹箱是固定式弹箱，由6个发射管组成，每个发射管内装19个BLU-3/B杀伤弹。发射管由铝合金制成，内有发射药，由飞机的直流电源点火，可以单管发射，也可以间隔20μs连续发射。BLU-3/B杀伤弹被发射后即迅速进入战斗状态，落地碰击爆炸。

该弹外形似菠萝，故俗称"菠萝"弹。该弹由弹体、尾翼、引信三部分组成。弹体外壳由软钢制成，厚6.5mm，壳内压铸直径6.35mm的钢珠240～250粒。外壁为黄色。弹体头部有一弹盖，内装有该弹专用引信。尾部有一螺钉孔，用以安装尾翼。尾翼有6个对称的翼片，每个翼片均用轴连接在尾翼座上，在轴上安有扭簧，其作用是将翼片在空中从安全状态位置旋转到战斗状态位置。尾翼座和胶木垫圈用螺钉固定在弹尾上。该弹内装赛克洛托炸药（Cyclotol 70/30，即RDX70%，TNT30%）162g。全弹重785g，全弹长95mm，弹体直径70mm。密集杀伤半径10m，杀伤半径20～30m。

表2-4 美军爆破弹类型一览表

代　号	圆径/磅	弹重/kg	弹长/mm	弹径/mm	装药量/kg	装填系数/%	翼展/mm	备注
AN—M30A1	100	52.9～56.5	1033	208	24.5～28.1	50	279	箱形安定器
AN—M30A1	100	58.1～61.9	1377	208	24.5～28.1	50	284	锥形安定器
AN—M57A1	250	116～124	1214	277	44.6～61.7	50	378	箱形安定器
AN—M57A1	250	124～131	1580	277	44.6～61.7	50	381	锥形安定器
AN—M64A1	500	245～254	1503	360	119～128	50	481	箱形安定器
AN—M64A1	500	256～266	1831	360	119～128	50	597	锥形安定器
AN—M65A1	1000	474～501	1765	478	240～270	50	645	箱形安定器

（续）

代号	圆径/磅	弹重/kg	弹长/mm	弹径/mm	装药量/kg	装填系数/%	翼展/mm	备注
AN—M65A1	1000	520～547	2314	478	240～270	50	665	锥形安定器
AN—M66A1	2000	897～996	2353	592	482～536	50	803	箱形安定器
AN—M66A2	2000	934～1033	2966	592	482～536	50	820	锥形安定器
AN—M56A2	4000	1814	2970	660		80	1219	薄壳弹，已退役，尚有库存
M121	10000	4540						已退役，尚有库存
M109	12000	5718	6400	965	2491	44		已退役，尚有库存
M110	22000	10436	7747	1168	4349	42		已退役，尚有库存
T12	44000	20000	9700	1372				已退役，尚有库存
MK81LD	250	118	1882	229	45.4	40	325	低阻爆破弹
MK81 Snakeye I	250	136	1905	229	45.4	33	325（闭合）1378（张开）	减速炸弹
MK82LD	500	241	2207	273	87	36.2	384	低阻炸弹
MK82 Snakeye I	500	254	2273	273	87	37.2	384（闭合）1659（张开）	减速炸弹
MK82 Ballute	500							气伞减速炸弹，正在试验
Bluff shape	500							平头炸弹
MK83LD	1000	447	3008	356	202	40	498	低阻爆破弹
MK84LD	2000	894	3848	457	429	40	643	低阻爆破弹
M117	750	373	2272	409	175	50	569	新式爆破弹
M117R	750	389	2134	409			569（闭合）2121（张开）	装MAU-91伞形减速安定器
M118	3000	1383	4699	613	896	65	853	
BLU-33/B	1500							
BLU-34/B	3000							
BLU-47/B								
BLU-58/B								
BLU-64/B								

表 2-5 苏军（俄军）爆破弹类型一览表

代号	圆径/磅	弹重/kg	弹长/mm	弹径/mm	装药量/kg	装填系数/%	翼展/mm	备注
ФАБ-250М-54	250	236	1471～1500	325	98	41.3	410	弹长不含引信，下同

(续)

代号	圆径/磅	弹重/kg	弹长/mm	弹径/mm	装药量/kg	装填系数/%	翼展/mm	备注
ФАБ-500М-54	500	478	1486～1500	450	199	42.2	570	
ФАБ-1500М-54	1500	1550	2726～2765	630	675	43.5	792	
ФАБ-1500М-54МС	1500	1586	2726～2765	630	718	45.3	792	仅装药类型与ФАБ-1500М-54不同
ФАБ-3000М-54	3000	3067	3284～3320	820	1387	45.2	1002	装ТГАН-5炸药时，代号：ФАБ-3000М-54ТГА
ФАБ-5000М-54	5000	5247	3286～3324	1060	2208	42	1330	
ФАБ-9000М-54	9000	9407	4935～5000	1200	4297	45.5～46.7	1504	
ФАБ-250-230	250	230	1474～1498	325	108	47.1	410	弹体用无缝钢管制成
ФАБ-250ТС	250	259	1487～1500	300	61	23.6	378	厚壳弹体结构
ФАБ-500ТС	500	507	1486～1500	400	101	19.7	500	厚壳弹体结构
ФАБ-1500-2600ТС	1500	2586	2807～2840	630	409	18.2	792	装药为ТГАF-5
ФАБ-250М-46	250	219	1480～1500	325	104	47.3	325	已停产，尚使用
ФАБ-500М-46	500	428	1481～1500	450	202	47.2	450	已停产，尚使用
ФАБ-1500М-46	1500	1479	2733～2844	630	676	46	630	已停产，尚使用
ФАБ-2000М-46	2000	2135	4638～4652	597	818	38.4	840	已停产，尚使用
ФАБ-3000М-46	3000	2983	3300～3411	820	1400	47	820	已停产，尚使用
平头爆破弹	250							装备米格-21飞机
平头爆破弹	500							装备米格-21飞机

表2-6 美军杀伤弹类型一览表

代号	圆径/磅	弹重/kg	弹长/mm	弹径/mm	装药量/kg	装填系数/%	翼展/mm	备注
M83	4	1.72～1.73	283	79	0.23	13	241	也称蝴蝶弹
AN-M41A1	20	8.96～9.04	570	93	1.22～1.27	13	130	
AN-M40A1	23	11.14～11.29	766	111	1.22～1.27	11		
M82	90	39.3～39.6	711	154	5.2～5.5	13	206	
M86	120	53.0～53.3	1494	154	5.2～5.5	10		
AN-M88	220	98～99	1110	206	17.9～18.7	19	279	带箱形安定器
AN-M88	220	104～105	1473	206	17.9～18.7	19	284	带锥形安定器
AN-M81	260	118～119	1110	206	15.4～16.1	13	279	带箱形安定器
AN-M81	260	125	1470	206	15.4～16.1	13	284	带锥形安定器
BLU-3/B		0.785	95	70	0.162	20		也称"菠萝"弹
BLU-24		0.726	94	71	0.118	16		也称丛林弹、"柑子"弹

（续）

代 号	圆径/磅	弹重/kg	弹长/mm	弹径/mm	装药量/kg	装填系数/%	翼展/mm	备注
BLU-26/B		0.434		71	0.084	19		也称球形钢珠弹
BLU-36/B		0.434		71	0.084	19		长延期球形钢球弹
BLU-59/B		0.434		71	0.084	19		短延期球形钢球弹
注：现已知美军杀伤弹28种，诸元较完整者14种									

表 2-7　苏军（俄军）杀伤弹类型一览表

代 号	圆径/kg	弹重/kg	弹长/mm	弹径/mm	装药量/kg	装填系数/%	翼展/mm	备注
AO-1、AO-1M	1	0.86	151～157	50	0.047	5.5	60	用50mm迫击炮弹改成
AO-2.5СЧ	2.5	2.7	373～378	52	0.09	3.3	60	已停产，尚使用
AO-10СЧ	10	9.5	476～482	90	0.85	8.9	110	已停产，尚使用
AO-10	10	8.87	385	90	0.53	5.9	120	
AO-25-33	25	33	982～987	122	5.6	17	122	AO-25-30型为高强度铸铁弹体
AO-50-100M	50	96	1046～1063	204	12.4	12.9	280	已停产，尚使用

6）球形钢珠弹

球形钢珠弹是一种直径为71mm的球状杀伤弹。爆炸时，利用弹壳内压铸的钢珠杀伤人员，破坏技术装备。球形钢珠弹被装在外形类似一般炸弹的一次使用式弹箱内，有的弹箱装640个，有的装670个。弹箱从飞机上投下后，定距引信在空中发火，将弹箱打开，球形钢珠弹即被撒出各自下落。有的弹箱装瞬发弹，有的装延期弹。

瞬发球形钢珠弹：代号为BLU-26/B，装在SUU-30系列一次使用式弹箱内，构成CBU-24系列子母弹，SUU-30/B、SUU-30A/B、SUU-30B/B弹箱内，装670颗BLU-26/B弹；SUU-30C/B弹箱内，装640颗BLU-26/B弹。瞬发球形钢珠弹由弹壳、装药、引信三部分组成。弹壳由两个金属半球体扣合而成，其结合部用钢圈箍成一个整体。外壳中压铸钢珠300粒，弹壳厚7mm。外壳表面有4道凸棱。弹体内装赛克洛托（Cyclotol 70/30）炸药84g，引信装在弹体中央。弹体直径71mm，全弹重434g，密集杀伤半径8～10m，有效杀伤半径20m左右。

延期球形钢珠弹：有两种型号，一种代号为BLU-36/B，内装M218长延期引信；另一种为BLU-59/B，内装M224短延期引信。BLU-36/B杀伤弹装在SUU-30系列一次使用式弹箱内，共640个或670个构成一颗CBU-29系列子母弹；BLU-59/B杀伤弹也是装在SUU-30系列一次使用式弹箱内，共640个或670个构成一颗CBU-49系列子母弹。两种延期球形钢珠弹的构造、发火原理相同，只是延期长短不同。延期球形钢珠弹和瞬发球形钢珠弹除引信有些不同外，其余相同。其延期时间一般为2min～6.5h，最长可达41h。投弹后2min～1h期间爆炸较多。

延期和瞬发球形钢珠弹的区别：弹体形状、颜色均相同，无任何标志区别，只是在引信盒表面上能够区分延期和瞬发引信，其主要区别有以下3点：

（1）瞬发引信在引信盒表面中央有一圆形凹坑，延期引信无此凹坑。

（2）引信盒下端的锡箔上如印有64-1或64-2字样，即为瞬发引信；如印有49字样则为延期引信。

（3）锡箔为白色者是瞬发引信；蓝色者为延期引信。

7)"柑子"弹

"柑子"弹即BLU-24杀伤弹，也称丛林弹，主要用来杀伤丛林地区的有生力量。该弹装在SUU-14/A或SUU-14A/A固定式弹箱内，每个弹箱有6个发射筒，每个发射筒内装22颗"柑子"弹，132颗"柑子"弹构成一枚CBU-25/A或CBU-25A/A子母弹。"柑子"弹被发射出后，在空中自动由安全状态转为战斗状态，落地爆炸。

该弹由弹体、引信和尾翼三部分组成。弹体由铸铁制成，外涂黄色油漆，弹壳厚6.5mm。弹体呈球形，直径71mm。弹体上有一引信室，并在引信室处有螺纹与尾翼连接。弹体内装H6型炸药118g。尾翼由塑料制成，呈象牙色，有螺纹与弹体连接，其作用是保证在弹体下落过程中旋转，以解除引信中的保险。该弹全长94mm，全弹重726g。

3．杀伤爆破弹

1）杀伤爆破弹的特点

杀伤爆破弹具有杀伤弹和爆破弹的综合作用。它以破片杀伤有生力量，破坏技术兵器；以爆炸冲击波摧毁防御工事、建筑物等目标。在杀伤作用上次于杀伤弹，在爆破作用上次于爆破弹，但由于该种炸弹具有综合作用，适用于战场上的多种目标，所以，它被广泛地应用于战场，是最常用的弹种之一。

2）杀伤爆破弹的类型

杀伤爆破弹按其爆炸的形式分，通常有4种：①落地立即爆炸的炸弹，这是最常见的爆炸形式；②延期爆炸的炸弹，用来杀伤野战土木工事内的有生力量，并同时摧毁工事，如装有短延期引信的杀伤爆破弹；③弹头引信装有触杆（也有装非触发引信的），能使炸弹在地表面以上爆炸，以达到充分利用爆炸波和破片进行杀伤、破坏的目的，如苏军ОФАБ-100-125ТУ炸弹；④炸弹落地后不立即爆炸，只有当铁磁物体（如汽车、火车等）经过并到达其作用范围时爆炸，在破坏车辆、杀伤人员的同时，破坏道路等目标，如美军的动磁炸弹。

美军在炸弹的分类中，杀伤爆破弹没有作为一种弹种单独分类，而将其绝大部分放入爆破弹这一类型中。苏军（俄军）在炸弹分类中，将其作为基本航弹中的一种列出。苏军杀伤爆破弹类型如表2-8所列。

表2-8 苏军（俄军）杀伤爆破弹类型一览表

代 号	圆径/kg	弹重/kg	弹长/mm	弹径/mm	装药量/kg	装填系数/%	翼展/mm	备 注
ОФАБ-100-120	100	120	1040～1060	273	44.3	37	345	厚壁弹体

（续）

代 号	圆径/kg	弹重/kg	弹长/mm	弹径/mm	装药量/kg	装填系数/%	翼展/mm	备 注
ОФАБ-100-125ТУ	100	123	1088～1104	280			345	带伸缩机构，厚壁弹体
ОФАБ-250-270	250	266	1438～1456	325	97	36.5	410	弹体内表面呈锯齿状
ОФАБ-100М	100	121	1050～1065	280	35	28.9	309	含 ОФАБ-100М1 已停产，尚使用
ОФАБ-100НВ	100	121	1044～1060	273	34.3	28.3	309	装非触发引信，已停产，尚使用

3）ОФАБ-100М 杀伤爆破弹

该弹主要用来杀伤和摧毁战场上、行军中及集结地域内的有生力量和技术装备，以及位于轻、中型掩蔽部内的目标。

弹头由厚 10mm 钢板冲压而成，呈半球形，前端焊有螺孔直径为 85mm 的弹头螺圈，弹头弧面上焊有弹道环。弹体圆筒部由铸钢制成，壁厚 26.5～29.5mm，两端薄，中间厚。前、后端分别与弹头、底盖焊接在一起。底盖由 4mm 钢板制成，中央有一圆孔，尾部传爆管通过此孔焊接固定在弹体内，尾锥体由 2.5mm 钢板制成，前端焊在底盖上，后端焊有传爆管螺套。安定器为方框圆筒式，焊接在尾锥体上。弹体重心处焊有一个弹耳。

该弹有两个传爆管，一个在头部，一个在尾部。头部传爆管由螺套、传爆管壳、连接螺套和传爆药柱组成。螺套与传爆管壳焊在一起，旋在弹头螺圈中间的螺孔内。螺套的内螺孔可安装螺纹直径为 36mm 的引信。平时，螺套上拧有连接螺套，其上有一直径为 26mm 的引信安装螺孔，并旋有防潮塞。头部传爆管内装有两节特屈儿传爆药柱，质量 122g，药柱外面包有衬纸，由连接螺套将其压紧。尾部传爆管由螺套和传爆管壳组成，焊接在尾锥体后端。螺套上有一直径 36mm 引信安装螺孔，平时旋有防潮塞。尾部传爆管内装有两节特屈儿传爆药柱，重 164g。传爆药柱装在布袋内，塞入传爆管，并用木塞压紧。

弹体内装 TNT（90%）和二硝基萘（10%）炸药 35kg。全弹重 121kg，全弹长 1049～1065mm，弹体直径 280mm。杀伤半径 38.9m，弹坑容积 15.8m³，距爆点 10m 远弹片击穿钢板厚度为 30mm。

4）动磁炸弹

动磁炸弹是在带有伞状尾翼的炸弹上装有动磁引信的炸弹。这种炸弹在空中张开尾翼像一把伞。炸弹着地后，弹体钻入土中，尾翼与弹体脱离。当铁磁物体（如火车、汽车等）在距它一定距离运动时，即可引起炸弹爆炸。如在其附近没有铁磁物体运动，炸弹会定时自行爆炸。这种炸弹主要被用来封锁、破坏交通运输线、重要军事目标以及破坏机动车辆和杀伤有生力量。有时投在沿海和江河中，用以封锁水上交通。

（1）弹体（含尾翼）的构造与性能。动磁炸弹通常有 250 磅、500 磅和 750 磅 3 种口径，除体积和重量不同外，其构造基本相同。现以 500 磅口径的炸弹为例介绍如下。

该弹代号为 MK82 Modl Snakeye（"蛇眼"）Ⅰ。弹壳由普通钢制成，外部有两个挂弹环和一个接线盒插座，弹体两端各有一个引信室。尾翼由 4 个伞叶、弹尾轴杆、弹尾套和 8 根撑杆等铝合金构件组成。投弹前，4 个伞叶收拢，投下时，伞叶张开。其作用是减低炸弹下落速度，保持弹头朝下，张开伞叶的同时还能拔掉尾部引信的保险销。该弹质量 254kg，全长 2273mm，弹体直径 273mm。装填炸药类型为特里托纳（Tritonal）或 H6，重 87kg。爆炸后可形成深约 3m、直径约 4m 的弹坑，破片有效杀伤半径 150～200m。

（2）引信的构造及性能。一套动磁引信由头部引信、尾部引信和引信电缆（包括接线盒）三部分组成。目前，该引信由 MK42 型已发展到 MK42-3 型，但结构、性能大体相同。

其性能特点是：①灵敏度：动磁引信的灵敏度与铁磁物质的大小、运动速度、弹位高低、炸弹倾斜度有关。一般说来，铁磁物体越大、距炸弹越近、运动速度越快、弹体垂直入土，引信灵敏度越高。装有 MK42-0 型动磁引信的炸弹，垂直入土时，火车距离 50m 以内、卡车在 20m 以内、指挥车在 15m 以内、人持步（机）枪在 2m 以内、人带手枪或十字镐在 0.5m 内运动时，都可能引起动磁炸弹爆炸。由此可见，动磁引信对磁铁很敏感。②定时自毁：当炸弹落地并进入战斗状态后，如无磁铁物质影响使其爆炸，则经过一定时间会自行爆炸。炸弹自行爆炸的时间在 15min～120 天内，多数在 2～3 天内爆炸。其自毁时间是由电池的电压决定的。电池的电压原为 9.5V，当消耗到 80%（7.6V）时，尾部引信即产生一个爆炸信号，并传到头部引信，使电雷管爆炸。③抗干扰性能：如铁磁物体运动速度太快，信号太强（如炮弹、飞机等飞越炸弹位置时），动磁引信会自动封闭 1min。在此 1min 内，即使炸弹附近有铁磁物体运动，动磁引信也不会爆炸。1min 过后，引信恢复正常。④防拆卸功能：当引信进入战斗状态后，如搬动炸弹或拆卸炸弹上的铁磁零件（包括拆卸引信）；用导电器件使接线盒中间金属环与外金属环短路时；按下机械开关的按钮而使电源被切断时，都会使动磁炸弹爆炸。

4．穿甲弹

穿甲弹用以破坏具有坚固装甲（钢板、混凝土和钢筋混凝土）的目标，它能穿透装甲，炸弹在目标内部爆炸，造成目标的破坏和杀伤目标内的人员。

1）穿甲弹的特点

穿甲弹具有很大的穿甲能力，弹体细长，阻力大。弹壳，特别是弹头，厚度大，而且很坚固，一般用合金钢制成。为了不减弱弹头强度，头部均无引信室，引信均安装在弹体尾部。穿甲弹的装药量少，装填系数较低，美军穿甲弹装填系数均为 13%，苏军为 15.5%。为了阻止炸弹在强烈撞击目标时引起装药爆炸，炸弹内装有机械感度较低的炸药。穿甲弹使用的引信均为短延期引信，无反拆卸装置。

2）穿甲弹的类型

美军现有穿甲弹两种，即 AN-MK33 和 AN-MK1 穿甲弹。该两种穿甲弹已停止生产，但有库存（美军另有 3 种半穿甲弹，其中只有 AN-M59A1 尚服役）。苏军（俄军）目前只装备 БРАБ-500M-55 一种穿甲弹。以上 3 种穿甲弹诸元如表 2-9 所列。

表 2-9 美军、苏军（俄军）穿甲弹类型一览表

代号	圆径	弹重/kg	弹长/mm	弹径/mm	装药量/kg	装填系数/%	翼展/mm	备注
AN-MK33	1000磅	454	1854	305	63.5	13	406	现已退役，尚有库存
AN-MK1	1600磅	721	2121	356	95	13	523	现已退役，尚有库存
БРАБ-500М-55	500kg	517	1485～1500	380	80	15.5	475	现装备

美军还装备一种带制导装置的穿甲弹，弹体是用 2000lbMK84 通用炸弹改装的。

3）БРАБ-500М-55 穿甲弹

弹壳用合金钢制成，弹头呈卵形，弹道环固定在弹头上。弹壳圆柱部有两个相距 250mm 的挂弹环。尾锥体上安装圆筒箭羽式安定器。弹尾有两个引信室，并有相应的两个传爆管，引信室可配装直径为 36mm 和 52mm 的引信。平时引信室各有一个塞子封闭，使用时各安装一个 АМД-55 引信。弹体内装 TNT 炸药 80kg，弹体前端为钝感炸药。

主要性能：

（1）穿透钢筋混凝土能力：中等质量加强混凝土 1.51m；中等质量钢筋混凝土 1.33m；优质钢筋混凝土 0.91m；带防崩复层的优质钢筋混凝土 0.83m（以上数据为投弹高度 10000～12000m，航速 800～1000km/h）。

（2）该弹穿透装甲钢板的能力：当着角不大于 20°、着速 300～310m/s 时，可穿透单层钢板 150mm；当着角不大于 25°、着速 290～300m/s 时，可穿透 100mm 和 30mm（两板之间有 2.8～3cm 的距离）的两块钢板；当着角不大于 30°、着速 280～290m/s 时，可穿透 76mm 和 50mm 两块重叠的钢板。

5．反坦克弹

反坦克弹用以摧毁坦克、自行火炮、装甲运输车及其他装甲目标，也可摧毁火炮、露天弹药库和燃料库等。当反坦克弹命中目标时，聚能射流击穿装甲，杀伤乘员，并能引起燃料和润滑材料燃烧，还有可能引起坦克中的弹药爆炸。反坦克弹爆炸时，弹壳形成的破片也具有杀伤作用。

1）反坦克弹的特点

（1）体积小，重量轻：目前最大的反坦克弹质量只有 4.6kg，长度 326mm；最小的反坦克弹质量为 0.634kg，长度 340mm。

（2）穿透能力强：反坦克弹均采用聚能装药形式，爆炸时能形成穿透力很强的聚能射流。

（3）反坦克弹均被装在固定弹箱或子母弹内集束投掷。反坦克弹在下落过程中，自行由安全状态转为战斗状态，碰击目标或地面爆炸。

2）反坦克弹的类型

美军现装备反坦克弹 3 种，苏军（俄军）2 种，其诸元如表 2-10 所列。

表 2-10 美军、苏军（俄军）反坦克弹类型一览表

代 号	圆径/kg	弹重/kg	弹长/mm	弹径/mm	装药量/kg	装填系数/%	翼展/mm	备 注
MK118 od0		0.634	340	55	0.2	31.5	58	美军 MK20M0d2 子母弹的子弹
BLU-7		0.6			0.25	41.7		美军 CBU-3 子母弹的子弹
BLU-77/B								美军 CBU-59A/B 子母弹的子弹
ПТАБ-2.5	2.5	2.14	355～362	62.8	0.387	17.8	90	苏军 РБК-500-225 弹箱的子弹
ПТАБ-10-5	10	4.6	356～360	90	0.62	13.4	123	苏军 РБК-500-255 弹箱的子弹

注：ПТАБ-2.5 反坦克弹是苏军（俄军）РБК-500 通用弹箱的子弹

3）MK118 反坦克弹

该弹装在 500lbMK20Mod2 反坦克子母弹内，每个母弹内装有 MK118 反坦克弹 247 颗。母弹弹体由铝合金制成，顺弹体轴线两侧槽内装有 V 形爆炸切割索，由弹体头部机械定时引信起爆，起爆后，爆炸切割索产生的剪力将母弹弹壳切成两半，MK118 反坦克弹便散布出来纷纷下落。母弹尾部装有四片弹性折叠式翼片。MK118 反坦克弹在母弹内成五排配置，小弹之间的孔隙用塑料定型块填塞。子母弹装在 A-4、A-6、A-7、F-4、F-8 等飞机上。现已在该弹基础上发展了激光制导型子母弹。

该弹由弹头部、弹体、炸药、药形罩、尾翼、头部引信和尾部引信等组成。

弹壳为钢质。弹体前部装有紫铜药形罩，药形罩呈圆锥形，锥度为 41.5°，弹壳和药形罩的结合部用胶密封。弹体内装有 B 型炸药 0.2kg。弹体前端装有钢质弹头，头部引信以辊口的方式与弹头连接，并有一导电线穿过弹体将头部引信与尾部引信连接起来。弹体尾部有一尾盖，尾翼的金属箍即固定在尾盖的环槽内，使尾翼不能脱离弹体。尾翼由深黄色的塑料制成，前端固定在金属箍上，尾部分成 3 个叶片，每个叶片的尾端又增加两个小叶片。尾部引信由尾翼金属箍的 6 个卡爪固定在弹体尾端。

该弹爆炸时可贯穿坚硬土壤 700～800mm，贯穿花岗岩石 100～150mm，贯穿钢板 50～80mm。

4）ПТАБ-2.5 反坦克弹

ПТАБ-2.5 反坦克弹装在一次有效弹箱（或称母弹）中，由飞机上投下。一次有效弹箱在空中解体后，该弹被抛出纷纷下落，碰击目标或落地爆炸。

有两种一次有效弹箱装填该弹：一种是 РБК-500-225 弹箱，质量为 225kg，长 1478～1500mm；直径 450mm，可装填 50 个反坦克弹；另一种是 РБК-500 通用弹箱，装 30 个反坦克弹。

该弹主要由弹头、药形罩、弹壳、装药、扩爆药、引信和尾翼组成。

炸弹头部有一个半球状钢质弹头，并与保险环一起固定在弹壳前端。保险环用来支

撑弹头，以保证当炸弹碰击目标时使聚能射流与目标之间保持适当距离。锥形药形罩固定在弹壳前部。钢质弹壳的外面套有杀伤破片套，用以产生较多的破片，弹壳和杀伤破片套共厚 3.5mm。弹壳内装填 TNT 和 RDX 混合炸药 0.387kg。装药尾部的引信室内装有一块空心扩爆药。弹壳尾端与尾锥固定在一起。尾翼由 4 个扇形翼片和 1 个弓形夹板连接而成（均由钢板制作），尾翼焊接在尾锥上。弹体尾部中央有一个直径为 36mm 的螺纹孔，用来安装引信。如该炸弹命中角为 0°时，破甲厚度为 30mm。

6．燃烧弹

燃烧弹是以纵火的方式消灭和破坏目标，如工业企业建筑物、仓库、车站及机车车辆、集结地区的有生力量和技术装备等。具有爆炸作用的爆破燃烧弹对坚固建筑物及油库等能造成更严重的破坏。在干燥季节，有时利用燃烧罐实施纵火，对暴露的可燃目标具有较大的纵火能力。有的燃烧弹装在母弹中集中投掷。

1）燃烧弹的特点

燃烧弹的爆炸威力不大，但爆炸后能形成具有高温的物质或火焰，用以烧穿目标或引燃可燃物质以造成火势的蔓延。多数燃烧弹的弹壳较薄，以保证多容纳燃烧剂，例如，苏军（俄军）ЗАБ-250-200 燃烧弹的弹壳只有 2.5mm 厚。只有那些弹壳本身是燃烧烧剂的燃烧弹，弹壳才具有较大的厚度，例如，美军 AN-M50A3 燃烧弹，弹壳全厚几乎占弹体全宽（弹体为六角形）的 1/2，装填系数只有 18.2%。燃烧弹的引信多为瞬发或短延期引信，无长延期引信，也无反拆卸装置。

2）燃烧弹的类型

按燃烧剂的品种分类有：①固体烟火弹。该弹的烟火剂由硝酸钠、铝粉、镁铝合金、硫和工业油混合而成，如苏军（俄军）ЭАБ-100-114 燃烧弹，美军 AN-M50A3 燃烧弹装填的 TH_3（铝热剂）及其镁合金弹壳，均为固体。固体烟火剂燃烧时，产生高达 2300～2500℃的高温半流动物质，能烧穿和熔化目标。②黏性燃烧弹。该弹的黏性燃烧剂具有很大的胶黏性，能够持久地停留在被击中的物体上，流散缓慢，燃烧时间较长，能产生 800℃左右的高温。美军常用的有 IM（汽油和异丁基甲酰的混合物）和 NP（汽油和 M1 或 M2 凝固剂的混合物，也称凝固汽油）。苏军（俄军）常用的有 АП-10（汽油、ОП-2 粉和二甲苯酚的混合物）、ДГ（聚异丁烯的汽油和煤油溶液）和 СКС（汽油、合成橡胶、二甲酚和过氧化异丙基苯）。③带烟火剂和金属附加物的黏性燃烧剂的燃烧弹。该燃烧剂比黏性燃烧剂的燃烧温度高（1600～1650℃），比固体烟火剂的黏度好、火焰大。美军常用的为 PTI（镁、汽油和其他石油产品与异丁基甲酰的混合物）；苏军（俄军）常用的为 ВМС-2（甲苯、有机玻璃、硝酸钠、镁粉、镁屑、活性炭、硅钙合金和二硝基萘）。

按燃烧弹的使用目的分类有：①集中性燃烧弹。能造成一个单独的温度很高的发火点。这种炸弹较小，使用固体燃烧剂，目的在于烧穿目标，如美军的 AN-M50A3 和 M126 燃烧弹；苏军（俄军）装有烟火燃烧剂的 ЭАБ-2.5 燃烧弹。②散布性燃烧弹。能够将燃烧物质以黏性燃烧块的形式或以单独燃烧元件的形式散布在较大面积上，以造成多数火源。前者如苏军（俄军）的 ЭАБ-100-114 燃烧弹，后者如各种凝固汽油燃烧弹或燃烧罐。③复合性燃烧弹。同时具有燃烧作用和破片杀伤作用或爆破作用。例如：装有炸药的苏军（俄军）ЭАБ-2.5 燃烧弹，燃烧 2~3min 后起爆炸药，飞散出灼热的熔渣和破片，个别破片的飞散距离达 200m。苏军（俄军）ФЭАБ-500 爆破燃烧弹，同时具有燃烧和爆破作用。

3）ЭАБ-100-114 燃烧弹

ЭАБ-100-114 燃烧弹是一种散布性燃烧弹，弹体内装填烟火剂和 9 个装有铝热剂的燃烧筒。当航弹爆炸时，燃烧筒抛出去燃烧，形成一个较大的燃烧面，用以烧毁油库、仓库、城市建筑物、各种运输车辆以及集结地区的有生力量和技术装备等。

ЭАБ-100-114 燃烧弹主要由弹壳、安定器、燃烧剂、燃烧筒及引信等组成。弹头为厚 22mm 的钢铸件，弧面上焊有弹道环，前端中央有一引信安装孔。弹壳圆柱部由厚 12mm 的钢板制成。尾锥部由厚 3mm 的钢板焊接而成，尾端有一装填孔，用以装填燃烧剂和燃烧筒。装填孔内垫有纸垫和毡垫，口部旋有带整流罩的螺塞。弹耳直接焊接在弹壳圆柱部。安定器为双圆筒式，由翼片、内圈、外圈和支板组成。翼片由厚 2.5mm 的钢板制成，焊接在尾锥体上。传爆管壳焊接在头部安装孔内，安装引信的螺孔直径为 36mm，平时拧有防潮塞。燃烧剂为固体烟火剂，除起燃烧作用外还用以点燃燃烧筒内的药剂，并炸碎弹壳，抛散 9 个燃烧筒。燃烧筒外壳由壳体、筒底和纸垫等组成。筒底为一带孔的金属罩盖，焊接在壳体的一端。筒内的基本药为质量 1920g 铝热剂。主要成分是硝酸钡、铝粉和四氧化三铁。为使基本药被迅速引燃，在基本药端装有 20g 引燃药和 40g 过渡药。

在燃烧筒和弹壳之间垫有弹体衬板，中间放有燃烧筒衬板。在燃烧筒的前端垫有两块纸隔板，后端有两块半圆纸挡板，弹体空间填满燃烧剂。该弹投掷高度为 6000m 时，燃烧时间不小于 5min 的火种散布半径为 75m；投掷高度为 12000m 时，散布半径为 20m；如投在中等坚硬的土壤时，大部分燃烧筒留在弹坑内，散布半径最远的只有 20m。该弹火种的火焰温度为 2500℃。燃烧筒能烧穿 3.5mm 的钢板和铺在其下面的 20mm 厚的木板。如配用延期引信，能穿透油库覆盖层，以及房顶和一、二层楼房，然后爆炸燃烧。

2.2.2 炮弹的结构

炮弹是供火炮发射的弹药。一般将口径在 20mm 以上，通过身管射击形式发射出的弹丸类弹药归之于炮弹。

1．分类

炮弹有多种分类方法，根据炮弹作战功能、内部结构、与之配套的发射或投掷武器不同，对炮弹的分类方式有多种形式，如可根据炮弹的用途、弹体口径、引信和控制系统等进行分类。按用途分为主用弹、特种弹和辅助弹。主用弹是供直接毁伤目标的弹药，如杀伤弹、爆破弹、穿甲弹、混凝土破坏弹、破甲弹、燃烧弹和化学弹等；特种弹即为完成特定任务的炮弹，如发烟弹、照明弹、宣传弹、干扰弹等；辅助弹是供部队训练，教学和靶场试验等用弹，如实习弹、空包弹、教练弹和试验弹等。按配用火炮种类分加农炮弹、榴弹炮弹、坦克炮弹、航空炮弹、高射炮弹、迫击炮弹等。按弹径分大口径、次口径和超口径炮弹。此外还有子母炮弹、末制导炮弹等。图 2-6~图 2-8 所示为几种典型炮弹。

图 2-6　155mm 炮弹

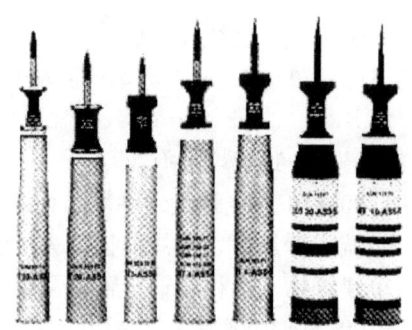
图 2-7　90mm、105mm、120mm 反坦克弹

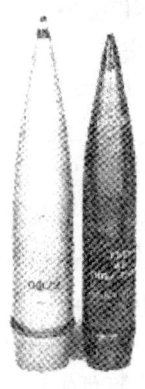

图 2-8　典型旋转稳定型炮弹

（1）按炮弹的口径分类：一般炮弹类弹药按照其发射武器的口径大小分类。如地面炮的大口径在 155mm 以上，中口径为 70～155mm，小口径为 70mm 以下。对于高射炮，其大口径为 100mm 以上，中口径为 60～100mm，小口径为 60mm 以下。

（2）根据引信的起爆控制系统分类：直接触发式，即弹药引信在外力作用下（如冲击、摩擦）将起爆药激发。自控式，以各种定时引信为主。遥控式，①有线遥控：用长电源导线远距离通电起爆，利用有线通信系统控制起爆装置等（如美国的陶式反坦克导弹）。②无线遥控：电磁波起爆、红外线起爆等。

（3）按弹药用途分类：主用炮弹，用以直接杀伤、摧毁敌人有生力量和军事设施、技术兵器的各种弹药统称为主用炮弹。除各种导弹、航空炸弹外，主用弹药还包括各种导弹、航空炸弹、榴弹、穿甲弹、破甲弹、燃烧弹、地雷、水雷、轻武器子弹以及各种火箭爆破器等。特种弹，用于完成特殊战术、技术任务的弹药统称为特种弹，如宣传弹、照明弹、发烟弹、侦察弹等。辅助弹，是供靶场试验和部队训练用的非战斗用弹，如各种教练弹、模拟弹、空包弹、水弹等。

2．常规炮弹结构

炮弹主要由弹丸、引信、发射装药和药筒组成。弹丸可以杀伤有生力量，摧毁目标或完成其他任务；引信用以引爆弹药装药；发射装药用来发射弹丸；药筒用来连接弹丸，盛装发射药。图2-9～图2-11分别为破甲弹、高爆弹、反坦克弹结构图。

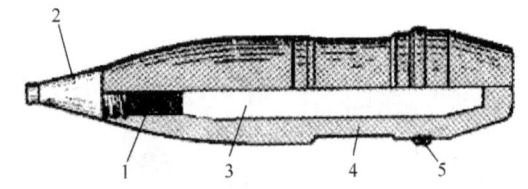

图2-9 破甲弹

1—二级引信；2—初级引信；3—主装药；4—破片壳体；5—壳体外环。

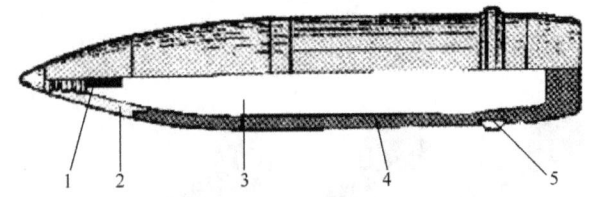

图2-10 高爆弹（内装药为TNT类猛炸药）

1—初级引信；2—二级引信；3—主装药；4—外壳；5—壳体外环。

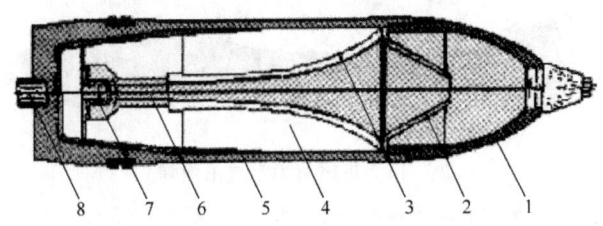

图2-11 反坦克弹

1—弹头；2—安全锥；3—钢铁漏斗；4—主装药；5—外壳；6—中央管道；7—起爆体；8—轨迹示踪体。

2.2.3 迫击炮弹

迫击炮弹在废弃弹药销毁工作中数量较多，且种类繁多。迫击炮弹是专用迫击炮发射的弹药，一般由炮口装填，多带尾翼，飞行中靠尾翼稳定飞行。主要由弹体、装药、稳定装置和引信等部分组成（图2-12～图2-14）。弹体装填炸药和其他物质，装药为梯恩梯炸药，稳定装置起稳定作用，引信用以定时起爆弹丸。发射时，炮手用双手将迫击炮弹送入炮口，在弹体落入发射筒底部后，弹体尾部的引信受到撞击而发火，引燃发射药，放出的高压气体驱动弹体离开发射筒，完成发射。

榴弹口径在85～155mm之间，杀伤榴弹弹壳较厚，材料为钢质、钢性铸铁或球墨铸铁，平均壁厚为1/6～1/4倍口径，在18.1～25.8mm范围内，部分榴弹内置杀伤钢珠。爆破榴弹弹壳材料为中碳钢，弹壳较薄，平均厚度1/8～1/15倍口径。迫击炮弹口径一般为

60～120mm，弹壁较厚，大于同口径杀伤榴弹。高射榴弹口径在 37～100mm 之间，钢质弹壳，厚度较大。穿甲弹一般装药量小，炸药靠近弹体后部，口径 100mm 左右，引信在弹体后面。

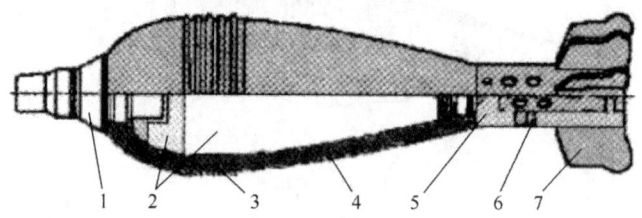

图 2-12　迫击炮弹结构

1—起爆体；2—弹头；3—凸起法兰；4—外壳；5—稳定器；6—尾部驱动气体通道；7—尾部稳定器尾翼。

图 2-13　带尾翼稳定迫击炮弹

（下图：100mm 枪榴弹；上图：82mm 旋转尾翼迫击炮弹）

图 2-14　特种迫击炮弹

2.2.4　火箭弹

火箭弹是指利用火箭发动机从喷管中喷出的高速燃气流产生推力发射的非制导性的火箭弹药。涡轮式火箭弹结构如图 2-15 所示，89mm 带尾翼稳定反坦克火箭弹如图 2-16 所示。

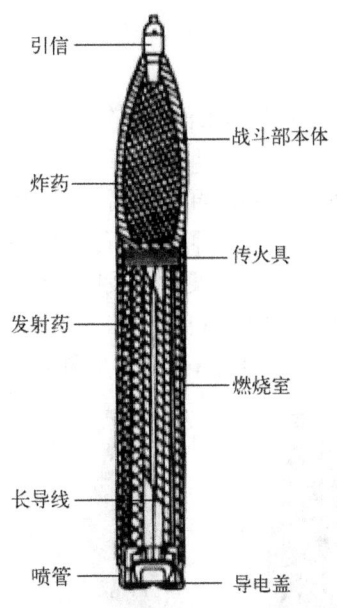

图 2-15 涡轮式火箭弹结构

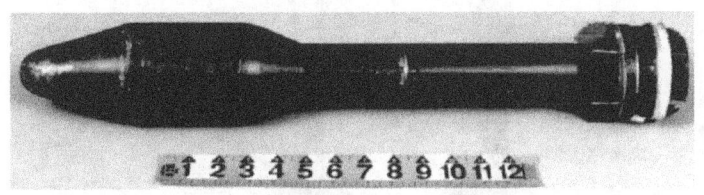

图 2-16 89mm 带尾翼稳定反坦克火箭弹（内装高爆炸药）

2.2.5 导弹

导弹（Guided Missile）是依靠自身动力装置推进，由制导系统导引、控制其飞行弹道，将战斗部导向并摧毁目标的武器。属于精确制导武器，具有射程远、速度快、精度高、威力大等特点。图 2-17 所示为 kh-41 "白蛉" 空舰导弹结构图。

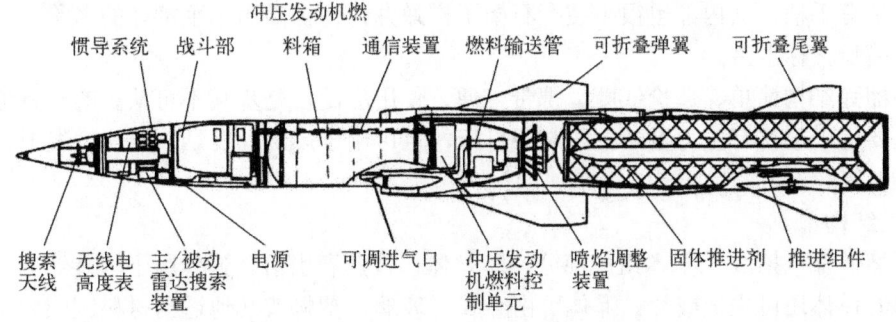

图 2-17 kh-41 "白蛉" 空舰导弹结构图

37

2.2.6 枪榴弹

枪榴弹就是挂配在枪管前方用枪和枪弹发射的一种超口径弹药,可分为杀伤型和反装甲型,杀伤型枪榴弹一般质量为 200~600g,杀伤半径 10~30m,最大射程 300~600m;反装甲型枪榴弹一般质量为 700~800g,直射距离 50~100m,垂直破甲可达 350mm,可穿透 1000mm 厚的混凝土工事。此外,枪榴弹还可发射破甲、杀伤两用弹、特种弹和教练弹等。枪榴弹一般使用筒式发射器和杆式发射器发射,依靠子弹中发射药燃烧时产生的冲击波来推动枪榴弹飞行。枪榴弹大都采用机械引信、压电引信和电子引信等,其主要特点是重量轻、体积小,携带使用都比较方便。图 2-18 和图 2-19 所示为枪榴弹结构图。

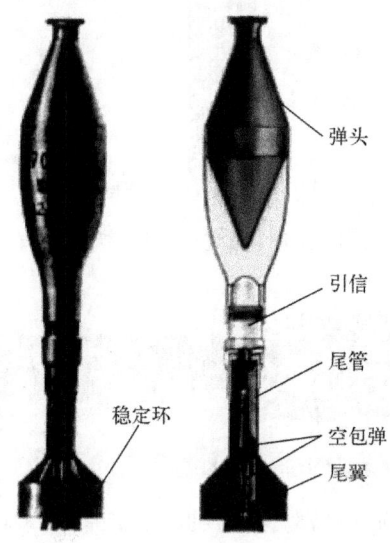

图 2-18　67 式 70mm 破甲枪榴弹

2.2.7 手榴弹

手榴弹是一种用手投掷,由延时或碰炸引信起爆的小型爆炸或化学弹药。因早期手榴弹外形及其碎片有些像石榴和石榴子,故得此名。尽管现代手榴弹的外形有的是柱形,有的还带有手柄,其内部也很少装有石榴子样弹丸,但仍沿用了手榴弹的名称。不带手柄的手榴弹又称手雷。

手榴弹结构简单、造价低廉、携带方便、使用广泛,是步兵不可缺少的一种近战武器,主要用于杀伤有生力量,摧毁装甲目标,也可用于燃烧、发烟、照明、发射信号和施放毒气等。

1. 结构

手榴弹都包括 3 个基本组成部分,即弹体、装药和引信。弹体用于填装炸药,有些手榴弹的弹体还可生成破片。弹体可由金属、玻璃、塑料或其他适当材料制成。手榴弹的装药可以是梯恩梯炸药,也可以是其他种类的炸药,还可以是催泪瓦斯、铝热剂(燃烧剂、白磷等）等化学战剂。图 2-20 所示为美军 M26 型手榴弹。

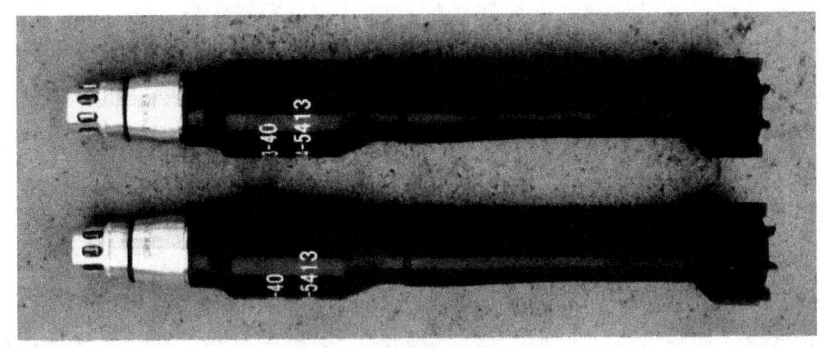

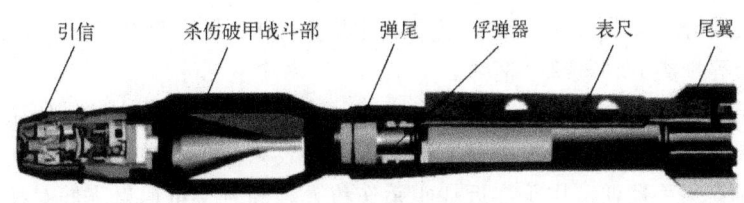

图 2-19　40mm 破甲杀伤枪榴弹

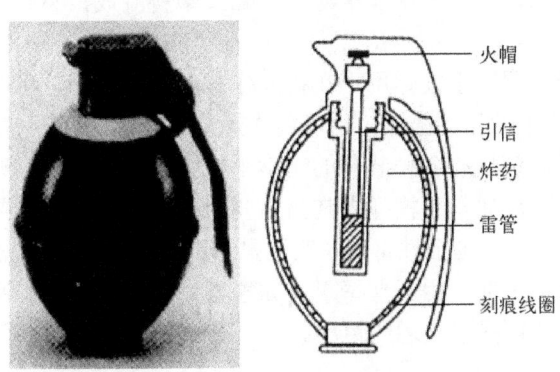

图 2-20　美军 M26 型手榴弹

大多数手榴弹，主要采用两种引信：起爆引信和点火引信。起爆引信在弹体内爆炸以引爆装药，多用于杀伤手榴弹；点火引信则通过高温燃烧引燃化学装药，主要用于化学手榴弹。不管工作原理如何，手榴弹的引信或以撞击或以延时的方式激活。出于安全考虑，现在的杀伤性手榴弹大都使用延时引信，有的也使用组合式引信（触发引信在解除保险之前有短暂的延时）。但是，触发式引信仍然保持着某种优势。例如，敌人无法躲避或扔回触发式引信手榴弹，在将其投向上坡时也不会出现滚回的危险。因此，这种引信并没有被完全抛弃。在延时长短的选择上（一般为 4~5s，某些型号为 6~8s，苏联偏

39

好 3～4s 的较短延时),人们不断在安全考虑和不留给敌人反应时间之间进行平衡与折中。此外,短暂的延时更容易实现空中爆炸,使有效杀伤半径最大化。

2. 分类

手榴弹种类繁多,有进攻、防御、攻防两用和反坦克手榴弹。进攻手榴弹主要靠强大的爆轰冲击波杀伤有生目标,弹壳壁薄,用铁皮、塑料或纸板制成,因危险性小,士兵可在投掷后继续前进不受伤害,适于在进攻中使用。防御手榴弹主要靠破片动能杀伤暴露的有生目标,杀伤半径为 5～15m,危险界较大,投掷后需立即隐蔽,全弹质量 0.3～0.6kg,破片质量 0.1～0.4g,破片数 300～4000 片,有的多达 5800 片。反坦克手榴弹一般质量 1000g,可穿透 200mm 厚的坦克装甲,也可击穿 500mm 厚的混凝土工事。此外,还有特种手榴弹,包括发烟手榴弹、信号手榴弹、燃烧手榴弹、照明手榴弹和催泪手榴弹等。

手榴弹大致分为 4 类,即杀伤手榴弹、照明手榴弹、化学手榴弹(包括燃烧、发烟、反暴乱、眩晕等种类)和教练手榴弹。

(1) 杀伤手榴弹。杀伤手榴弹主要靠弹壳与引信组件破片的高速散射杀伤人员,也可用于摧毁或瘫痪装备。这种手榴弹又可区分为进攻杀伤手榴弹和防御杀伤手榴弹。进攻手榴弹也称震荡手榴弹,用于在近战中杀伤敌人,同时又可尽量降低对投弹者以及附近己方的其他人员构成威胁。防御手榴弹可散射出大量在距离爆炸点相当远的地方仍具有杀伤力的重破片或钢珠,因此是一种能给成群前进的敌军造成伤亡的理想近战兵器。手榴弹中填装高爆炸药,但弹体壁非常薄,用铝或塑料制成,不会产生高动能、高重量破片。

(2) 照明手榴弹。照明手榴弹用于在夜间作战时显示地形,可在数秒钟内发出平均可达 50000～60000 标准烛光的强光,也可用作燃烧手榴弹,用于点燃干草、树叶等。

(3) 化学手榴弹。装填有各种装药的化学手榴弹可用于燃烧、遮蔽、发信号、反暴乱等目的(见图 2-21)。化学手榴弹内装药主要为化学药品,如毒剂、刺激剂、烟雾剂等。反暴乱手榴弹通常内装催泪性毒气(氯乙酰苯),这是一种可刺激眼睛流泪、能暂时部分或完全致盲的催泪瓦斯。用于非军事(如警察)行动时,反暴乱手榴弹大多由专用榴弹发射器发射,因此可投射更远的距离。

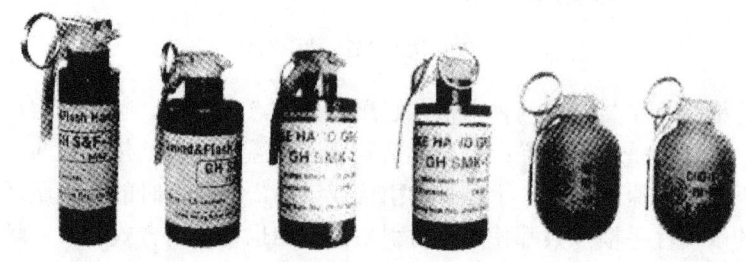

图 2-21 各种化学手榴弹

(4) 教练手榴弹。教练手榴弹是杀伤手榴弹的模拟弹,用于训练。

3．典型常规手榴弹

1）国产手榴弹

我国的手榴弹品种多达数十个，按其用途分可分为主用手榴弹、特种手榴弹和辅助手榴弹三大类。主用手榴弹又可分为进攻手榴弹、防御手榴弹两类；特种手榴弹可分为发烟手榴弹、照明手榴弹、干扰手榴弹和防暴手榴弹等小类。图2-22所示为国产67式手榴弹。图2-23所示为国产84式碰炸手榴弹。

图2-22　国产67式手榴弹

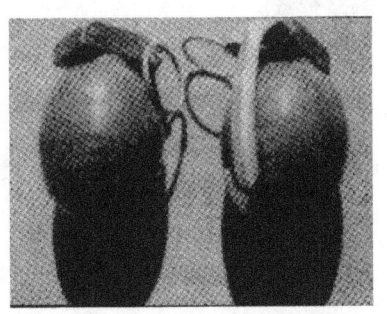

图2-23　国产84式碰炸手榴弹

2）外军手榴弹

图2-24～图2-28所示为几种外军手榴弹。

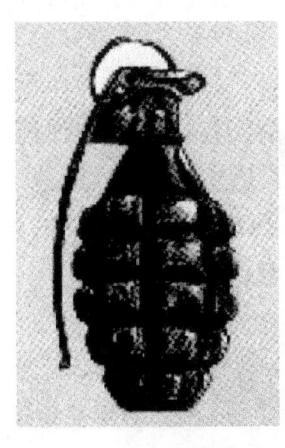　　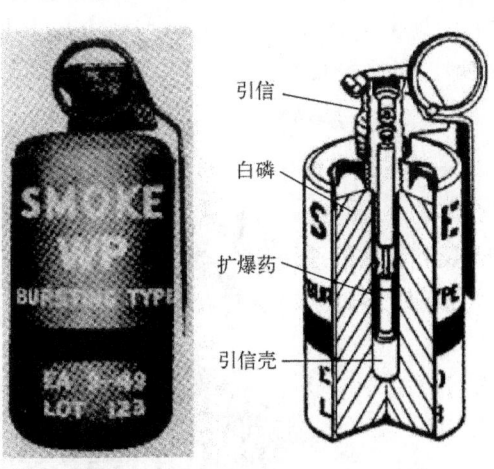

图2-24　MarkⅡ手榴弹　　　　　图2-25　美军白磷手榴弹结构

41

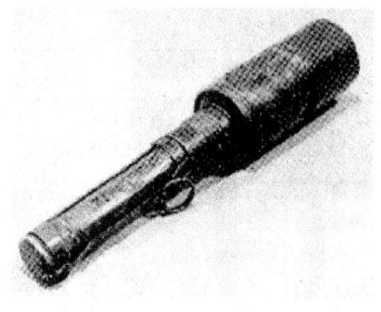
图2-26 苏联RKG-3/RKG-3T手榴弹
（内装60g梯黑炸药）

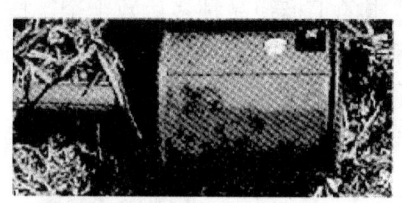
图2-27 苏联RG-42型手榴弹
（内装119g梯恩梯）

图2-28 日本91式手榴弹

2.2.8 地雷的结构

地雷是布设于地面或地下，构成障碍并起杀伤作用的一种弹药，具有体积小、质量小、威力大、结构简单、动作可靠、造价低等特点，是一种普及和有效的杀伤兵器（图2-29）。地雷是对付坦克、装甲车辆的有效武器，不仅可由人工埋设，还可由机械、火箭、火炮、飞机等布设。

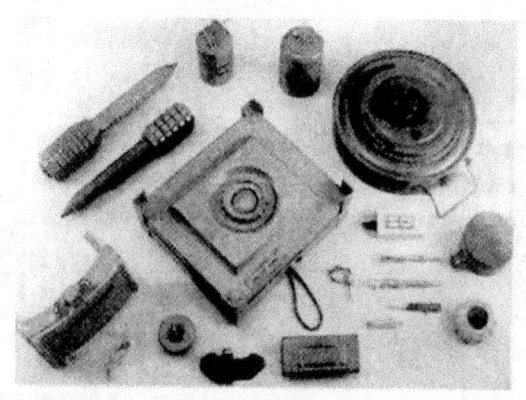
图2-29 各种地雷

1．结构

地雷主要由装药、引信和雷壳组成。其威力大小，主要取决于装药的种类、数量和地雷的形状。地雷的作用不同，其装药量也不相同。反步兵地雷装药量为几十克到几百克，反坦克地雷的装药量为 5～10kg。雷壳用薄钢板冲制而成或用工程塑料制成，用来盛装炸药和引信，其破片可杀伤有生力量。引信是保证地雷适时、可靠起爆的重要部件。图 2-30 所示为反坦克地雷结构图。

图 2-30　反坦克地雷结构

2．分类

地雷的分类方法很多。按用途可分为反步兵地雷、反坦克地雷和特种地雷。反步兵地雷是利用装药爆炸时所产生的冲击波和破片杀伤有生力量（图 2-31），有爆破型和破片型两种。反坦克地雷的主要作用是炸毁坦克、装甲车辆等技术兵器，使之丧失运动和作战能力（图 2-32）；按破坏坦克的部位又可分为反履带、反车底和反侧甲地雷。

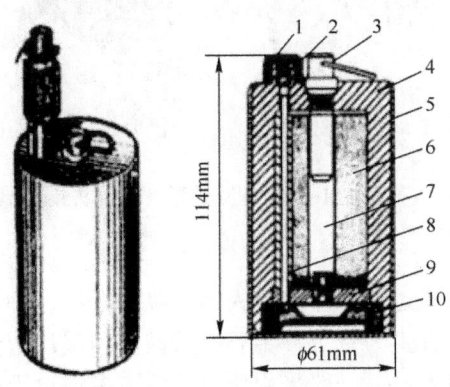

图 2-31　反步兵地雷

1—击针帽罩；2—击针；3—防潮棒子；4—外壳；5—发射柱体；6—炸药；
7—起爆体；8—传火序列；9—隔离体；10—发射药。

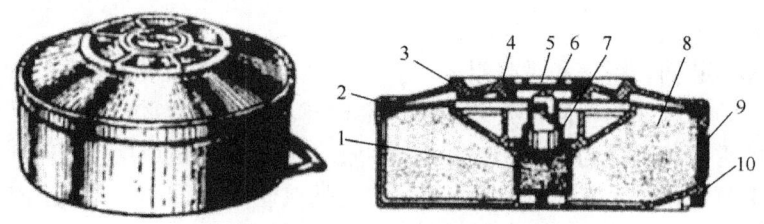

图 2-32 反坦克地雷

1—扩爆室；2—雷壳；3—隔离室；4—蝶簧片；5—旋转插销；6—引信；
7—引信室；8—主装药；9—炸药灌注孔；10—提手环。

3．典型地雷参数及结构

1）反坦克地雷

用以炸毁坦克、装甲车、步兵战车、装甲汽车和自行火炮等装甲目标的一种地雷。地雷质量为 5kg 左右，装药可达 4kg，主要为猛炸药，如梯恩梯或梯恩梯与黑索金的混合炸药。反车底地雷是专用于炸毁坦克底部装甲的地雷，其破甲厚度可达 100mm 至几百毫米。反侧甲地雷是专用来炸毁坦克侧装甲的地雷，采用红外、激光等引信起爆装置，利用聚能装药形成的金属射流穿透坦克侧装甲。图 2-33 所示为苏联 TM-57 反坦克地雷。图 2-34 所示为美国 M15 反坦克地雷。

图 2-33 苏联 TM-57 反坦克地雷（内装 7.5kg 梯恩梯）

2）反步兵地雷

布设于地下或地面，通过目标作用或人为操纵起爆的一种爆炸性武器，靠爆炸时产生的冲击波和破片来杀伤有生力量等，主要有爆破型和破片型两种。爆破型地雷是以其爆炸后的强大冲击波杀伤人员，一般采用压电引信，多埋设于地下。破片型地雷是以爆炸后散射出的破片和钢珠杀伤人员，多采用绊发、拉发引信，埋设于草地和树丛中，其杀伤距离为 50～55m，有的破片最远飞行距离可达 150～200m。图 2-35～图 2-38 所示为几种反步兵地雷。

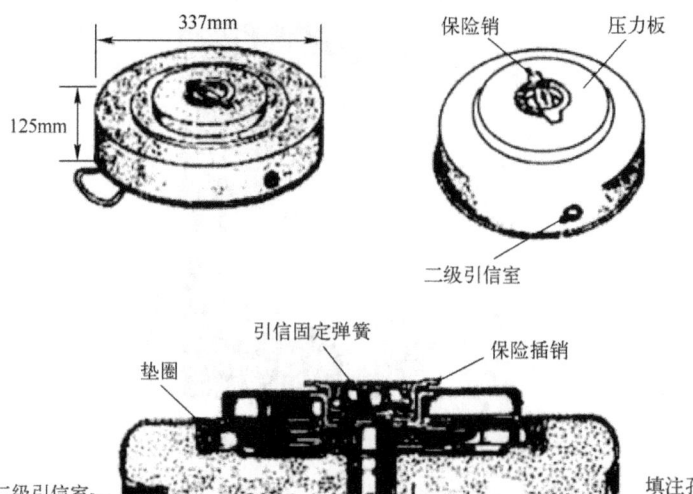

图 2-34 美国 M15 反坦克地雷

图 2-35 中国 72 式反步兵地雷

图 2-36 越南 MBV-78A2 式反步兵地雷

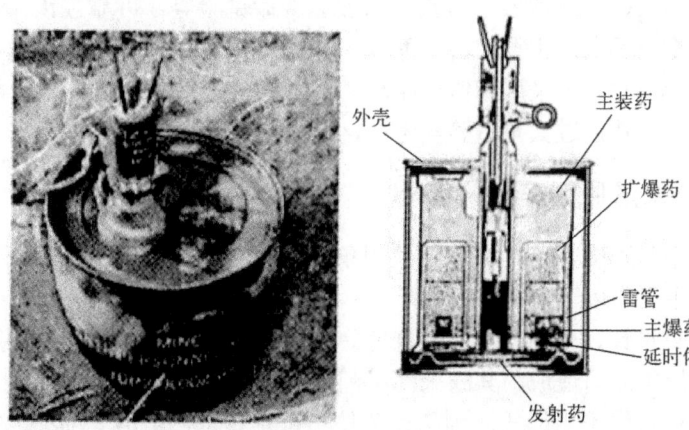

图 2-37 美军 M16A2 反步兵地雷及结构

45

图 2-38 苏军（俄军）反步兵定向雷

2.3 弹药可靠性与未爆原因分析

2.3.1 弹药可靠性

弹药产品的可靠性直接关系到弹药的作用可靠性与使用安全性，弹药可靠性分为安全可靠性和作用可靠性两类，引信瞎火、弹药未爆属于作用可靠性。弹药设计生产对作用失效概率和安全失效概率的要求相差极大，一般要求安全失效概率不能大于 10^{-6}，而作用失效概率在 10^{-4} 左右。

可靠性试验和可靠性预计是弹药可靠性分析的主要手段。可靠性试验是指用于暴露产品在设计、制造中的缺陷和评价产品可靠性而进行的各种试验的总称。可靠性的各种指标，如可靠度、失效率、平均寿命、储存寿命等，需要通过规定的试验方法进行可靠性试验，并对结果进行处理才可得出该产品的各项可靠性指标值。主要试验包括环境应力筛选、可靠性增长、可靠性鉴定与验收和加速寿命试验等。可靠性预计是对弹药可靠性分析的另一种重要手段，主要由各分系统可靠性数据直接计算其预计值，在弹药各分系统可靠度难以计算时，可采用相似产品法、专家评分法对分系统进行可靠性设计。

弹药定型生产虽然经过大量试验与考核，但是弹药未爆的情况时有发生。

2.3.2 弹药未爆原因分析

弹药种类、型号很多，结构原理、使用条件不同，在训练、演习、战争中出现未爆弹药的主要原因主要有以下几种：

（1）弹药本身设计、生产过程中的缺陷造成。如设计中传爆序列、可靠度不当，生产中引信线路虚焊等原因造成，其瞎火率不超过 3%。

（2）弹药储存保管不当造成。因储存条件不符合要求，引信受潮不能发火、药柱变质不能稳定爆轰，引信零件锈蚀、活动机件动作不正常，电源储能不足等。

（3）弹药在运输使用过程中受到颠簸、挤压、撞击，造成局部损伤或部件动作不畅。

（4）弹药与靶标、目标和环境不匹配，如攻坚弹打到松软目标时瞎火率是正常目标的十几倍，降落伞或绳缠挂在树枝上形成挂弹，电子引信因灵敏度等原因出现无法作用造成未爆弹。

（5）弹药撞击目标角度不符。炮弹落角较小时对一般土地会发生跳弹，中等落角时侵彻中翻转使引信零件受力方向和大小发生很大变化，触杆引信因撞击角度提前折断而未作用。

（6）人为操作失误造成。没有按照弹药使用规范操作，未按要求摘除引信保护帽、保险销，引信装定不符合要求。

（7）环境力作用下造成引信元件作用障碍。引信系统的安全功能就是保证平时包括生产、储存、运输、勤务处理的安全，保证发射时和延期解除保险之前的安全，此后可靠解除保险进入待发状态。安全系统设计遵循瞎火、环境区分、冗余保险、延期解除保险、故障保险和保证效能的原则，采用机械、机电、全电子安全系统保证弹药安全可靠，引信在自然环境、勤务环境、发射环境、人工干扰环境中，受到后坐力、离心力、惯性力、摆动力、爬行力等复杂作用下，出现部分保险未解除、元件局部变形、电子线路脱落、元件动作受阻等引信故障。

（8）弹药使用环境的温度、气压变化造成，如部分弹药在青藏高原环境下瞎火率大幅提高。

（9）其他造成弹药未爆的原因。

对于一种弹药未爆的原因也不是唯一的。手榴弹常见的原因有木柄手榴弹拉线拉出后火帽未发火、手榴弹延期药受潮、传爆序列故障，以及手雷握柄未翻转，击针不能打到火帽等；制式爆破器材常见原因有电子延期引信中电源过期、传爆导爆管过期失效等；炮弹常见原因有跳弹、弹着点不匹配和引信故障等；枪榴弹常见角度不对而撞碎、引信故障等；子母弹的子弹未爆概率偏大，常见引信不作用、树丛挂弹等；120mm反坦克火箭弹常见原因是引信对不同作用目标适应能力不强，对靶标材质、硬度和角度设置要求高，主战斗部爆炸后，随进子弹引信保险已完全解除，未能正常起爆，在碰触、翻转、移动等外力的作用下引起爆炸，从而造成伤亡事故。

2.3.3 演习训练未爆弹预防措施

（1）实弹活动前，组织弹药结构组成、作用机理、使用步骤、安全事项讲解学习和模拟练习，确保使用人员掌握使用方法和要领。

（2）新品种、新型号、新批次的弹药在使用前，应组织专业人员进行试投试射，检查弹药质量、掌握弹药特点、总结注意事项。经实爆检验不合格的弹药禁止在演习训练中使用；新型地爆器材等设置类弹药试爆时，可以提前设置装药和起爆线路，在弹药未爆情况下人员远距离销毁。

（3）弹药使用前应由专业人员进行技术检查。一是查外观，严禁使用外观开裂、变形的弹药；二是查批年厂号，严禁使用上级停用弹药、已过储存期弹药，以及带有电源且保管期超过 5 年或部分零部件过期的弹药；三是查装箱和配套，严禁使用配套不齐的弹药。

（4）弹药准备时，提前开箱或打开包装，使弹药通风散潮可以减少未爆弹数量。零散长时间保管的弹药在使用前，应重点检查、谨慎使用。

（5）弹药装定、使用过程中，可以安排专人对关键环节监管，及时停止或纠正使用人员出现的不规范操作。

（6）按照弹药要求设置靶牌靶标，严禁改变靶标材质和松软程度、靶标斜度、弹着点地形地物等。对于子母弹尽量不要将弹着区域设置在丛林或茂密草丛中，防止挂弹不爆。枪弹和枪榴弹等小口径弹药禁止将靶标设置在块石区域，防止块石缝隙卡弹。

（7）弹着点区域进行视频录像，便于搜寻未爆弹落点、观察落地后状态、判断未爆原因。

（8）出现未爆弹后，停止射击或投掷，防止后续弹药爆炸将未爆弹移动、抛掷、掩埋。停止射击后，组织专业人员按规范进行搜寻、处置未爆弹，禁止将未爆弹遗留在现场。

（9）处置未爆弹时，禁止翻转、移动，尽量减少触碰。

（10）实投实射后剩余弹药应妥善保管，打开包装后的弹药尽量销毁。需要回收的弹药一定要检查零部件完好，按产品说明书和零箱要求存储保管。

（11）实投实射结束后，必须对作业现场和目标区域进行清场，严禁不清场或清场不彻底就撤离现场，严禁私自收藏剩余弹药、部件以及不完全爆炸的残体。

第 3 章　未爆弹药处置技术

3.1　未爆弹药处置原则与应急行动

3.1.1　未爆弹药处置原则

未爆弹药处置是一项危险性高、影响面大的工作，应坚持如下原则。

1．安全彻底

未爆弹药技术处理工作是带危险性的作业，被人们喻为"与死神打交道"。因此，从始至终必须贯彻安全第一的原则，既要保证在处理未爆弹药的过程中不出任何事故，又要确保未爆弹药经处理后不得留下发生燃烧、爆炸事故的后患，即安全工作要做到万无一失，一旦失误，则一失万无。为此，要求做到：

（1）未爆弹药处理工作必须有计划、有组织、有领导地进行，三者缺一不可。

（2）处理未爆弹药的方法正确，防险保安措施可靠，安全规则规定周详，管理规章制度健全，监督落实措施有力。

（3）现场清理彻底，在处理未爆弹药的现场及周围的地面上和土层中，均不得留下炸药、火药、火工品及具有燃烧爆炸性的弹药元件或残余部分，以免留下后患。

（4）严格检查回收物资，在回收的金属、包装材料等物资中，不得混入或残留有炸药、火药、火工品及具有燃烧爆炸性的弹药元件或残余部分，以免转为民用时发生事故。

（5）严禁将未爆弹药采用投水（如投入江、河、湖、海、井、塘、水库）、掩埋等遗留后患的处理方法。

2．科学处理

科学处理，就是要遵循处理未爆弹药的方法正确地开展弹药处理工作，即按照已颁布执行的有关规则、规范、标准去进行未爆弹药处理，使未爆弹药处理工作规范化、程序化、制度化、专业化，防止蛮干。

3．快速有效

在交战中必须以较小的伤亡代价最快地处置未爆弹，为战争赢得时机。可以在总体评估基础上，采取绕行、沙袋墙防护、黏土覆盖等方式减小未爆弹的爆炸效应和影响。

4．提高效益

处理未爆弹药也要讲求经济效益，在确保安全的前提下，要尽量地减少处理费用的开支，条件允许时应尽可能地多回收有用物资，做好变废为宝的转化工作。

3.1.2 应急行动

在发现未爆弹时，首先应遵循以下的基本安全准则：

（1）不准擅自向可疑的未爆弹移动。由于在未爆弹中可能装有动磁感应引信，或装有延期自毁装置，一旦发现有未爆弹，不要擅自向其接近。如需要，应在安全距离之外用肉眼、光学仪器（如望远镜等）或无人设备进一步观察和确认。

（2）使所有无线电发射信号离未爆弹至少 300m 以上。这是由于无线电收发机传输时会由天线发出电信号，该电信号可以使未爆弹发生爆炸。

（3）不准试图从未爆弹弹体上或其附近取走任何东西，否则可能引起未爆弹意外爆炸。

（4）不准移动或搬动未爆弹，否则可能引起其爆炸。

（5）远离未爆弹，这是防止意外伤亡的最佳办法。

（6）用标志物正确标识未爆弹的危险区域，使无关人员远离未爆弹。正确标识未爆弹还有助于未爆弹处置专业技术人员根据所提供的可疑未爆弹报告快速、准确地找到未爆弹所在区域和位置。

（7）从未爆弹危险区域疏散无关人员，撤离设备。如果人员和设备无法撤离，必须采取有效的防护措施以降低未爆弹对人员和设备的威胁。

（8）许多类型的未爆弹除装填高爆炸药外，还可能装填燃烧剂、化学试剂、生物战剂或放射性物质，在对未爆弹标识或进一步处置时，对人员和设备应采取相应的防护措施。

1．战场未爆弹应急行动

战场上发现的未爆弹会影响部队完成机动和作战任务的能力。当发现未爆弹时，必须快速作出应对措施。措施的制定取决于人员当前的首要任务、未爆弹的尺寸和位置以及排爆组员的作业能力。

对人员及设备，在所有可能情况中，远离或绕开未爆弹的危险区域是最为安全的选择。如果未爆弹是近期敌方攻击所遗留下来的，那么应在下一轮攻击之前，考虑将人员和设备从未爆弹的危险区域内撤离出来。

如果因未爆弹的存在而没有完成当前任务，并且危险不可避免，则必须采取防护措施以降低未爆弹对人员和设备的危害。

不管采取何种措施，必须用醒目标志标识出未爆弹的位置，并将未爆弹的危害报告给上一级部门。

（1）撤离。撤离未爆弹影响区域内的所有无关人员和设备是最佳的保护措施。对于无防护的人员和设备，可按照表 3-1 未爆弹装药量与相对安全的撤离距离间的关系，进行撤离。在估算未爆弹体装药量的时候，一般按照弹体总重量的 50%来计算净装药量。

（2）隔离。在某些情况下，对于承担相关任务的人员、操作手或由于其他特殊原因并不能将未爆弹危险区域内的人员和（或）装备一一撤出。出现这些情况时，必须采取相应措施，将人员、设备和地面指挥所与未爆弹隔离。

表 3-1 弹体装药量与安全撤离距离的关系

弹体装药量		撤离距离/m
/磅	/kg	
≤27	12.2	300
30	13.6	310
35	15.9	330
40	18.1	350
45	20.4	360
50	22.7	375
100	45.4	475
150	68.0	550
200	90.7	600
250	113.4	625
300	136.1	675
400	181.4	725
500	226.8	800

（3）修建防爆墙。若未爆弹威胁到的是固定目标，则应将所有无关人员和设备撤离出未爆弹的危险区域。一旦设备不能从该区域移走，则必须修建防爆墙对设备进行保护；而对于未撤离的人员必须做好相应的防护措施。防爆墙为人工障碍，它通过导引出危险区形成的冲击波和破片，而对被保护目标提供一定程度的防护。防爆墙也可以用于减弱冲击波效应，缩小撤离区的范围。只要确认需在未爆弹危险区附近修建防爆墙时，必须事先评估该未爆弹发生爆炸时可能导致的破坏程度。修建人工防爆墙是一项非常费时的工程，它需要准备大量的沙袋。根据未爆弹的大小，可以将防爆墙绕着未爆弹修建，从而对整个区域进行保护。另外，也可以将防爆墙修建在不易撤离的设备和需保护的区域附近。

① 修建防爆墙的一般原则。估算未爆弹爆炸时总的破坏力，这可以用未爆弹的数量乘以弹体装药量来估算；确认不能从未爆弹危险区域安全移动或撤离的物产。对于那些不能移动或撤离物产，应对需要保护的物产做出修建防爆墙类型的决定；确定参与修建防爆墙的人数。应掌握的基本原则是：使用尽可能少的作业人员，确定所使用的设备。如果能调配运土的设备，应修建土质挡墙，而不采用沙袋形式的防爆墙；估算修建防爆墙所需要的沙袋数量。从未爆弹危险区撤离的人员可以参与装填沙袋，并将装好的沙袋运至防爆墙修建点；确保所有参与修建防爆墙的人员均穿戴有效的安全防护装具，包括头盔、防弹背心和护耳器等。

② 防爆墙的位置及大小。防止碎片时，修建的防爆墙与未爆弹间的距离应小于防爆墙的高度，防爆墙高度和长度能遮挡爆炸碎片向保护目标的飞散角度。减弱冲击波超压

时，应考虑墙面坡度和墙体厚度保证稳定性，应考虑爆炸冲击波对墙体入射角，防止墙后出现马赫效应或超压增大区域，如图 3-1 所示。

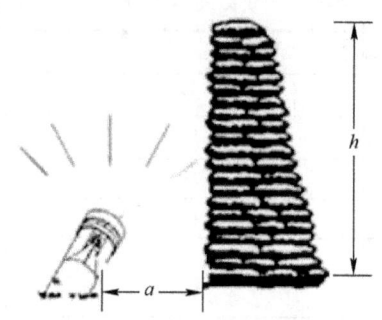

图 3-1 防爆墙与未爆弹间距离的确定关系

如有可能，可以在建（构）筑物与（或）被保护的设备和未爆弹之间修建间隔层防爆墙。将防火墙修建在这一位置上，可以给建（构）筑物内（或四周）的人员或设备操作手提供最大限度的保护，使其免受冲击波或爆炸飞散破片的杀伤。

修建防爆墙时，沙袋必须相互搭接，如图 3-2 所示，此种搭接结构以增强防爆墙的稳定性。沙袋不搭接将降低防爆墙的防护性能，而且防爆墙体也不稳定。

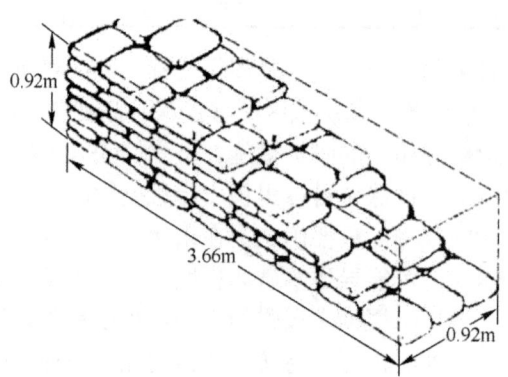

图 3-2 相互搭接的沙袋堆放形式

对于小型未爆弹，如弹径小于 70mm 的导弹和火箭弹、弹径小于 75mm 的炮弹及小炸弹和手榴弹等，在未爆弹周围需要搭建双层厚的沙袋防爆墙。沙袋堆垛高度不小于 0.92m，其厚度足以保护人员免受冲击波和破片的杀伤。这种类型的防爆墙可以采用半圆周形或圆形。

对于中等尺寸的未爆弹，如弹径达 200mm 的导弹、火箭弹和炮弹以及设置在地表的大尺寸弹药，在未爆弹周围需要搭建 4～5 层厚的沙袋防爆墙。为保护人员和设备，沙袋堆垛高度不小于 1.52m。这种类型的防爆墙通常采用半圆周形。

对于大型未爆弹，如大型炮弹、导弹和通用航空炸弹等，不能在其周围修建具有有效防护能力的防爆墙，如遇这种情况，应在受未爆弹影响区域内的设备和人员周围修建堤形防爆墙，如图 3-3 所示，这种未爆弹威胁区与受影响区之间的防爆墙能为人员和设备提供最佳防护。

图 3-3　堤形防爆墙的位置

③ 防爆墙的类型。防爆墙通常有 3 种类型，即圆形、半圆形和堤形。采用何种类型的防爆墙取决于未爆弹的威胁程度以及需要采取防护措施的区域特性。

对小型未爆弹而言，修建圆形防爆墙（图 3-4）是最佳选择，它可以给人员和设备提供彻底防护。修建直径 2.44m、高度 0.92m 且有 3 层沙袋厚的圆形防爆墙大约需要 400 包沙袋。

图 3-4　圆形防爆墙的设置

半圆形防爆墙（图 3-5）用于小型和中型未爆弹的防护。图 3-5 中的防爆墙可以将未爆弹爆炸形成的冲击波和飞散物导向墙体开口一侧，从而远离被保护的区域。

堤形防爆墙（图 3-6）可为特殊设备和人员活动区提供保护，通常在未爆弹威胁较大、使用其他防爆墙不能起到应有的防护能力时采用，堤形防爆墙的数量取决于要防护的设备和人员数量。修建宽度 3.66m，高度 1.83m 且有 3 层厚的堤形防爆墙大约需要 700 包沙袋。堤形防爆墙的宽度应超过被保护的设备宽度或人员活动区，而其高度至少和设备高度或人员所处位置的高度相同，并且用防火墙隔离的设备必须仍可操作使用。如

53

图3-6中的雷达，仍然保持裸露于防护方向的状态。

图3-5 半圆形防爆墙的设置

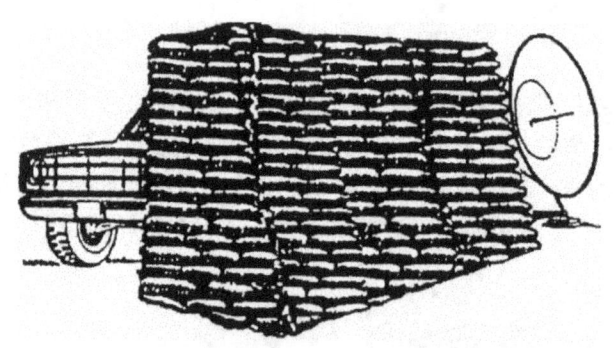

图3-6 堤形防爆墙的设置

（4）移交。向未爆弹处置的专业人员移交资料和现场，必要时协助处置。

2．演训未爆弹应急行动

部队训练和演习一般都在训练基地或靶场内进行，周围安排有警戒人员防止无关人员入内，靶区和爆炸区安排专人进行观察，组织相对严密。一旦出现未爆弹，应按以下行动实施。

（1）记录。实弹打靶有专门人员观察记录弹药爆炸情况，如果发现未爆弹，观察人员必须如实、准确、详细地记录时间、弹着点部位、数量，绘制略图。

（2）警戒。通知外围警戒人员加强警戒，同时在出现未爆弹区域周边设置警戒。警戒范围根据弹种确定，设置明显标识，派出警戒人员，禁止人员入内。警戒人员尽量隐蔽在爆破碎片飞散的死角、遮挡物后面或山体、建筑物的反斜面。

（3）汇报。迅速向指挥员汇报出现未爆弹的区域、数量等基本情况。

（4）移交。向未爆弹处置的专业人员移交记录资料和未爆弹现场，必要时协助处置。

3．战争遗留未爆弹应急行动

战争遗留未爆弹一般由于土壤开挖、水流冲刷等原因暴露，发现未爆弹以后不要私自开挖、移动和撞击等，迅速将附近人员撤离 50m 以上，并立即向当地公安部门报告，由公安部门安排专业人员处置。

3.2 未爆弹药处置程序

战争遗留、废弃未爆弹药处置方法与战场敌方未爆弹、演训未爆弹药的处置方法不同，处理程序也不同，处置程序应结合未爆弹具体情况灵活应用。不管哪种方法和程序，未爆弹药处理工作是一项技术性强、危险性大的工作，为了确保安全，必须做到程序化。

3.2.1 战场敌方未爆弹和演训未爆弹药

战争中出现敌方未爆弹和演训出现未爆弹药，通常采取就地处置的方案。在应急行动基础上一般处置程序如下：

（1）人员撤离、实施警戒。根据初步判断，划定撤离范围，实施警戒。

（2）现地侦察、前期处理。通过对敌方来袭弹药、演训弹药落点观察，处置人员在安全距离之外依靠无人设备器材侦察和扰动未爆弹，使其爆炸或排除相关引爆条件，为人员接近弹体进行诱爆或转运弹药创造相对安全的环境。之后，处置人员进入现场侦察未爆炸弹的位置、数量、入土深度及方向、弹体特征等，报告侦察结果。

（3）未爆弹药探测。根据地表弹洞直径、走向、角度，判断未爆弹在地下的大致位置，采用仪器对其进行详细探测，以判明未爆弹药的具体地点、位置和埋深。

（4）未爆弹药挖掘。为了及时消除未爆弹隐患，需要挖掘暴露出部分弹体再诱爆，或者全部挖掘后转运处置。挖掘过程危险性极大，作业时必须采取一定的安全技术措施，控制现场人员数量，稳步推进。

（5）未爆弹药识别。现实中的未爆弹残缺不全或仅发现弹体的部分，加上弹体锈蚀严重，给识别带来难度。依据弹体标识和外观特征进行识别，相互验证，确定未爆弹种类型号。

（6）制定处置方案。根据未爆弹姿态、类型和周围环境，编制处置方案，明确排弹作业的基本方法、实施步骤、安全措施和场地布局等内容。方案制定应立足于排弹保障实际，务必科学、严密、周详，并充分考虑到现场可能出现的各种情况。

（7）处置准备工作。按照处置方案和实施计划，合理编组做好组织准备，反复研究做好技术准备，认真检查做好器材准备。各项准备工作均应认真周密、确实可靠、按时完成。在完成上述准备的基础上，如有可能应组织有关人员进行演练，以便提高作业能力和组织指挥能力。

（8）组织处置。严格按照方案和计划组织未爆弹处置。

（9）检查撤离。销毁处理结束后，必须进行仔细检查，防止遗留弹药、炸药、火工品和器材等。现场指挥员要及时向上级报告完成任务情况，完成人员装备清点、现场移交等工作，并根据上级的指示组织撤离现场。

3.2.2 战争遗留、废弃未爆弹药

战争遗留、废弃未爆弹药通常采用转移后集中处置方案，一般处置程序如下：

（1）未爆弹药的探测。由于未爆弹药多数钻入或埋入地下土中，或沉落于江河淤泥之中，所处地点位置无明显特征，或者雷场文件缺失，处置前必须采用各种技术手段对其进行详细探测，以判明未爆弹药的具体地点和位置。

（2）未爆弹药的挖掘运输。当未爆弹药位于密集居民区、重要建筑设施附近时，需要将其挖掘运至安全地点再行销毁，由于挖掘运输过程危险性极大，作业时必须采取一定的安全技术措施，采用可靠的机械设备进行挖掘和运输。

（3）未爆弹药的检查与分类。未爆弹药检查与分类的目的，是为了查清楚弹药的数量和受损状况，分清种类和危险程度，以便采用与之相适应的正确技术进行处理。

首先应根据未爆弹药的来历情况确定检查的繁简程度。对战场收集的未爆弹药和来自部（分）队的未爆弹药，如果种类和危险程度较单纯，经历不复杂，可以用抽查的方法进行检查。检查的内容主要包括弹药的种类、数量、配套和受损状况、危险程度等。

未爆弹药的检查应与分类相结合进行，即边检查边分类，根据检查结果，随即进行分类。首先应根据废弹药的危险程度和利用价值分类，以便确定处理方法；然后按弹药种类、生产诸元及壳体材料分，以便处理后回收弹药元件和材料。

在未爆弹药检查分类中，要特别注意剔除危险品。如射击后的未爆弹、毒气弹和搬运移动有危险的弹药。对这些弹药，必须做好登记、贴上标签、单独按危险品进行管理和处理。

（4）制定处理未爆弹药的实施计划。在对未爆弹药检查鉴定的基础上，应制定出处理未爆弹药的实施计划。其基本内容如下：

① 未爆弹药的种类、数量及处理方法。按拟定要处理的弹药的名称，分别写明数量及准备采用的处理方法。

② 处理场地的选择和布置。根据未爆弹药处理的相关规则规定，提出场地选择的具体要求和计划，必要时加以标注和说明。

③ 实施时间与完成期限。根据未爆弹药的数量、处理方法、作业人数和设备技术条件等，预计完成处理任务所需的总时间，再确定实施作业的起始与结束日期。

④ 人员组成与职责。明确参加处理未爆弹药的工作人员（包括作业人员、搬运人员、辅助人员及保障工作人员）的人数、分组、分工，明确任务与职责，并设立专职安全员在现场负责安全值班。

⑤ 实施步骤（或程序）、操作方法与安全措施。炸毁或烧毁作业要拟制准备阶段和实施阶段的实施步骤，规定操作方法、技术要求和安全注意事项。

⑥ 所需车辆、机具及爆破器材的名称和数量。

（5）做好人员、场地和物资的准备工作。按照实施计划，参加未爆弹处理的人员进行必要的学习与训练。选择和布置好处理场地，做好物资的准备工作。

（6）组织试处理。在正式开始处理以前，用少量未爆弹药按照要求进行试处理，用以检验实施计划和各项工作是否能保证安全、科学、高效地完成任务。

（7）实施处理。在优化方法、程序和组织基础上，实施未爆弹处理。

（8）销毁现场检查。销毁处理结束后，必须进行仔细检查，防止遗留弹药、炸药、火工品和器材等。

3.3 未爆弹药侦察与前期处置

对于性能熟悉的未爆弹药通常进行现地侦查后采用诱爆或转场销毁的方法即可，对于敌方来袭遗留的敏感未爆弹药在人员装备接近、状态改变情况下可能发生爆炸。所以，对敌方来袭未爆弹侦察与前期处置结合进行。

3.3.1 落弹观察

1. 来袭观察

排除未爆弹，必须对敌方来袭现场实行严密观察。在重要阵地、交通要道、桥梁、渡口和其他重要目标，应在不同的方向上设置2~3个观察哨，每个观察哨由3~4人组成。哨所内应有计时、记录等用品以及望远镜、指北针等，最好配备电话机、摄录像机等。哨所的位置应选择在便于观察和隐蔽的地点，并应构筑工事，距观察目标的距离约为200~500m。

（1）观察员的任务。袭击警报发出后，观察员应立即对管辖区域实施细致的、不间断地观察，其任务如下：

① 熟悉所要观察的目标或区域内的地形、地物，并绘制成要图。

② 观察敌机的类型、架次、投弹时飞行方向、高度、投弹方法、投弹时间、投弹数量、弹落位置和未爆炸弹的数量等。观察来袭导弹或炮弹的方向、弹药数量、弹落位置和未爆弹数量。

③ 记录所观察的事项，并及时向上级报告。

④ 带领搜索排除人员寻找未爆炸弹的大致方位和范围。

（2）观察方法。观察人员要明确分工，定人、定位、定方向。每个哨所内，至少要有一人专门记录。观察时应避开朝向太阳方向，以免阳光耀眼；应顺风向观察，以免炸弹爆炸所形成的烟尘遮住视线。为能较准确掌握投弹方向和弹落位置的资料，观察员应用明显地物做标志。发现敌机时，每个哨所要有一人一直注视敌机（如飞机太高，要用望远镜），因炸弹开始脱离飞机时下落速度较慢，容易观察投弹数量。另外，要有一人注视被轰炸的目标及其周围地区，以便观察炸弹爆炸数量以及未爆炸弹数量和位置。炸弹爆炸时发出爆炸声、火光并产生黑烟；未爆炸弹落地时，有碰击地面的撞击声，并掀起土块和尘土，无黑烟。因为哨所距被观察目标较远，应注意光、烟等和所产生的声音有时间差。对超声速飞机，观察时要注意提前量。

2．演训观察

训练演习时应设置观察哨，配备观察器材。应利用报靶系统确定未爆弹的大致位置，如靶场没有报靶系统，观察哨应利用观察器材观察，并在平面图上标画未爆弹药的种类、时间、位置、数量和大致分布情况。遭遇袭击时也应设置人员、利用视频监控等手段进行观察。

3.3.2 前期处置

敏感未爆弹药是指装配较复杂引信的弹药，发射到预定位置后处于正常待机状态或某项特征条件不具备而未爆，引信随着目标场或周边环境的变化随时可能发火爆炸。这种未爆弹药对人员和设施带来极大的影响和威胁，对处置也带来很大的安全风险。敏感弹药引信复杂，主要靠目标和环境的光、无线电、静电、磁场、振动场、声场、电容感应、压力感知等特征信息单独或组合设定发火条件，达到安全、可靠、智能的目的。

未爆弹药前期处置主要指人员在安全距离之外依靠机器人、无人机、遥控机械臂或就便器材工具对弹体侦察、干扰的方法，目的是通过改变未爆弹附近振动场、磁场、声场和光学信号，移动、翻转未爆弹，使未爆弹爆炸或排除相关引爆条件，为人员接近弹体进行诱爆或转运弹药创造相对安全的环境。

对于位置型号和性能不知的未爆弹药，前期处置步骤如下：

（1）在未爆弹周围 300m 内对无线电发射装置进行管制，禁止对讲机、手机、电台等发射装置的使用，或屏蔽无线电信号。

（2）无人机根据观察记录，飞抵指定区域侦察未爆弹外形特征、弹径与长度、入土深度及倾斜角度以及周围环境状况，初步确定弹体装药大小、周围影响因素等。

（3）根据无人机侦察结果和初步判断，确定安全距离，必要时构筑防护设施。

（4）在有条件的情况下操控机器人、遥控装备靠近未爆弹，排除振动、磁场产生爆炸的可能。利用无人设备设置药包现地诱爆或转运，也可移动翻滚未爆弹。

无人设备主要是遥控大型防护机械和机器人。遥控机械方面，美军 20 世纪 90 年代就研制未爆弹处置装备，由一个遥控操作的 25t 履带式推土机加反向铲组成，该系统配有立体摄像机、激光扫描仪、专业微处理器、GPS 导航和可更换的末端机械手，人员在远距离处遥控操作，进行地表清理和未爆弹挖掘，甚至可以设置装药进行诱爆。国内也有对履带式挖掘机驾驶室加装防护钢板，人员操作挖掘机长臂对中小型未爆弹进行移动和开挖的先例。国内大型机械公司研发遥控操作挖掘机也已取得长足的进展。英美法俄等国家的装甲扫雷车、遥控扫雷车、机器人车辆也都可以用于清理地表的未爆弹。机器人方面，美国海军研制了爆炸物处置机器人，该系统由一部 6 轮铰接式履带车，装配可拆卸的 CCD 摄像机、照明装置、通信装置及万向多功能机械手组成，可以处置爆炸物和未爆弹。瑞典未爆弹处理机器人为一辆长 1.7m 的 6 轮遥控车，由 2 个摄像头、一个机械臂、导航系统、三维视觉系统、遥测装置、喷枪和可抓取装置组成，遥控、智能化程度较高。遥控机械等重型排爆设备只能用于交通相对便利的环境，仍无法全部取代小型工具和人工作业。

（5）没有远距离作业条件时，利用磁场发生器、微波发射装置等制式装备产生磁场和电磁等环境变化从而引爆或排除相关因素。在没有装备情况下，利用就便器材制造振动、磁声场等环境变化诱爆弹药，或排除人员接近时因振动或磁声场等变化引起爆炸的可能。这里介绍动磁弹药利用就便器材诱爆法。在没有制式的排除动磁炸弹器材的情况下，可利用就便器材进行诱爆。如拖拉铁件诱爆法、拖拉磁铁诱爆法、电力诱爆法和炸药诱爆法等。

① 拖拉铁件诱爆法：该作业可由两人进行。甲、乙二人先在距炸弹两侧 30～40m 处各挖一个单人掩体（或利用现有地物），然后，将两边系有 50～60m 长绳的铁件放在距弹位 15m 以外，甲按着铁件使其不移动，乙拉着一根长绳绕过弹位前进到一侧掩体，甲再向着另一掩体展放绳索（切勿拉动铁件）。甲、乙二人在掩体内牵动绳索，将铁件拉至弹位附近，来回拖动，扰动弹位周围磁场，使炸弹爆炸，如图3-7所示。

被拖拉的铁件最好用薄铁皮，约 1～2m²。经验证明，拖拉铁件的方向对诱爆效果有影响，南北方向拖拉比东西方向拖拉效果好。如经较长时间拖拉仍无效，可能是引信被封闭，应停数分钟后继续拖拉，或更换其他方法。

如受地形限制不能平拖铁件时，可用竹杆或杆扎一个三角架，在三角架顶部系一个铝质或铜质圆环，将三脚架固定在弹位附近，再用一根长 60～70m 绳索，从环中穿入，绳索的一端与放在距弹位 15m 以外的铁皮连接，绳索的另一端拖至掩体内，然后拉动绳索，将铁皮移至三脚架下，人员在掩体内拉动绳索，使铁皮在三脚架下翻动或晃动，如图3-8所示。

图3-7 拖拉铁件诱爆动磁炸弹　　　　图3-8 在三脚架下晃动铁皮

② 拖拉磁铁诱爆法：使用永久磁铁诱爆动磁炸弹，使用方便，效果好。如当地搜集不到永久磁铁，可将钢钎临时充磁。充磁后的钢钎，中部和两端各系一根 50～60m 长的绳索，按拖拉铁件的方法将钢钎拖到弹位附近。一人在掩体内拉住钢钎中部的绳索，另一人在对面掩体内交替牵动钢钎两端的绳索，使钢钎在弹位附近摆动，扰动周围磁场，引起动磁炸弹爆炸，如图3-9所示。

③ 电力诱爆法：可用汽车或工程机械的蓄电瓶作为电源。用 20m 左右的普通照明电线缠绕在直径 1m 或长、宽各 1m 的木制（或竹制）框架上，再用两根各 40m 长的较

粗的导电线连接在框架的电线上，另一端与掩体内的直流电流表（30A）、开关、蓄电瓶串联起来。用绳索将框架拉到弹位附近。以间隔3s向线圈通、断电，线圈即可产生变化磁场，使动磁炸弹爆炸，如图3-10所示。

图3-9 使用磁钢钎诱爆动磁炸弹

图3-10 电力诱爆动磁炸弹

④ 炸药诱爆法：将电雷管装入一个10～15kg炸药包内（预先在电雷管上接好电线），将炸药包放在弹位附近（采用无人机投放，也可用拖拉铁件的方法将炸药包拖至弹位），再在安全地点点火，使炸药包爆炸。也可用导火索在弹位附近点火爆炸。炸药爆炸时，弹体附近的铁磁物体被振动，扰动炸弹周围磁场，引起炸弹爆炸。如炸药包靠近弹体爆炸，也可将炸弹的装药诱爆。

⑤ 水下动磁炸弹诱爆方法：当河面不宽、流速不大的情况下，可将铁件或磁铁用绳索吊在筏子下面，用绳索拉着筏子顺水进入炸弹分布区，可将水下动磁炸弹诱爆，也可在河岸用导电线围成一个线圈（类似电力诱爆法），向线圈通、断电，也可诱爆河内的动磁炸弹。

（6）利用机器人、遥控装备或者排爆杆索、绳索、木杆等器材，远距离移动、拖拽未爆弹，排除因晃动或状态改变引起爆炸。

（7）在排除目标和环境变化会引起爆炸的可能性之后，人员便可进入现场进行人工搜索和探测未爆弹，进行就地处置或转运。人员也可操纵重防护机械接近未爆弹实施转运或诱爆。

对于战争中外军的新型弹药、性能不明弹药，一定要谨慎处置。可根据未爆弹产生的情景排除有关的可能，例如，未爆弹出现之后附近有其余弹药爆炸后可以排除振动因素，车辆装备从附近经过时未爆炸可以排除振动、磁声场因素等。

3.3.3 现场侦察

这里的现场侦察指对战场未爆弹进行过前期处置后，或对演训未爆弹性能熟知情况下，人员进入现场实施的侦察。

1. 现场侦察的任务

（1）查清并标出未爆炸弹的位置，统计出管辖区内未爆炸弹的数量。

(2)探明炸弹入土的深度及方向，确定炸弹在地表面上的投影位置。

(3)判明炸弹的类型，标出危险区域的范围。

(4)及时向上级报告侦察情况，报告侦察结果。

2．现场侦察的组织

现场侦察的任务应由经过训练的专门分队担任，事先将分队分成若干个侦察组，每组2～4人，保证侦察时所使用的工具器材及交通车辆处于完备状态，随时准备执行侦察任务。执行任务时，应根据敌机投弹的数量、面积等指派一定数量的侦察组迅速到达侦察地点，在观察人员的带领下实施侦察。侦察分队的指挥员要在现地给各组分配任务，按片或按段指明各组的位置及方向，确定集合地点，明确指挥员的位置。

3．侦察的方法

(1)侦察队形。每个侦察小组根据划分的侦察区域大小和能见度条件，成一列横队或梯次队形按规定方向搜索，人与人的距离为25～35m，接合部要衔接严密，翼侧应进行标示。当侦察到终端时，再在原侦察地带的左侧（或右侧）向回侦察，直至侦察完毕。在搜索过程中，根据当地条件可随时调整队形。对观察哨指出的重点地段，可反复搜索，人与人之间的间隔可适当缩小。对有树丛、高草等地点，全组人员可分散逐点搜索。

(2)炸弹落点的征候及炸弹重量的判断。根据地表征候，可以确定钻入地下炸弹的落点。炸弹落点周围有堆积的碎土、土块，弹孔周围堆积较厚，散射出的土块、碎土逐次减少。被掀起的土块没有爆破的痕迹（如土壤发黑，有火药味等）、附近无弹片。在黏土中，炸弹落点处除形成高度不匀的半圆形土堆外，周围地面还会出现裂缝，地面向上膨胀。清除落点周围的土壤，往往能发现弹坑。有时地面有明显的弹坑。在坚硬土质，炸弹落点周围有明显的裂缝，并有松土。在水泥路面（或机场跑道）上，路面遭受明显破坏，弹坑周围有放射形裂缝，并部分向内塌陷、下沉，清除杂物后，用探针探测，松软的位置即是弹坑，再向下挖掘，即可发现弹坑的形状。另外，如炸弹落点周围没有近距离的炸点，则落点周围的树木枝叶及草丛上有明显的尘土。敌人为了防止定时炸弹被排除，有时采用定时和瞬发炸弹同时投掷的方法，使定时炸弹的落点被瞬发炸弹的弹坑及被抛出的土壤掩盖。在这种情况下，应根据飞机投弹的规律进行判断；如单机连续投弹，则各弹着点的间距大体相同，如炸弹炸坑间的距离不符合这一规律，即可假定未爆炸弹的弹着点，对该处要重点搜索。

发现弹坑后，量出弹坑的直径，即可判断炸弹的重量（参考表3-2）。

表3-2 弹坑直径与弹重、侵入深度的关系

弹孔直径/cm	炸弹重量		侵入深度/m	
	/磅	/kg	平均	最大
20	100	45.4	3	10
25	200	90.8		
35	400	181.6		
40	500	227	4	10

(续)

弹孔直径/cm	炸弹重量		侵入深度/m	
	/磅	/kg	平均	最大
50	1000	454	4.5	12
60	2000	908	6	10
66	3000	1361	9	13
66~80	4000	1814	9	18

4．人员现地侦察时机

在演训未爆弹处置中，为保证人员安全，处置人员根据引信类型确定进入未爆弹现场的时间。对于配用机械引信的未爆弹，人员一般在投弹或射击 1h 后进入现场。对于配用机电引信的未爆弹，电容等储能元器件放电需要一个过程，人员一般在投弹或射击 5h 后进入现场。无线电引信一般在投弹或射击 24h 后，人员可以进入现场，如表 3-3 所列。

表 3-3　演训未爆弹处置人员进场时间

配用引信类型	机械引信	机电引信	无线电引信
人员进场时间/h	1	5	24

5．炸弹在地下位置的确定

炸弹落地后一般都是斜向钻入地下，其入土方向和深度由飞机航速、炸弹类型、投弹高度、落角及土壤性质决定。炸弹落地后一般有下列几种情况，如图 3-11 所示。

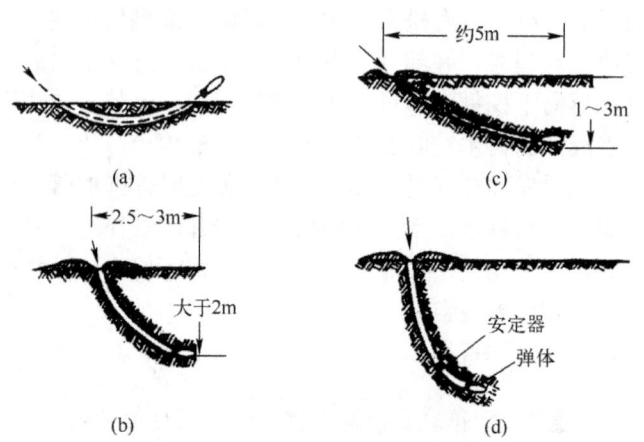

图 3-11　炸弹入土后的几种情况

(a) 落角 20°以下；(b) 落角 20°~45°；(c) 落角 45°以上；(d) 入土转弯过大。

（1）炸弹落角在 45°以上时，能在地面形成 20~60cm 的弹孔。弹孔深度：硬土为 2~3m，软土为 5~6m，弹孔周围有 30~40cm 厚的新土。

（2）炸弹落角在 45°以下时，则斜向侵入地下 1~3m。

(3) 炸弹落角在 20°以上时，一般不会侵入地下，而在地面上构成弹沟。也有的炸弹入土 20～30cm 后又钻出地面。

(4) 有的炸弹侵入地下后，改变了原入土方向，向左右或向上转弯。转弯过大时，其安定器可能被折断并堵塞在弹坑内。

确定炸弹在地下位置的目的是为了在地表面上确定炸弹的垂直投影点和垂直深度，以便决定挖掘炸弹的位置和开挖面积。探测炸弹时，可用顶端削尖的竹片（或其他有弹性的长杆）顺弹坑插入地下，以手的感觉确定炸弹的位置。然后根据弹坑角度和长度，即可在现地标出炸弹的垂直投影点，并概略估算出垂直深度。为了使炸弹的垂直投影点和垂直深度更精确，可采用作图法如图 3-12 所示。

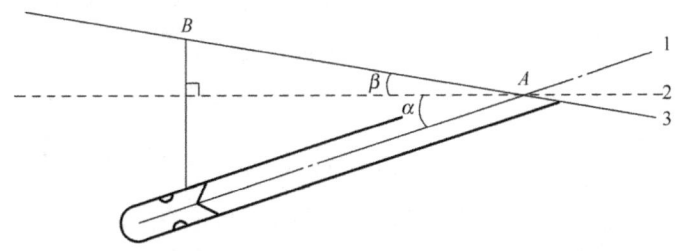

图 3-12　作图法示例
1—弹坑轴线；2—落点地面水平线；3—地面坡度线。

首先，应根据竹片（或其他探针）插入弹坑的倾斜度测出炸弹的落角 α，再测出地面坡度线和水平线的夹角 β。在图纸上划一水平线。把弹坑轴线和地面坡度线按测得的角度绘在图纸上。在弹坑轴线上按比例量取插入弹孔的竹片长度，设炸弹落点为 A，弹坑终点为 C。自 C 点向上做一条垂线，与地面坡度线交于 B，B 点即炸弹在地面上的投影点，BC 即为炸弹入土深度，AB 即为炸弹落点至炸弹在地面上投影点的距离。将 BC 和 AB 按比例换算出实地长度，即可在现地确定 B 点的位置和炸弹深度。对弯曲的弹坑在作图时应适当估计其修正量。

排弹经验证明，有的弹坑较粗，人员可直接进入弹坑寻找炸弹，尤其对入地后变换方向的炸弹，人员进入弹坑寻找是很有效的方法。杀伤航弹钻入土层后，因为经历时间较长，侵入孔多被土埋没，但填入之土比弹洞四周原有土壤要松散得多，根据这一特点可用灌水的方法确定航弹的位置。如有可能，可使用航弹探测仪（磁梯度仪）、探地雷达等仪器确定炸弹的位置。

3.3.4　未爆弹药状态与判断

1. 未爆弹危险源报告

战场未爆弹会对作战计划中的指挥决策过程产生重大影响。指挥员对战斗分队下达运动和支援作战命令后，未爆弹的具体方位对指挥控制分队至关重要。另外，未爆弹危险区会对与其遭遇的任意分队的作战能力产生最直接的影响。为利于指挥员下达正确的作战命令，必须建立健全未爆弹报告制度，使指挥员能够根据重点任务和作战计划对排爆分队和工程装备进行合理分配,投入到未爆弹的排除任务中。

(1) 未爆弹现地报告。未爆弹现地报告模式是一种详细迅速双向的报告体制,它可以清晰地告知未爆弹危险区域所处位置轻重缓急次序以及何种分队会受其影响。当危险程度超出了排爆分队的处置能力,则会对分队的当前任务产生不利影响。现地报告用于请求上级协助处置。该报告有助于指挥员根据战场形势下达优先作战计划。

一旦发现未爆弹,就应以现地报告形式报送上级主管部门。报告形式可参照美军做法,报告共分9行,其内容必须以最快的方式报送。报告的内容按下列次序提供:

第1行记录发现未爆弹的日期和时间。

第2行报告未爆弹的活动性和位置。

第3行记录联系方式,无线电频率,呼号,联络点和电话号码。

第4行填写未爆弹的类型:空投式、发射式、埋设式和投掷式弹药。如果可从现地获知未爆弹的类型,还应提供其下属类别信息;如果发现未爆弹的数量多于一个,还要列明未爆弹的数目。

第5行尽可能详细记录核生化污染程度的情况。

第6行报告任何受到危险影响的设备装置和其他现地资产。

第7行记录对当前任务的影响程度:对当前战术形势提供一个简单的描述,以及未爆弹存在对人员状态有何影响。

第8行填写对人员和设备所采取的任何防护措施。

第9行填写排爆技术人员或工程师对未爆弹危险源给出反应优先级的初步建议,参见表3-4。

表3-4 未爆弹药优先级分级表

优 先 级	基 本 描 述	备 注
刻不容缓,立即处置	未爆弹阻止了分队机动和执行任务的能力,或对执行任务至关重要的关键设备和装置形成直接威胁	未爆弹处的优先等级仅仅指定于未爆弹对当前分队执行任务的影响程度。表中的"局部影响"或"无影响"等级项并不意味所发现的未爆弹没有危险
间接影响,迂回处置	未爆弹迟滞了分队机动和执行任务的能力,或对执行任务较为重要的关键设备和装置形成威胁	
局部影响,暂缓处置	未爆弹减弱了分队机动和执行任务的能力,或对有价值的非关键设备和装置形成威胁	
无威胁,暂不处置	未爆弹对分队的作战能力或周围的设备及装置影响甚微或毫无影响	

参考以上处置原则,对战斗环境下的分队的作战紧迫性给出建议。考虑到战时环境复杂性,作业设计和实施一定要尽快,以免未爆弹阻止或迟滞分队的机动性。

未爆弹排除的优先级实则是由战斗分队当前任务紧急程度以及未爆弹所处位置所决定的,对于必须立即排除的未爆弹,要合理安排人员实施处置。由于时间的紧迫性,所以所有协助的行动小组同时统一行动。

(2) 优先处理现地报告。未爆弹现地报告应通过分队指挥系统发送至上一级主管部门。指挥链中每个收到现地报告的指挥员可以实时改变反映当前战术形势或预想的作战计划，而确保未爆弹现地报告通过指挥通道发送以及为每篇报告分派正确的优先级是指挥链中每个指挥员应承担的分内职责。

如果指挥链中某个更高级别的指挥员改变了未爆弹处置优先级，那必须告知所有的下级指挥员（特别是制定现地报告的分队指挥员）。各指挥员必须牢记：即使他们可以根据战场形势降低未爆弹的处置优先级，制定现地报告的分队也应当能够继续执行其担负的任务，直到支援分队前来协助。除了优先级状态之外，指挥链中的所有指挥员需要实时告知其任务区内每一未爆弹危险源的当前状态。

制定现地报告分队的上一级指挥部应确定有排爆或工程分队参与支援的最终优先级。指挥部应根据作战任务、敌方兵力、地形、己方兵力以及可利用的时间，派遣排爆或工程分队前往未爆弹危险源进行处置。

（3）未爆弹报告简表。如果不考虑战场形势和作战任务，发现未爆弹的分队还可以采用报告简表的形式填写并上报至上级首长或指挥部门。未爆弹报告简表实际上是现地报告的一种简化，表 3-5 是未爆弹报告简表的基本格式。

表 3-5　未爆弹报告样表

未爆弹报告表	
报送首长/机关	填写报告送达的部门首长或机关名称
呈报人/部别	填写呈报人的姓名及其所属部别
发现未爆弹的时间	填写日期和时间
未爆弹的具体位置	填写未爆弹所在位置的 GPS 坐标
现地人员姓名及所属单位	填写姓名和单位
未爆弹的状态	填写全部侵入地下、部分侵入地下或完全暴露于地表
未爆弹的类型	填写航空炸弹、枪榴弹、炮弹、火箭弹等
未爆弹的大小	填写长宽高直径等
未爆弹的突出特征	填写外形、颜色、弹体标记等
位于未爆弹附近的建筑物	填写建筑物名称、类型以及与未爆弹之间的距离

（4）未爆弹技术报告表。未爆弹技术报告表应于发现未爆弹后指定专人填写，在现地报告的基础上，确认未爆弹的当前状态，重点查询并填写未爆弹的基本构成及其动作原理，为后期排爆分队的技术培训提供技术支持。同时，电子文档和纸质文档均作为未爆弹技术库资料保存。技术报告表样式如表 3-6 所列。

表 3-6　未爆弹技术报告式样

未爆弹技术报告表			
填表时间		填表人	
未爆弹现地照片		弹药结构	
未爆弹型号识别		弹药型号	

(续)

未爆弹技术报告表			
填表时间		填表人	
弹体侵彻情况		侵彻深度	
未爆弹状态		状态描述	
未爆弹数量		数量分布	
基本描述		主要特征	
动作原理		引信等	

2．未爆弹处置时的优先等级

在对未爆弹危险源区域进行科学的风险评估后，排爆分队或工程技术分队应在指挥部门的统一安排下，组织实施未爆弹处置作业。通常，在某区域内可能发现的未爆弹不只一枚，应根据现地的未爆弹危险等级，对未爆弹影响区域内的爆炸危险进行等级划分，从而更好地科学筹划，合理利用资源，高效、安全地完成排除未爆弹任务。

3.4 未爆弹药探测技术

针对未爆弹 3 类主要引信类型，即机械引信、机电引信和无线电引信，应该选用不同的方法探测。探测技术一般可分为机械、电子、化学和生物探测等，其中电子探测设备仪器较多，是最常用的探测技术。但是，电子探测时会引起未爆弹周围的磁场、声场、红外等环境变化，不适用于机电引信和无线电引信。

3.4.1 概述

对于埋在地下的战争遗留未爆弹、钻入地下的战场和演训未爆弹，为了准确地标定位置和处置，需要使用仪器设备进行未爆弹探测。

1．未爆弹药探测技术的现状与发展

未爆弹药探测技术是随着地雷技术与航弹的发展而发展，并采用最新的科学成果。20世纪 30 年代，由于各种地雷普遍采用金属雷壳，第一代探雷器即为金属探雷器；第二次世界大战中出现了许多木、纸、陶瓷壳地雷，40 年代美国开始研制非金属地雷探测器；随着可撒布地雷的发展，70 年代开始研究雷场探测技术；80 年代计算机技术的发展又随之产生了智能型地雷探测器。由此可见，地雷探测技术是一代一代不断发展的。根据探测器材载体的不同，目前地雷探测技术可分为单兵探测技术、车载探测技术和机载探测技术。

单兵探测技术分为金属探测技术、非金属探测技术和复合探测技术。金属探测技术大多采用低频电磁感应原理，以探测地雷中的金属零部件为目的，低频电磁感应原理又可分为连续波式和脉冲式两种。非金属探测技术，即高频探雷技术，以探测地雷与土壤背景介电常数差异为目的，对具有一定截面积且与土壤背景介电常数相关较大的浅表目标敏感，可有效克服金属碎片对探雷器的干扰。复合探雷技术是将金属地雷探测与非金属地雷探测两种技术采用逻辑"与"的方式有机复合于一体，复合探雷器只对既有一定金属含量，又有一定截面积的地雷目标报警，大大降低了单一探测技术引起的虚警信号，提高了探雷器的探测性能。

车载探雷技术适合在道路、机场和各种广阔地区进行大面积快速探雷，其技术发展的基础是单兵探雷技术，主要采用金属探测技术、非金属探测技术、谐波雷达探雷技术、脉冲雷达探雷技术等。车载探雷技术所采用的仪器设备与单兵探雷技术不同，不受体积与重量的局限，但要求探测快速有效，一般均应用先进的计算机技术。为了保证人员的安全，一些国家还发展了遥控探雷技术。

机载探雷技术主要用于对较大区域内雷场的快速探测，为保障作战部队行动提供决策依据。相对单兵探雷技术和车载探雷技术而言难度要大得多，发展也相对较慢。在机载探雷技术发展中，美国投入了大量的人力、物力和经费，主要采用主动（激光）与被动（红外）两种探测技术，探测设备安装在直升机和无人机上。

地雷探测技术在近30年发展迅速，未来的地雷探测将在探索新的技术途径、多技术综合和快速高效探扫雷等方面重点发展。

一是探索新的技术途径。从地雷探测的发展历史可以看出，新的技术不断加入到探雷领域，为其发展增添了活力，解决了一个又一个技术难题。目前，冲击脉冲雷达探雷技术、被动红外与多光谱探雷技术、四极矩共振探雷技术具有很好的发展前景。

二是多技术综合。随着探雷技术的不断发展，人们逐步认识到没有一种单一的技术可以从根本上解决地雷探测问题，做到既有很高的探测率，又有很少的虚警。每种技术均有其长处与短处。将多种技术有机综合在一起，发挥各自的优点，提高系统的综合效能，是探雷装备发展的必然趋势。

三是快速高效探扫雷。现代战争要求对地雷和地雷场的探测快速高效，车载探雷系统不仅要能伴随坦克和机械化部队前进，而且对其探测速度也有较高要求，一般作业速度不低于5km/h。机载探雷系统可对战场大范围的雷场情况进行侦察，将雷场情况提供给指挥员。因此，车载和机载探雷系统能够满足快速高效探雷的要求，是目前各国探雷装备发展的重点。另外，实现探扫雷一体化也是现代战争对探雷与扫雷装备发展的要求。

2．探测技术的分类

根据未爆弹药探测所涉及的技术领域，探测技术一般可分为四大类：一是机械式探雷技术，利用探针或土钻，人工操作探查埋设的地雷；二是电子探雷技术，利用电子装置，通过物理场参数的变化从而发现地雷；三是化学探雷技术，利用化学反应现象发现埋设的地雷；四是动物探雷技术，利用动物的某种特殊灵敏的功能探查地雷。按不同的分类方法，探雷技术又可分为探测炸药和不探测炸药的技术；利用电磁能和不利用电磁能的技术。其中，电子探雷技术是最常用探测技术。

（1）低频电磁感应探雷技术。低频电磁感应探雷技术是以地雷的金属外壳和金属零部件为探测对象，是历史最悠久的探雷技术，便携式探雷器中绝大多数采用该技术，大多数车载探雷也采用此技术。低频电磁感应探雷技术又可分为低频连续波电磁感应探雷和低频脉冲电磁感应探雷两种技术。

（2）高频探雷技术。高频探雷技术是一种非金属探雷技术，它是利用电磁近场原理检测地雷与其背景的介电常数突变点来探测地雷，采用平衡发射与接收天线的方法实现对地雷与土壤交界处介电常数突变的检测，电磁波频率一般在数百兆赫到1000MHz左右。

（3）复合探雷技术。复合探雷技术是指同时采用金属和非金属两种探测原理进行地雷探测的技术。地雷因含有金属零部件而具有金属特征，又因与周围土壤存在着介电常数差异而具有非金属特征，利用地雷的这一特点，将金属地雷探测技术与非金属地雷探测技术复合于一体，可有效排除干扰，提高地雷探测效率。

（4）其他电子探雷技术。除了以上几种电子探雷技术外，目前各国已开展和研究的电子探雷技术还包括磁法探雷、雷达探雷、红外成像探雷、声学探雷、核电四极矩共振探雷技术等。磁法探雷技术是通过探测地雷（或航空炸弹）铁磁性外壳或零部件的磁异常来发现地雷。由于探测的距离较远，该技术通常用作探测地下或水中较深处的航空炸弹，航弹探测器就是采用的此种技术。雷达探雷技术是利用雷达发射和接收电磁波，通过对接收信号的分析，实现对目标的探测。根据探测原理不同又可分为冲击脉冲雷达探雷技术、谐波雷达探雷技术、合成孔径雷达探雷技术等。雷达探雷技术的特点是探测分辨率高，可以广泛应用于车载和机载探雷系统。红外成像探雷是被动红外技术，以探测埋设地雷与土壤背景不同热惯量而造成的温差为机理，用红外热图的方式显示探测结果。声学探雷主要是超声波探雷技术，通过接受和处理超声波反射信号来确定被探测目标。核电四极矩共振探雷是通过探测地雷中的炸药来发现地雷，是一种炸药探测技术，与其他探雷技术相比，炸药探测技术探测地雷更为本质的特性。

3.4.2 低频电磁感应探测技术

低频电磁感应探雷技术是以地雷的金属外壳和金属零部件为探测对象，一般由发射线圈和接收线圈组成。发射线圈向外发射一初始磁场，它会穿透周围土壤，当土壤中有金属物件时，在金属物体中会产生涡流效应，涡流反过来会形成一个二次磁场，这个二次磁场会被接收线圈感知到，在接收线圈中产生一电压信号，从而实现对埋在土壤中的金属物体的探测，如图3-13所示。

在实际应用中，低频电磁感应探雷技术有很多种，灵敏度也越来越高。目前低频电磁感应探雷方法主要包括平衡法、阻抗变换法以及脉冲感应法等，具有代表性的探雷器有美国AN/PSS-11型探雷器、中国GTL115型小型侦察探雷器、德国EBEX420型探雷器（图3-14）和美国AN-19/2（图3-15）型探雷器等。

3.4.3 高频探测技术

高频探测技术是一种非金属探雷技术，它是利用电磁近场原理检测地雷与其背景的介电常数突变点来探测地雷，电磁波频率一般在数百兆赫到1000MHz左右。工作时，探雷器向土壤发射交变电磁场，如果土壤中无异物，则在小范围内是一种均匀的电介质，接收天线接收到的感应电动势是相等的，一旦土壤中出现地雷等异物时，由于地雷等异物与土壤的介质常数不同，接收天线就会接收到一个变化了的感应电动势，探雷器会输出一电压信号，该信号表明，土壤中存在地雷或其他异物。

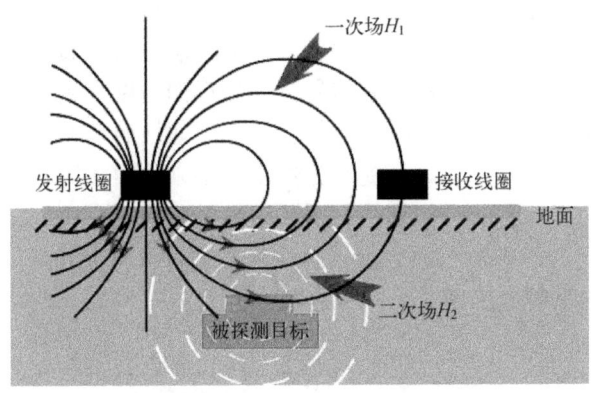

图 3-13　低频电磁感应探雷技术原理图

图 3-14　德国 EBEX420 型探雷器　　　图 3-15　美国 AN-19/2 型探雷器

高频探雷器一般由平衡收发天线、高频信号源、异物检波器、可变放大器、报警电路及耳机组成，其工作原理如图 3-16 所示。目前，典型的高频探雷器有美国的 AN/PRS-8 型探雷器（图 3-17）、中国 GTL120 型探雷器、GTL121 型探雷器等。

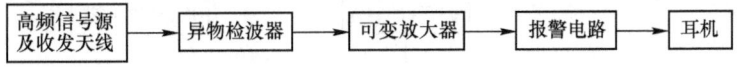

图 3-16　高频探雷器原理框图

3.4.4　脉冲雷达探测技术

脉冲雷达探测技术是探地雷达在军事上的又一具体体现，它利用电磁波方法探测地下目标，通过分析地下目标对天线发射电磁信号的反射及散射，获得地下目标的性质、形状等特征信息。由探地雷达的工作机理可知,从原则上讲,只要地下目标与周围介质在电磁特性上存在差别,利用探地雷达技术就能够将该地下目标探测出来。与对空雷达相比,探地雷达遇到的探测环境远较对空雷达复杂。雷达天线的设计、信号形式的选择和数据处理技术等在很大程度上受到探测环境,即地层色散和衰减特性的影响,极大地增加了探地雷达系统设计和对目标回波信号分析处理的难度。由于地下媒质对电磁波的衰减随频率的增高而增大,因此,对深层较大目标(如探矿等)探测采用较低频率;而对浅层较小目标(如地雷)探测,为提高分辨率,必须采用频率较高的电磁波。脉冲探地雷达利用无载频的窄基带脉冲信号,同时采用等效时间取样技术接受目标回波信号,属于超宽带(UWB)雷达探测范畴。由于脉冲信号频带宽,可以有效解决电磁波入地的问题,且具有较好的纵向分辨率。

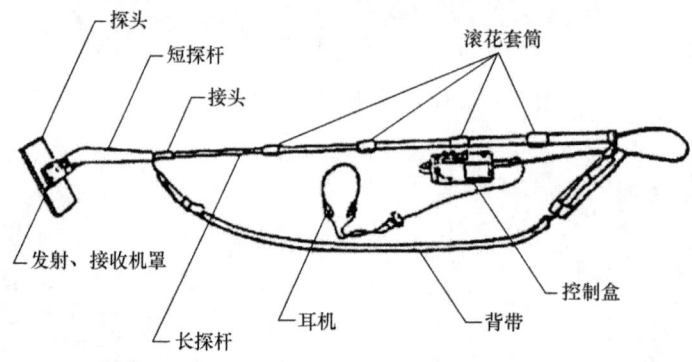

图 3-17 AN/PRS-8 型探雷器

与常规探空雷达类似,一套完整的探雷雷达由雷达发射机和接收机、收发天线、主机、信号显示和处理设备等组成。

图 3-18 所示为典型的脉冲探雷雷达原理框图,图 3-19 所示为脉冲雷达探雷工作过程。

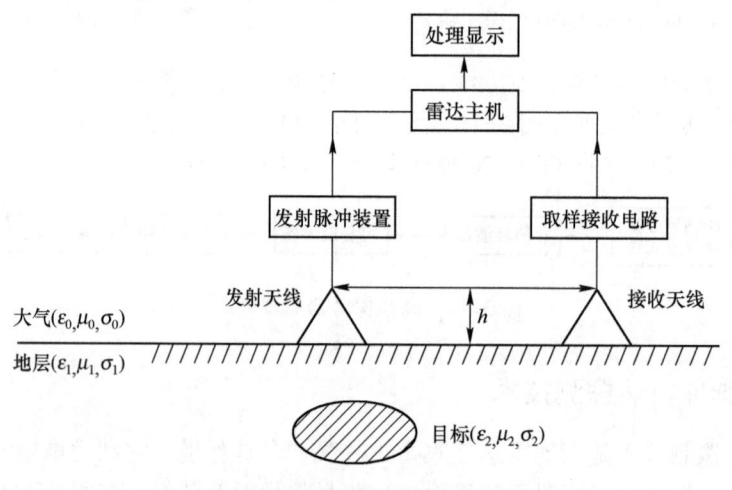

图 3-18 探雷雷达原理框图

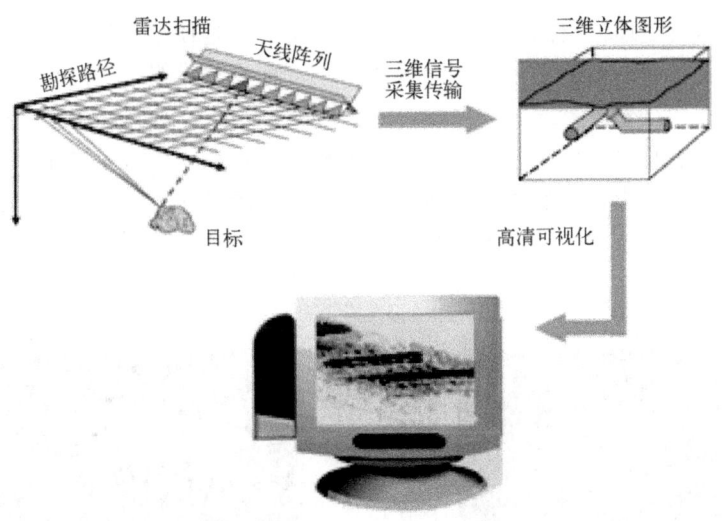

图 3-19 脉冲雷达探雷工作过程

图 3-20 所示为一台脉冲雷达探雷样机,其探测效果见图 3-21 和图 3-22,其中图 3-21 为一个直径为 5cm,埋深为 20cm 的由 TNT 制成的圆盘分别在潮湿以及干燥环境中的探测图像;图 3-22 为一个尺寸为 10cm×20cm,埋深为 20cm 的由 TNT 制成矩形片状体分别在潮湿以及干燥环境中的探测图像。

图 3-20 脉冲雷达探雷实验样机

3.4.5 红外成像探测技术

虽然红外辐射的存在早在 20 世纪初就已被认识到,但经过了大半个世纪的研究发展,仅仅到最近几十年来,才有了广泛的应用。红外成像的研究也逐渐发展成两种技术:一种是利用单元型或多元型探测器,使探测器移动或使相连的光学元件移动,对红外场景扫描成像，这就是通常指的红外行扫描技术；另一种是使整个红外场景成像在大面积的探测器阵列上，而后用电子束对探测器面扫描，称为二类组件热成像系统。军事领域的应用需求是推动红外技术发展的主要动力之一。随着红外器件及制造工艺的不断发展，红外成像系统的空间分辨率和温度分辨率也不断提高。在现代战争中由于地雷战在机动与反机动作战中的作用越来越重要，而快速高效地实施大面积雷场侦察一直难于解决，因此，红外成像探雷技术一经提出就受到各国的广泛重视，基于红外成像技术的远距离雷场探测系统也迅速发展。

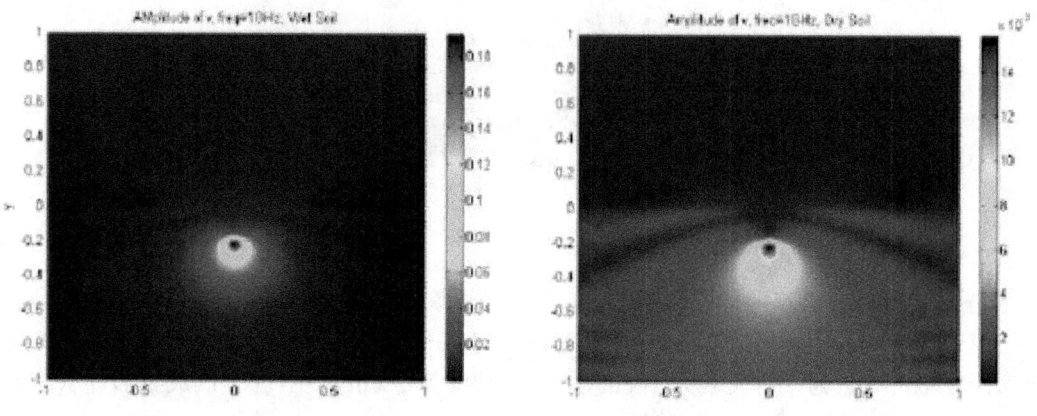

图 3-21　TNT 圆盘的探测图像

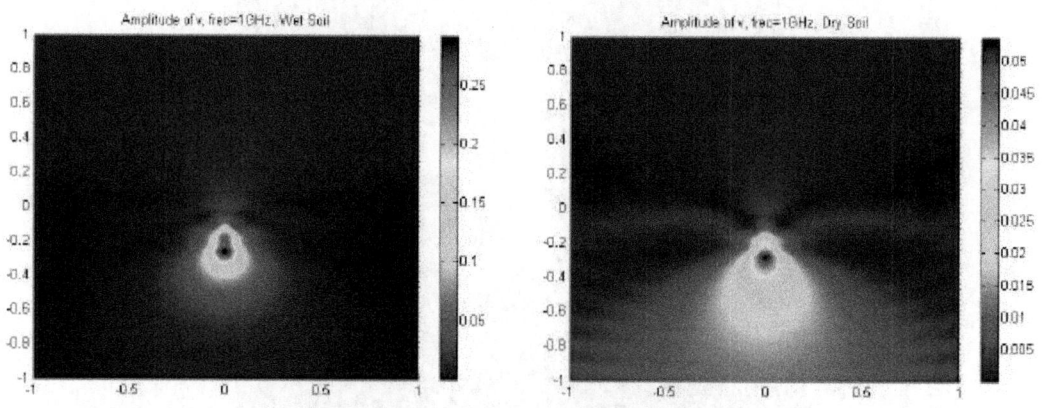

图 3-22　TNT 矩形片状体的探测图像

红外成像系统远距离探测雷场所提取的物理量是从远距离地雷目标物到达传感器的热辐射通量。它的变化是地雷目标物与周围环境不断进行能量交换的结果，是太阳、大气、地球内部、自身辐射和对流换热等这几个主要热输入输出源的函数。地雷目标和土壤背景由于内在因素的区别和外部影响因素的不同，其温度会产生不同的变化，尤其在太阳周期性加热的作用下发生周期性的变化。研究和分析它们的变化规律对探测时机的把握和图像处理的研究具有重要的意义。

美军在红外成像探测技术上的研究处于世界领先的地位，以其机载远距离雷场探测系统为例（图 3-23），采用"猎人"无人机，携带 1 个以上的热成像传感器，将拍摄的图像（图 3-24）发送回地面控制站，由处理机利用雷场探测算法进行分析。该系统的雷场探测能力，可使指挥官及时决定是另选行军路线，还是呼唤工兵。

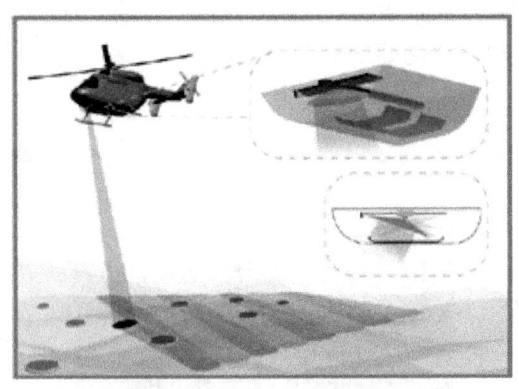

图 3-23　机载远距离雷场探测系统

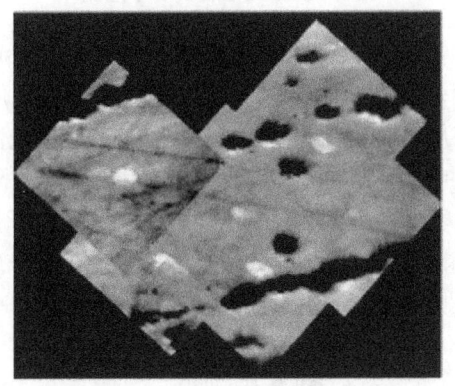

图 3-24　系统拍摄的红外图像

3.4.6　声学探测技术

当空中传播的声波入射到地面时，除大部分能量被反射回空中外，还有一部分以地震波的形式耦合到土壤中，这种现象称为声-地震耦合。

雷体一般由容器、引信和气腔等构成，具有比土壤高得多的声顺及自然或人造的干扰物不具有的结构共振、非线性效应等特性。当声波入射到地下，会激发出不同成分的地震波，这些地震波传播过程中如遇到地雷等埋藏物，会因声阻抗差异而发生反射或散射作用，并且能够与声顺大的雷体发生谐振作用，最终引起地表震动的明显变化，通过检测地表震动的变化情况便可进一步分析地雷的存在。

耦合到土壤中的地震波有 3 种形式，即瑞利波、横波和纵波。其中，瑞利波是一种表面波，沿着地表传播。纵波又可以分为传播速度相对较快的快纵波和速度相对较慢的慢纵波。慢纵波折射角会相对很小，在传播过程中向入射法线方向偏折，对声波能量耦合具有局部响应的性质，如图 3-25 所示。研究表明，在固相和流相组成的双相介质——土壤中，快纵波引起较强的固体相振动，较弱的流体相振动；而慢纵波引起较弱的固体相振动，较强的流体相振动；或者说，在相同条件下，流相位移波场上表现出来的慢纵波比固相位移波场上表现出来的要明显，而快纵波在流相中的衰减要远大于在固相中的衰减。

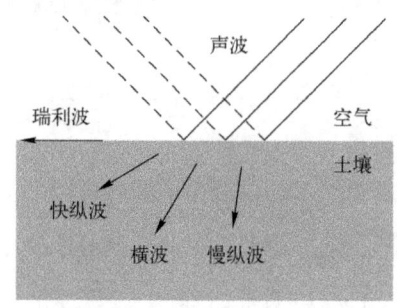

图 3-25　声-地震耦合示意图

根据快、慢纵波的传播特性，可以推断出如下现象：对引起较强固体相振动的快纵波而言，遇到地雷时会因较小的声阻抗差而发生反射或散射作用的能量比较少；相反，在浅层地表几十厘米的深度范围内（也即地雷的埋藏深度），孔隙度相对较大，慢纵波在土壤流相中有较强的振动幅度，传播到地雷处就会因较大的声阻抗差而发生强烈的反射或散射作用，并传播到地表而改变其震动速度。图 3-26 显示了快、慢纵波传播时声阻抗变化现象，不难看出，相对快纵波而言，慢纵波在地雷位置处有更大的声阻抗差峰值的变化。因此，在声波探雷方面主要利用的是慢纵波的作用。

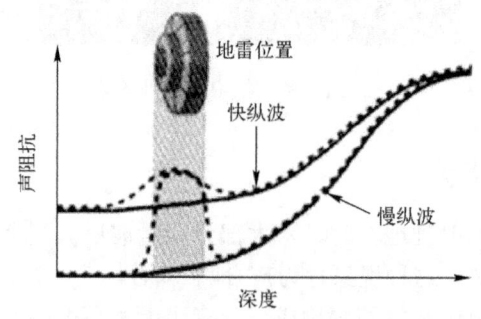

图 3-26　快、慢纵波传播时声阻抗特性比较示意图

探测系统主要由声波发射装置和接收装置两部分组成，如图 3-27 所示。首先声波发生器发射出一定频率的声波，通过调音台以及功率放大器放大能量后由音响喇叭（正对检波器位置）发出高强度声波；由于地震波信号较微弱，采用法向地震检波器接受地表振动速度信息，然后通过数据采集卡将信号采集到计算机中。

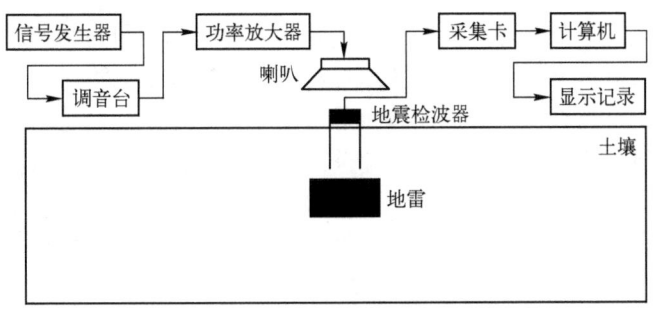

图 3-27 声学探雷系统结构图

利用该声探测系统对图 3-28(a)中埋设的 4 颗地雷进行探测,其中中间为 VS2.2 塑料防坦克地雷,其直径为 24cm,埋设深度为 6cm;周围为 3 颗防步兵地雷,其中 2 颗为 TS50 型防步兵地雷,1 颗为 VS5 防步兵地雷。其探测显示的幅频特性三维曲线如图 3-28(b)所示。

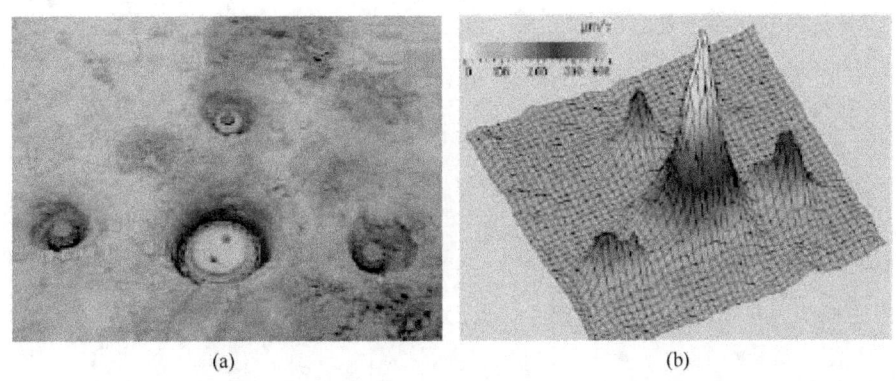

图 3-28 地雷目标声波探测幅频特性三维曲线图

3.4.7 核四极矩共振探测技术

利用核四极矩共振原理(NQR)对地雷进行探测是近年来国内外比较关注的技术热点之一。由于 NQR 技术能直接对炸药本体进行探测,且虚警率极低,因此许多国家都在大力开发这项技术。在这方面,走在前列的当数美国和俄罗斯。美军对该技术研究真正起步时间是 20 世纪 80 年代初期,目前,美国海军陆战队已有意使用量子磁公司开发的核四极矩共振便携式探雷器。俄罗斯对该技术颇有研究,俄罗斯专家曾公开表示,俄罗斯是世界上对此领域研究最深的国家,世界上(包括美国在内)的几乎所有国家都希望与俄罗斯进行该技术的交流合作。

核四极矩共振是一种原子核物理现象,是指原子核的非球对称部分因与核外电场梯度相互作用引起能级分裂,在外加射频场作用下,产生能级跃迁的过程。在能级跃迁的过程中,原子核会吸收外部电磁场能量而从低能级跃迁到高能级,同样处于高能级的原子核也会辐射出相应频率的电磁波而回到低能级。不同原子核有不同的 NQR 跃迁频率,即使同一种原子核，处在不同的物质中，或者同一种物质不同的结构形式中，其跃迁频率也不相同，因此利用核四极矩共振现象可对不同物质进行探测与判别。要产生核四极矩共振必须具备 3 个条件：一是原子核电四极矩不为零；二是原子核周围电场梯度不为零；三是有合适频率外加电磁场。前两个条件是物质本身的内在因素，是前提，第三个是人为施加的外部条件。由于炸药中氮(^{14}N)元素的含量较高，且 ^{14}N 原子核的电四极矩不等于零，其物质分子内电场梯度也不等于零，具备产生核电四极矩共振的内在因素。因此可把氮(^{14}N)作为炸药探测的一种特征成分对其进行探测。如能检测到特有的 ^{14}N 原子核 NQR 跃迁频率信号，则可判定该种炸药存在。检测时，只要对炸药中的 ^{14}N 原子核从外部施加一特定频率的电磁场，再通过检测相应频率的电磁回波（称为 NQR 信号），就可实现该种炸药的探测。图 3-29 所示为各种含氮炸药在进行核四极矩共振实验中测得的频谱线。

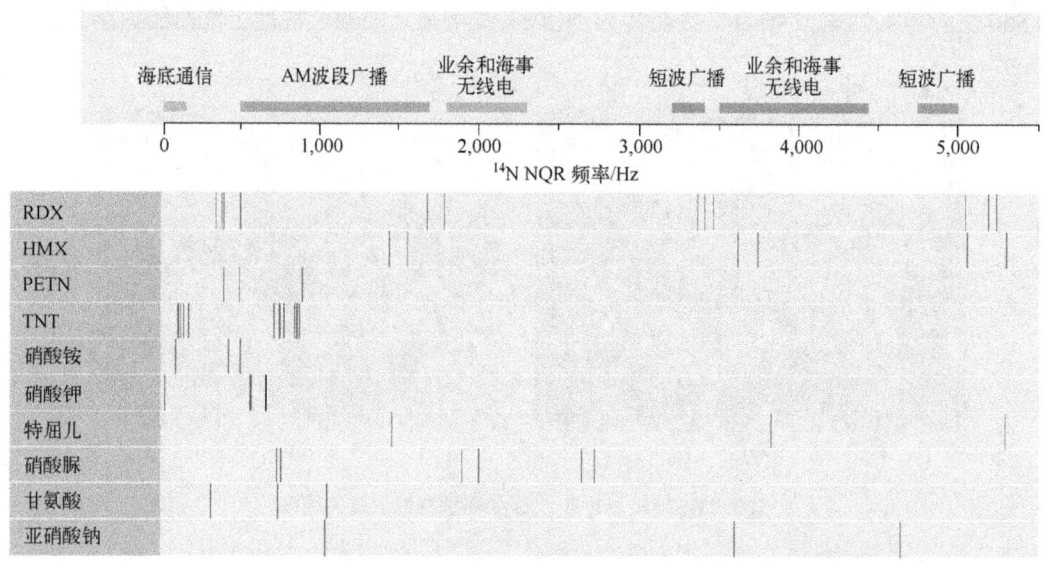

图 3-29　各种含氮（^{14}N）炸药在核四极矩共振实验中测得的频谱线图

NQR 炸药探测系统主要由数字化谱仪、大功率放大器、高灵敏度的发射/接收天线、低噪声前置放大器、滤波器等仪器部件，如图 3-30 所示。

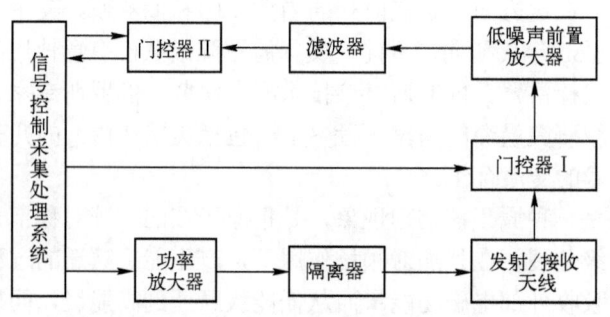

图 3-30　NQR 炸药探测系统原理框图

数字化谱仪微信号采集处理中心产生系统工作所需的射频调制脉冲，实现对发射组合脉冲序列和接收时间窗的时序、频率及相位控制等。射频调制脉冲经脉冲功率放大器放大，产生大功率的射频脉冲，经隔离器加载至天线系统，对放置于天线中的炸药进行激发。大功率的射频脉冲结束后，天线接收 NQR 信号并将其送至低噪声前置放大器进行放大，经滤波器滤波后送至信号控制采集处理中心进行累加、平均降噪等处理，最后进行信号的特性分析和谱线提取及显示，从而实现对炸药的探测。图 3-31 所示为一种车载式核四极矩共振探雷系统。

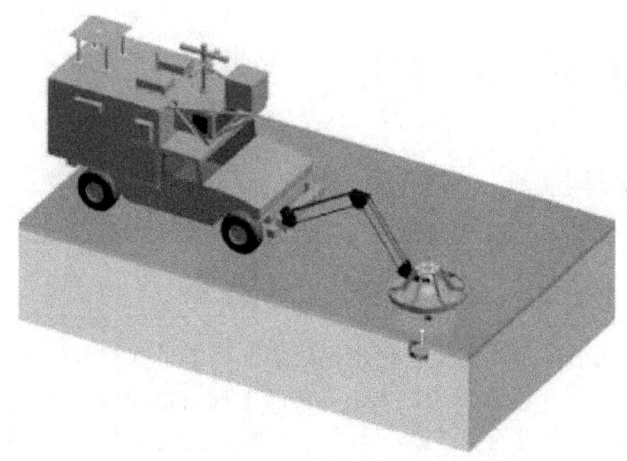

图 3-31 车载式核四极矩共振探雷系统

3.4.8 中子探测技术

核技术的应用，使得利用炸药对核素的反应而直接探测坦克金属壳地雷或塑料壳地雷变得更加容易实现。炸药的化学成分主要是 C、H、O 和 N，而日常用品的化学成分也主要是 C、H、O 和 N 四种元素。但是它们的元素含量有相当大的差别，只要能测定 C、H、O 和 N 的原子密度或相对含量，就可以判别是炸药还是其他物品。

中子探雷可用于金属和塑料地雷的探测，在探测过程中提供被测对象的化学成分。在探测过程中，中子源释放出大量中子。与中子相遇后，氮原子核将会捕捉一个中子并快速释放出 10.83MeV 的 γ 射线，使中子能量显著减少，氢原子核捕获中子后释放 2.22MeV 的 γ 射线，而土壤中主要成分硅对应的 γ 射线为 3.54MeV。地雷中含有大量的氮元素（20%～40%），土壤中的氮元素含量小于 0.5%，因此可忽略其影响，而塑料地雷中还含有大量的氢，因此通过检测散射中子 n'（其反映了氮元素的存在），可以确定地雷的存在；通过检测氮、氢元素引起的 γ 射线可以确定地雷的种类。图 3-32 所示为中子探雷原理图。

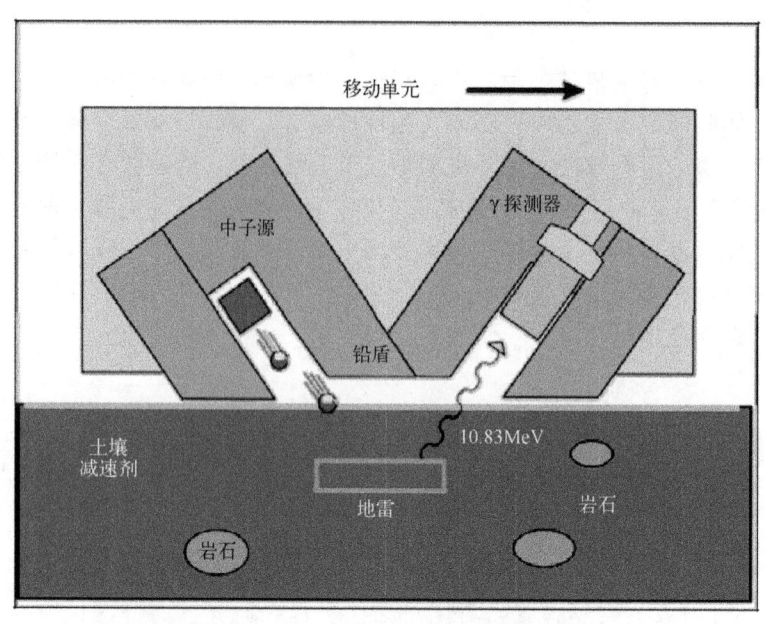

图 3-32 中子探雷基本原理图

由美国能源署太平洋西北实验室研制完成的一种中子探测器，名为 Timed Neutron Detector，该仪器轻便易于操作使用，大小与传统的探雷器相似，可单兵使用，在它的探头里装有"同位素锎"做成的中子源，当中子流照射到地雷内炸药的氢元素时，中子的能量被衰减而形成"慢中子"，同时返回到粒子探测器中并显示在显示器上，从而确定地雷的存在，如图 3-33 所示。

图 3-33 美国能源署太平洋西北实验室研制的中子探雷器

3.4.9 生物探测技术

1. 动物探雷

目前用于探雷作业的动物主要有两种：一种是探雷犬（图 3-34）；另一种是探雷鼠（图 3-35）。它们如同化学传感器一样，主要依赖于探测炸药的组成而不是探测金属或地表物理特性的变化。因此，它具有从金属杂物中减少虚警率的能力。

图 3-34　探雷犬探雷

图 3-35　探雷鼠探雷

探雷犬探雷已成为一种非常普遍的探雷手段，国际上已经有 25 家以上的组织在全球范围使用探雷犬。其主要原因有两个：一是只要使用正确，探雷犬探测比人工扫雷速度更快、更经济。根据环境情况、任务种类和每个组织的操作理念不同，使用探雷犬能够提高效率 2～7 倍。探雷犬还能探测低金属含量地雷以及高金属混合物地雷，如铁道线上的地雷。二是许多扫雷组织采用综合扫雷方法，如组合使用机械预扫雷、人工扫雷及探雷犬探测，多种扫雷工具互为补充。在这种组合使用中，探雷犬使用是重要环节。

探雷犬能够应用于多种不同的任务，相对于集中的地雷而言，犬对单个的地雷更能作出快速反应。因此，探雷犬主要用于以下各种任务：确定及缩减有雷区域、探测地雷及 UXO、道路及路边的排雷、对手工及机械排雷后的快速检验、战场清理（主要是清除

UXO)、对机械排雷装置无法探测的区域进行排雷、对铁路及有金属等干扰的区域进行排雷、确保某条道路的安全及一些其他的方面。

目前,联合国在《国际地雷行动标准》中对探雷犬的使用标准问题专门进行了阐述,其中主要涉及 5 个部分,分别为 IMAS 09.40 探雷犬使用指南;IMAS 09.41 探雷犬操作程序;IMAS 09.42 探雷犬操作鉴定;IMAS 09.43 微量爆炸气味追踪;IMAS 09.44 探雷犬基本健康、医疗指南。

探雷鼠被认为是具有很大探测潜力并且价格便宜的探测器。在某些方面,鼠比狗还具有优势,其嗅觉灵敏且容易控制,并且它们能抵抗热带疾病,因体积较小便于携带运输。另外,它们非常适合重复性的工作。

2. 植物探雷

丹麦阿瑞莎生物技术公司通过长达 3 年的研究,开发出的一种转基因植物可以用于探测地雷。阿瑞莎公司的发明基于哥本哈根大学分子生物学研究所的研究成果,是利用一种叫拟南芥(也称"水芹",英文为 Cress)的植物具有的随环境变化颜色的反应原理,如遇到寒冷或干旱的天气就变成红色或褐色。通过基因转换,该植物只有在遇到二氧化氮时才会起反应,恰好二氧化氮是炸药里一种常见的化学物质。由于这种转基因植物的根部接触到泥土中炸药的二氧化氮成分时,植株会从绿色变成红色,因此只要向地雷密集的地区播撒这种植物的种子 3～6 周,人们就能根据那些变色的植物来判定地雷的位置。

实际应用中,在一块被认为是潜在雷区的土地上播种可能会感到有些困难。不过可以通过许多方法来解决,如用传统的扫雷法清理出条状安全地带,然后人工播种,或者使用农作物播种飞机。预计几年后,成熟的产品就可以投放市场。

3. 微生物探雷

早在 1990 年,美国国防部就将生物传感器列入国防关键技术中。经过数年的研究发现了一种适合在黑暗环境中生长,能以爆炸物散发出来的浓烈气味为生,同时在炸药环境中能够发光的自然细菌(图 3-36)。

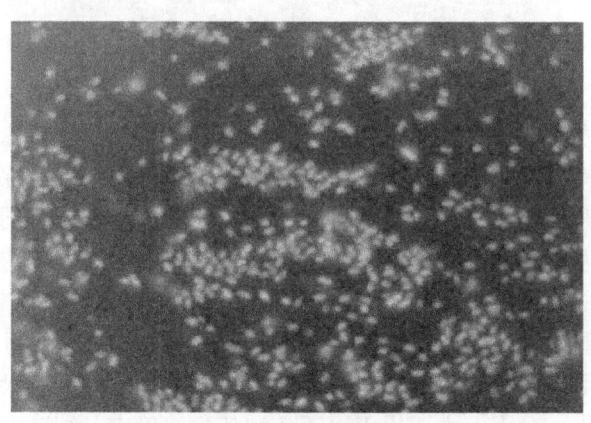

图 3-36 细菌探雷图

美国南卡罗莱纳州"萨瓦纳河技术中心"微生物部的研究小组发现：一种自然状态的细菌靠吞噬 TNT 散发出来的氮和碳繁衍后代，而世界上 90％埋设地雷的爆炸物都是由 TNT 组成。因此，一旦找到了雷场，只需把这种特殊的细菌撒播在地上，那么细菌将在埋有地雷的那个地方生长繁殖起来，并且在黑夜里放出光芒。这样，细菌就成为探雷的最好生物传感器。这种生物探测地雷的方法不仅能减少人工排雷的危险，而且成本低廉，每公顷面积只需 200 美元。另外，这种细菌繁殖的速度奇快，一小瓶干冻的细菌在一天的时间内就会繁殖出一汽油桶么多的细菌，所以只需在雷场内撒上少量的细菌就可以在很短的时间内布满整个雷场。细菌的播撒方式根据雷场面积大小各有不同。当雷场的面积非常大的时候，可以用飞机来布撒，然后在夜间用飞机航拍细菌的发光位置，再在地图上标示出来；遇到雷场面积不大的时候，可用机械甚至人工布撒，到夜里再把发光的位置标出。

3.5 未爆弹药挖掘

弹药落地后有在地表、钻入地下等多种姿态，地下或半埋未爆弹需要进行开挖后处置。

3.5.1 未爆弹药开挖总体要求

（1）根据处置方式不同，开挖程度也不一致。战场、演训、试验遇到的未爆弹药采用原地诱爆处置时，只需要暴露出含有未爆弹主装药的部位，在主装药位置的弹体上设置炸药诱爆。战后遇到的未爆弹药，销毁处理前应先找到它并挖掘出来，以便运至安全地点再行销毁。

（2）挖掘时，如果哑弹位置不是十分确切，应开展深入细致的调查研究，结合用探雷器、航弹探测器等仪器进行实地探测，尽可能摸清被挖掘对象的具体掩埋部位、深度、数量、品种、危险程度等。

（3）在开挖前，要根据掩埋部位弹药的数量、品种和危险性能，确定开挖巷道的形状。开挖巷道应从远处审慎地向被掩埋弹药逼近。被掩埋弹药附近的工作面，其底面深度应保持与被掩埋弹药底层在同一水平面上，或底面适当低于被掩埋弹药底层线；靠近弹药底层边缘线的工作面，应不小于 1m 宽，2m 长，并要求平展。在水平工作面以外的搬运巷道，也应不小于 1m 宽，其坡度不宜大于 30°。实践证明，在上述条件下取出掩埋的手榴弹、地雷、引信、雷管等危险性大的爆炸物品，是排险成功的前提。

（4）挖掘操作人员一般不宜多于 3 人。挖掘取出的弹药，应根据弹药分类销毁的原则装箱。

（5）取出较大的航弹时，应预先制作比弹体稍大的坚固木箱，木箱上要有供吊装用的牢固绳索。在弹坑口先用吊车或滑轮将航弹吊装在木箱内，再用引信护罩护好引信，弹体要用软质物品固定。然后再吊装在运输车上。在吊装航弹时，要严防引信与坑壁或其他物体碰撞。如果航弹位于地表以下，埋入深度不足 1m 时，可用卷扬机在远距离操作，将航弹拉出地面后再吊装，如图 3-37 所示。

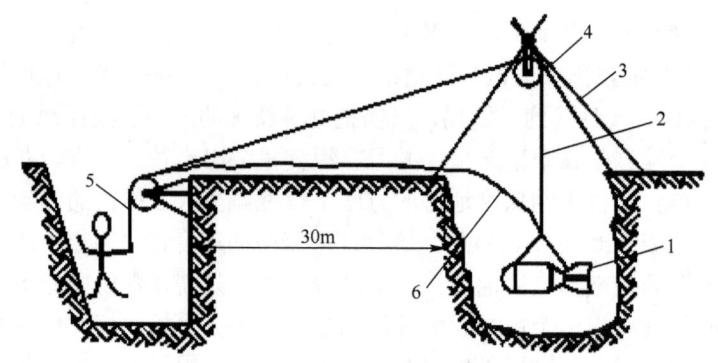

图 3-37 远距离吊取航弹示意图
1—航弹；2—第一拉绳；3—三脚支架；4—滑轮；5—工作人员掩蔽工事；6—第二拉绳。

3.5.2 挖弹

挖弹是一项艰苦的工作，由于人工作业效率低，而且作业面狭窄，作业时间长。所以，事先一定要周密组织、明确分工。在不影响作业速度的情况下，尽量减少现场作业人员。作业人员每隔 15～20min 换一次班。换班时要先下班，后上班，不要在作业点交接班或研究问题。换班后的人员应在安全距离以外隐蔽待命。在未弄清是否定时炸弹之前，整个作业均应按定时炸弹的定时爆炸规律进行。挖弹的方法通常有以下两种：

（1）沿弹坑挖掘。当炸弹入土较深，而水平位移较小时，可采用该方法（图 3-38）。挖掘时，应在弹坑内插入竹片等物，以免土壤将弹坑掩盖。坑的一侧要留有台阶，以便人员迅速上下。

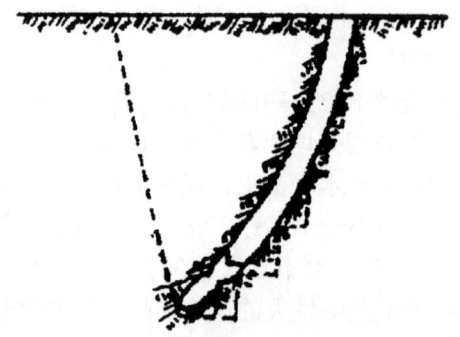

图 3-38 沿弹坑挖掘炸弹

（2）开挖垂坑。当炸弹入土后水平位移较大时，可采用该方法（图 3-39）。坑口部开挖尺寸通常为 1.5m×1.5m 或 2m×2m。

在挖弹作业中，如发现侧坡有塌陷的可能时，应及时予以支撑或被覆。如土质松软，开挖坑口时要适当增大开挖的面积，侧壁坡度要大，以防止塌方。在挖掘过程中如出现过多的地下水，应及时用抽水机排出。

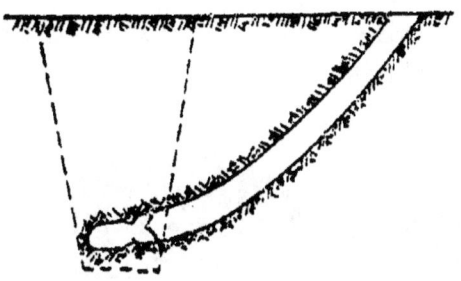

图 3-39　开挖垂坑法挖掘炸弹

3.5.3　取弹

从坑内取出炸弹的方法通常有 3 种。

（1）沿原弹坑拉出。对入土较浅的炸弹，可把弹坑稍加扩大，用绳索拴住安定器或弹体，然后由人员、汽车或拖拉机等将炸弹拉出。

（2）用滑轮组吊出。用圆木在坑口上方设一三脚架，将滑轮组固定在三脚架顶部，再将炸弹拴在滑轮组上，拉动穿过滑轮组的钢索，即可将炸弹吊出坑外。

（3）沿细长木拉出。顺着弹孔放入两根细长木，用绳索将炸弹沿细长木拉出。

3.6　未爆弹药识别

根据前面章节内容可以识别较为完整的弹药，现实中的未爆弹残缺不全或仅发现弹体一部分，加上弹体锈蚀严重，给识别带来难度。

3.6.1　未爆弹实际状况

（1）未爆弹有大有小，外观各异。未爆弹中大的航弹重达几吨、弹长几米、弹径几十厘米，而小型弹如子母弹中的子弹、防步兵地雷最大外径才几厘米、质量仅几十克。

图 3-40 为开挖清理未爆弹现场照片。

图 3-40　开挖清理未爆弹现场照片

（2）未爆弹有新有旧，锈蚀不一。战争遗留未爆弹经过多年侵蚀，外壳严重生锈，而演训未爆弹较新，弹体外没有锈蚀。

图 3-41 所示为未爆弹现场（1）。

图 3-41　未爆弹现场（1）

（3）未爆弹有整有破，残缺不全。实际中的未爆弹残缺不全或仅发现弹体一部分，识别难度很大。

图 3-42 所示为未爆弹残体。

图 3-42　未爆弹残体

（4）未爆弹有远有近，环境差异。战场或战争遗留未爆弹所处位置有时紧邻民房、道路等目标，对原地销毁不利。

图 3-43 所示为未爆弹现场（2）。

（5）未爆弹地上地下，姿态不同。位于地表和地下，有的裸露在地面，有的隐藏在密林，入土深度、倾斜角度各不相同。

图 3-43　未爆弹现场（2）

图 3-44 所示为地表未爆航弹处置，图 3-45 所示为战争遗留未爆弹临时存储。

图 3-44　地表未爆航弹处置

图 3-45　战争遗留未爆弹临时存储

3.6.2　标志识别

未爆弹识别可根据弹体标志、外观特征进行识别。弹药标志内容包括弹药及其主要部件代号、批次号、年份代号、工厂代号、生产序号和色标，标志通过滚压喷涂的方式制作在弹体上。标志识别是通过弹体上的代码、代号以及色标等进行辨别，了解弹药的构造、性能等信息。

1．国产航空炸弹

航空弹药的识别，主要依据弹体的标志。航空弹药的标志，就是在航空弹药上，用文字、识别色带和保护色漆，以明确表示航空弹药及其配套元件的种类、名称、构造性能、使用注意事项和生产（装药）的批号-年份-工厂代号。

我国航空弹药的标志过去极不统一，大体经历了3个阶段：

第一阶段：简称苏式标志。20世纪50年代左右，所采用的标志以仿苏式为主。标志格式不尽一致，标志的格式由汉字和俄文混用。

第二阶段：简称旧标志。20世纪60年代至1976年航空弹药所采用的标志格式以我国为主，标注的文字为汉字。

第三阶段：简称新标志。从1977年起，在原有标志的基础上进行了改革和统一，成为现行的标志。

航空炸弹上的标志内容如下：

（1）弹种识别色环；
（2）航空炸弹简称；
（3）配用航空炸弹引信简称；
（4）装填炸药（药剂、填充物）简称；
（5）航空炸弹的装药批号-年份-工厂代号；
（6）航空炸弹标准落下时间。

2．苏军（俄军）航空炸弹的识别

炸弹外表面涂有灰色油漆，并根据炸弹的类型等标有色环和各种符号（字母数字等），根据这些标记可以识别炸弹的名称，如表3-7所列。

表3-7 苏制（俄制）航空炸弹的种类和名称

类　别		名　称		
基本炸弹	1	爆破弹（ФАБ）	2	反潜弹（ПЛАБ）
	3	杀伤弹（АО）	4	杀伤爆破弹（ОФАБ）
	5	穿甲弹（БРАБ）	6	燃烧弹（ЗАБ）
	7	燃烧爆破弹（ЗФАБ）	8	反坦克弹（ПТАБ）
辅助炸弹	1	照明弹（САБ）	2	夜间航行照明弹（ННСАБ）
	3	航行信号弹（ЦОСАБ）	4	航行弹（ОМАБ）
特种炸弹	1	照相弹（ФОТАБ）	2	烟雾弹（ОМАБ）
	3	宣传弹（АГИТАБ）	4	化学弹（ЛАБ）
	5	练习弹（ЦАБП）	6	

苏制（俄制）航空炸弹的编号一般由四部分组成：

（1）第一部分为俄文缩写词，表明炸弹类型，如ФАБ（航空爆破弹）、АО（航空杀伤弹）、ОФАБ（航空杀伤爆破弹）、ЗАБ（航空燃烧弹）、ФЗАБ（航空爆破燃烧弹）、БРАБ（航空穿甲弹）、ПТАБ（航空反坦克弹）、ПЛАБ（航空深水弹）等。

（2）第二部分为数字，表明炸弹的圆径，如符号ФАБ-250，代表一种圆径为250kg

的爆破炸弹。

（3）第三部分为数字，表明炸弹的实际重量。当炸弹的实际重量与名义重量即圆径相差较大时，则在口径之后加其实际重量数字，如 ОФАБ-250-270，代表一种航空杀伤爆破炸弹，其圆径为 250kg，实际重量为 270kg。

（4）第四部分为俄文缩写词和数字，表明炸弹设计制造和改进情况，如 СТ（钢质弹体）、СЛ（铸钢弹体）、СВ（焊接弹体）、СЦ 及 ЦЛ（钢性铸铁弹体）、ТС（厚壳弹体）、СЛ（弹头铸造的炸弹）、ШГ（弹头冲压的炸弹）、ЦК（锻造的整体炸弹）、ДС（带助推器的炸弹）、Ф（装填黄磷的炸弹）、Т（装填高热剂的炸弹）、М（炸弹的改进型）、М54（1954 年设计的炸弹）。如 ДАБ-100-80Ф，代表一种口径 100kg，实际重量 80kg，装填黄磷的烟幕炸弹；АО-50-100 炸弹代表在 АО 基础上改进的杀伤炸弹；ФАБ-250М-54代表一种 1954 年设计的口径 250kg 的爆破炸弹。

必须指出，并不是每一种炸弹的编号都必须有上述四部分，如 АО-1，只有两部分表示，而 ЗДБ-100-114 则用三部分表示。

另外在弹体上还标有使用引信型号、装药种类、装配年度、装配工厂及批次、弹道性能等。例如：在弹体圆柱部用墨色涂料标有

ФАБ-100ПК

АПУВ-1

А/50

表明该炸弹为圆径 100kg 的爆破弹，弹体为整体锻造，配用 АЛУВ-1 引信，装药为阿马托和 TNT 各 50%。

在弹体的相对侧，用黑色涂料标有

63

8

1959

5

表明 1959 年在第 63 工厂装配，第 8 批，第 5 号产品。

弹道性能是用白色涂料沿弹体圆柱部纵轴线以分数形式给出：分子为特征时间（s），分母为特征时间不变时的投弹高度（km）。

例如，苏制（俄制）航空爆破炸弹弹体文字含义如下：

（1）ФАВ-100-ЦК：ФАВ 表示炸弹名称（爆破炸弹），100 表示炸弹口径，ЦК 表示弹体为整体锻造；

（2）АПУВ-1：炸弹配用引信的型号；

（3）А/50：炸弹炸药为阿马托和 TNT 各 50%；

（4）1942：炸弹装配年限。

3．美军航空炸弹的识别

美军航空炸弹的类型和型号，也通常用色环和文字标记在弹体上。表 3-8 所列为炸弹类型在弹体上的标记，表 3-9 为美军航空炸弹的种类和用途列表。

表 3-8 美军航空炸弹体上的标志

航弹种类	外文符号	弹体色环标志	航弹种类	外文符号	弹体色环标志
爆破弹	DEMOGP（通用）	黄色（高爆弹） 棕色（低爆弹）	毒剂弹	CL（窒息性） CA（催泪弹） AC（中毒性） H（糜烂性）	灰色（杀伤用的带一条或几条红带，驱散用的带一条或几条绿带）
穿甲弹	APSAP（半穿甲）	黑色	照明弹		白色
烟幕弹	WP	浅绿色	教练弹		蓝色
燃烧弹	TH（铝热剂） IMWPPTI（凝固汽油）	浅红色	曳光弹		橙色

表 3-9 美军航空炸弹的种类及用途

种类		用途
按作用分类	爆破弹	弹体一般较坚固，装药较多，通过所装高爆炸药的爆炸，产生的冲击波来达到破坏作用。同时，爆炸的碎片对有生力量也可造成伤亡。因此，这种航弹兼备了爆破和杀伤两个作用。主要用来破坏一般工事和建筑物，如桥梁、车站、机场、工厂、据点和野战工事等目标。此外，此种航弹配用延时引信时，可穿透数层楼房，在其内部爆炸，以增加破坏效果。此类航弹一般均装有弹头和弹尾引信。其型号按重量划分
	杀伤弹	通过爆炸形成的弹片杀伤暴露的人员、车辆、飞机和无装甲的武器装备。通常装 TNT 和 B 型炸药。弹壳有两层，内层钢壳较薄，外层为环状刻纹的厚钢壳以便在爆炸时增加碎片的数量
	燃烧弹	主要是利用装在弹体内的燃烧剂，在爆炸后产生高温火焰，烧毁地面工事、建筑、车辆、山林、政治工作中心、技术武器及人畜，其料料一般为氢氧化钠、雷片、黄磷或胶质汽油、煤油。弹壳多由铁板和镁合金制成，后者能燃烧，燃烧温度为 250℃，用水不能扑灭
	穿甲弹和半穿甲弹	用于摧毁有特殊装甲的物体或钢筋水泥建筑。弹壳军用特种穿甲钢制成厚度可达 10～15cm，弹头部达 20～25cm，半穿甲弹的弹壳薄于穿甲弹，但较爆破弹厚。穿甲弹的引信一般装在尾部（半穿甲弹有弹头和弹尾两个引信）且为延时引信，以保证穿入到最大深度再爆炸。穿甲弹的标准装料为 D 型炸药。半穿甲弹为 D 型炸药和 TNT 炸药的混合装料（D52%+TNT48%）。另有一种聚能破甲弹（又名反坦克弹），利用爆炸产生的高温、高压的金属流来破坏目标，主要对付坦克、自行火炮等装甲目标
	深水炸弹	美国海军用来反潜的一种主要武器，装有水压引信，令其在一定深度爆炸，摧毁潜艇
	化学毒剂炸弹	内装各型毒剂，爆炸后蒸发，对人体产生杀伤效果
	照明弹	用于在夜间轰炸时对地面目标进行照明，其照明剂一般是镁铝粉末加上硝酸钾和碳剂混合而成。爆炸后燃烧，可持续 3min 左右。照明弹均装有降落伞，以便能徐徐下降
	目标指示弹	用来指示地面目标的具体位置，以便轰炸与炮击。白天常用有色烟雾，夜间则用照明剂
	闪光照相弹	是供飞机在夜间照相用的照明弹，无降落伞，发光时间很短。装有机械定时引信，可以用于高空照相
	宣传弹	一种"心战"武器，内装传单，爆炸后散落，对对方军队和居民进行"心战"宣传
	教练弹	训练用的炸弹，装料一般为混凝土或少量炸药以指示弹着点。各型炸弹均有其相应的教练弹
按装料和爆破爆炸情况分类		核弹、普通炸药炸弹、凝固汽油弹、毒气弹、汽油弹、子母弹及定时炸弹
按制导系统分类		滑翔炸弹、伞弹、电视制导炸弹、电光制导炸弹和激光制导炸弹
按形状和绰号分类		球形钢球弹、"菠萝"弹、"蝴蝶"弹、"蛇眼"炸弹和"灵巧的"炸弹等

美军航空炸弹的识别：美军航空炸弹可以通过弹体上的颜色（表 3-10）和文字注记（表 3-11）识别它。美军航空炸弹的型号繁多，陆、海、空军各有其编号系统。

表 3-10 美军航空炸弹体上的颜色标识

弹体色环颜色	含 义
黄色	（1）用于标记装填有高爆炸药的战斗部； （2）指明弹体内炸药： ①足以使弹药起高爆炸药的作用；②对弹药使用者特别有害
棕色	（1）用于标记火箭发动机； （2）指明发动机内装药： ①足以使弹药起低爆炸药的作用；②对弹药使用者特别有害
灰色	用于整个弹体着色时，用于标记弹体内装填有刺激性或有毒性试剂（不包括水下弹药）
灰色、带红色环标	弹体内装填有刺激性或扰乱性战剂
灰色、带深绿色环标	弹体内装填有毒化学试剂
黑色	用于标记穿/破甲弹药（不包括水下弹药）
银灰色/银白色	用于标记抗干扰弹药
浅绿色	用于标记发烟弹或标示弹药
浅红色	用于标记燃烧弹药或指明弹体内装填有极易燃烧的材料
白色	标记照明弹药或能产生有色光的弹药（不包括水下弹药、导弹和火箭发动机）
淡蓝色	用于标记训练或射击教练弹药
橙色	用于标记跟踪或回收弹药
青铜色	用于标记搬运和装填的模拟弹/教练弹/填砂弹
非显著性着色	
草绿色	所有的弹药类物品
黑色	用于字体着色
白色	（1）用于字体着色； （2）用于导弹和火箭发动机着色
说明	注意事项：按照规定，当弹体颜色出现以下情况时，该颜色并不具有标志性色码的含义： （1）水下弹药（如水雷和鱼雷）弹体使用灰色、橙色、黑色、白色、红棕色或绿色时，导弹或火箭弹弹体使用白色时； （2）当黑色和白色用于字体颜色时； （3）当白色用于弹体上的菱形图标颜色时

表 3-11 美军航空炸弹体上的文字注记

字 母	用 法	含 义
AN	字头	陆海军通用弹药
M	其后加数字	经军械委员会批准的制式弹药
MA	其后加数字	海军制式弹药
T	字头，其后加数字	正在发展中的非制式试验弹药
A	字尾	陆（空）军制式弹药在设计上的正式改进
Moa	字尾	海军制式弹药的正式改进
E	字尾	制式弹药与试验弹药的试验变动
B	字尾	制式弹药在制造方法和原料方面上的正式变动

陆军研制的炸弹型号，用 M 和阿拉伯数字表示，如 23 磅 M40 杀伤弹。改进型编号在基本型编号之后加字母 A 和相应的阿拉伯数字表示，如 M40A1、M40A2，分别代表第一次和第二次设计改型。

海军研制的炸弹型号，用英文词 Mark 或其缩写 MK 和阿拉伯数字表示，如 250 磅 MK81 爆破弹。改进型号系在基本型编号之后加英文字母 Mod 和相应阿拉伯数字表示，如 MK81Mod1 和 Mk81Mod2，分别代表第一次、第二次设计改型。

陆、海军通用的制式炸弹的型号，用 AN 加在该军种炸弹编号之前，如 20 磅的 AN-M41A1 杀伤弹。

空军研制的炸弹型号，一般用炸弹某一系列的名称（2 个英文字母）和代表其用途的单词（取 1 个英文字母）共 3 个英文字母来表示某种系列的炸弹；然后，把在半字线后按代表某一型号的阿拉伯数字和代表其改进型的英文字母作为该系列具体产品的代号。如 350 磅 BLU-52/B、BLU-52A/B 毒气弹；25 磅 BDU-33/B、BDU-33A/B 教练弹。BLU 系 Bomb Live Unit 的缩写，表示空军研制的作战航空炸弹的这一系列。BLU-52 表示该系列炸弹中的一种 350 磅的毒气弹；BLU-52/B 为该弹的一种型号，即装填 CS-1 型非持久性催泪的炸弹，BDU-52A/B 为该弹的另一种型号，即装填 CS-2 型持久性催泪的炸弹。BDU 系 Bomb Dummy Unit 的缩写，表示空军研制的教练弹这一系列。如 BDU-33 表示该系列炸弹的一种 25 磅的教练弹，BDU-33/B、BDU-33A/B 为该弹的两种不同型号。

编号中的英文字母 T 或 XM 加阿拉伯数字（见表 3-11），表示正在研制中的型号，其后接字母 E 加阿拉伯数字，表示正在研制中的产品型号的改型，如 500 磅 XM42E1 母弹（空中撒布地雷用）。

4．国产常规炮弹的识别

根据常规弹药的口径，小于 20mm 口径的为枪弹，大于 20mm 口径的（除特殊口径信号弹外）为炮弹。弹丸标志如图 3-46 所示。

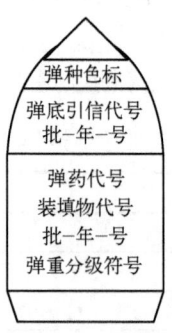

图 3-46　弹丸标志

（1）炮弹色标。炮弹的色标主要是说明炮弹的种类和用途，表 3-12 所列为国产炮弹色标识别表。

表 3-12 国产炮弹色标识别表

色带种类	颜色	代表意义	色带位置 原标志	色带位置 现标志	备注
弹种识别色标	一条红色	燃烧弹	弹头弧形部或药剂代号上方	弹头弧形部或药剂代号上方	20～90mm 口径炮弹，宽度为10mm；90～160mm 口径炮弹，宽度为 15mm；160mm 以上宽度为25mm；两条色标间隔 5mm
弹种识别色标	两条红色	诱饵弹			
弹种识别色标	一条黑色	发烟弹			
弹种识别色标	一条黄色	宣传弹			
弹种识别色标	一条白色	照明弹			
弹种识别色标	两条白色	红外照明弹			
弹种识别色标	一条蓝色	混凝土破坏弹			
弹种识别色标	一条银灰色	干扰弹			
弹壳材料识别色标	黑色	钢性铸铁	圆柱部下定心部上方	圆柱部下定心部上方	原规定迫击炮弹为钢性铸铁时，材料色标涂在弹尾上（与尾管旋接处）；现有标志取消不涂（但也有涂的）
发射装药种类识别色标	黑色	定装式减装药	药筒上部	药筒上部	
发射装药种类识别色标	红色	分装式专用装药			

（2）炸药代号。炸药代号是表示弹体内装填物（炸药、药剂）的代号。一般在榴弹装梯恩梯炸药，穿甲弹装黑铝炸药，破甲弹装黑梯炸药时不标炸药代号，上述几种弹在装填其他炸药（药剂）时要标代号。表 3-13 所列为国产炮弹炸药（药剂）代号表，表 3-14 所列为常用炸药代号表。

表 3-13 国产炮弹炸药（药剂）代号表

名称	1960 年后曾用代号	曾用代号	说明
TNT 炸药	T	梯	
铵梯炸药	A-80	铵 80	硝酸铵 80%，梯恩梯 20%
铵梯炸药	A-90	铵 90	硝酸铵 90%，梯恩梯 10%
铵梯炸药+TNT 炸药	AT-80	铵梯 80	口部装梯恩梯，下部装铵 80
铵梯炸药+TNT 炸药	AT-90	铵梯 90	口部装梯恩梯，下部装铵 90
梯恩梯+烟火强化剂（TNT+铝粉）	TL	梯铝	口部装梯恩梯，下部装烟火强化剂
梯萘炸药	TN-42	梯萘 42	梯恩梯 58%，二硝基萘 42%
黑索今炸药	H	黑	钝化黑索今
黑铝炸药	HL	黑铝	黑索今 80%，铝粉 20%
黑梯炸药	HT-50	黑梯 50	黑索今 50%，梯恩梯 50%
发烟剂	L	磷	黄磷
照明剂	MN	镁钠	镁粉 61%，硝酸铵 32%，其他 17%
照明剂	BM	钡镁	硝酸钡 57%，镁粉 27%，其他 16%

表 3-14 常用炸药代号表

名称	代号	名称	代号
梯恩梯	TNT	聚黑-14	JH-14
太安	PETN	聚黑-15	JH-15
地恩梯	DNT	聚黑铝-2	JHL-2
黑索今	RDX	聚奥-6	JO-6
特屈儿	CE	聚奥-7	JO-7
苦味酸	PA	熔奥梯铝-1	ROTL-1
奥克托今	HMX	熔黑梯铝-1	RHTL-1
二硝基萘	DNN	熔奥梯-1	ROT-1
钝黑-4	DH-4	熔梯铝-2	RTL-2
钝黑-5	DH-5	塑黑-1	SH-1
钝奥-1	DO-1	塑黑-4	SH-4
钝奥-2	DO-2	塑黑-5	SH-5

（3）发射药的识别。我国采用的发射药有颗粒状、管状、片状、条状、环形状、螺旋状等多种。火炮的发射药和枪弹一样，都装在药筒里。迫击炮弹的发射药装在尾翼部的药筒里，火箭弹的发射药装在弹体尾管内。发射药包、药筒及包装箱上都标有发射药标志。我国的标志如下：

单：表示单基药，现标志已取消（除单基药外，其他原标志和现标志同）。

多：表示多孔单基药。

双：表示双基药。

双芳：含有较多的二硝基甲苯的双基药。

双乙：成分含二甲酸二丁酯、双基药、二硝化乙二醇、中定剂、凡士林。

乙芳：成分含二硝化乙二醇、二硝基甲苯、硝化棉、中定剂、凡士林。

空：表示为空包弹发射药。

3.6.3 外观特征识别

1．识别步骤

根据未爆弹的形状、部件特点和特征参数等相结合进行识别。一般识别步骤如下：

（1）根据标志、色环和现场气味判断是否常规弹，排除化学弹的可能。

（2）依据外形以及弹带、吊耳、尾翼、喷管等外部部件判断弹药属于航弹、炮弹、火箭弹、手榴弹等类型或疑似类型，初步确定其为爆炸弹、杀伤弹、破甲弹或其他弹等，看是否存在发射药、多级装药等情况。

（3）按照实际测量的弹径、弹长等参数确认弹药型号，了解装填炸药品种和装药量、引信类型和位置、壳体厚度和材质等性能参数。

对于残缺不全、特征不明显或不能立即确认的未爆弹，要请求技术支援，严防现场处置化学弹，即使常规弹处置中也要采取谨慎、可靠方案，设置较大、较多数量的诱爆装药，确保一次彻底销毁。

2．典型弹药识别

（1）榴弹。榴弹是一类利用火炮将其发射出去，完成杀伤、爆破、侵彻或其他作战目的，应用广泛的弹药。杀伤爆破弹、杀伤弹、爆破弹统称为榴弹。榴弹从20mm枪榴弹到203mm加榴炮榴弹，发射平台遍及地面火炮（榴弹炮、加农炮、加榴炮、迫击炮、高射炮、无后坐力炮、加农反坦克炮）、机载火炮、舰载火炮、火箭炮和榴弹发射器等。一般线膛火炮配用的榴弹采用旋转稳定方式，对于滑膛火炮榴弹则采用尾翼稳定方式。典型榴弹结构和特征见表3-15和图3-47。

表3-15　典型榴弹识别

名称	130mm加农炮榴弹	100mm尾翼稳定榴弹	枣核底排弹	复合增程弹
结构与组成	引信、传爆管、炸药装药、弹体、烟光药、上弹带、工业石蜡、下弹带	引信、弹体、炸药、弹带、活塞、尾翼座、曳光管、销轴	引信、定心块、弹体、炸药、弹带、闭气环、底排装置	引信、弹体、定心块、炸药、火箭装置、弹带、闭气环、底排装置
特征	(1) 旋转稳定榴弹，弹丸长度达到5.08倍口径，弹丸外形为回转体，由弹头部、圆柱部和弹尾部三部分组成。 (2) 弹体壁相对壁厚为1/6，弹底相对壁厚为0.23d，炸药装填系数为10.9； (3) 弹丸质量33.4kg	(1) 对于无膛线火炮配用尾翼稳定； (2) 弹丸质量15.00kg； (3) 钝头穿甲弹和被帽穿甲弹均装有风帽	(1) 枣核形底排榴弹由卵形头部、船尾部、定心部、弹带和底排装置组成。 (2) 枣核形榴弹属低阻远程榴弹，有底排减阻功能； (3) 底排装置中有复合药剂和烟火药剂，底排壳与弹体连接，有排气孔； (4) 船尾设计明显，船尾角为2°~3°	(1) 综合应用底排减阻和火箭助推两项增程技术； (2) 火箭装置由燃烧室、箭药柱、点火具、喷管、喷堵、堵盖等零部件组成，火箭发动机的壳体通常上下两端都车制螺纹，分别与战斗部壳体和底排装置壳体相连接； (3) 底排装置一般由底排壳体和底排药柱组成
说明	(1) 弹体头部为锥形，弹尾部为船尾形，榴弹直径为20~400mm，长度为25~80cm；迫击炮弹直径范围为60~120mm，长度范围为30~90cm； (2) 炮弹在弹体外有弹带或定心块，尾翼稳定榴弹也有弹带，这是与带尾翼的航弹和火箭弹的区别； (3) 普通榴弹的引信一般在弹体头部； (4) 杀伤榴弹炸药装填系数5%~10%，弹体相对壁厚(1/6~1/4)d，杀伤爆破弹装填系数6%~16%，弹体相对壁厚(1/8~1/5)d，爆破榴弹装填系数10%~25%，弹体相对壁厚(1/12~1/8)d			

图 3-47　105mm 及以下口径的杀伤榴弹

（2）穿甲弹。穿甲弹是以其动能碰击硬或半硬目标（如坦克、装甲车辆、自行火炮、舰艇及混凝土工事等），从而毁伤目标的弹药。由于穿甲弹是靠动能来穿透目标，所以也称动能弹。一般穿甲弹穿透目标，以其灼热的高速破片杀伤（毁伤）目标内的有生力量、引燃或引爆弹药、燃料、破坏设施等。穿甲弹是目前装备的重要弹药之一，已广泛配用于各种火炮。典型穿甲弹结构和特征见表 3-16 和图 3-48。

表 3-16　典型穿甲弹识别

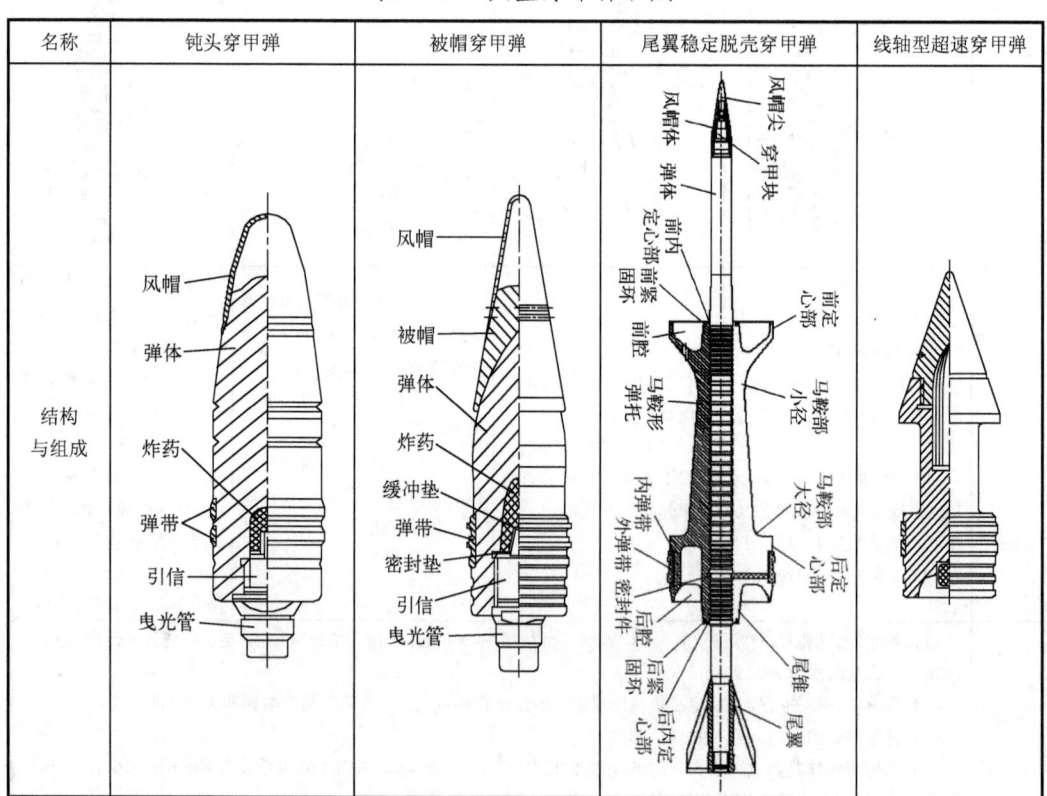

(续)

名称	钝头穿甲弹	被帽穿甲弹	尾翼稳定脱壳穿甲弹	线轴型超速穿甲弹
特征	(1) 普通穿甲弹是适口径旋转稳定穿甲弹; (2) 钝头部直径约为 (0.6~0.7)d (火炮身管口径d), 其形状有球面、平面和蘑菇形等多种; (3) 弹径不大于 37mm 时通常采用实心结构, 配有曳光管, 大于 37mm 时装填炸药; (4) 弹壁较厚((1/5~1/3)d), 装填系数较小 (0~3.0%)	(1) 被帽穿甲弹与钝头曳光穿甲弹大致相同, 主要别是在尖锐的头部钎焊了钝形被帽; (2) 被帽材料与弹体相同, 被帽钝头直径约为 (0.4~0.6)d, 被帽顶厚约 (0.2~0.4)d, 与弹体的连接采用钎焊(锡焊); (3) 钝头穿甲弹和被帽穿甲弹均装有风帽	(1) 分为滑膛炮用杆式穿甲弹和线膛炮用杆式穿甲弹两种; (2) 弹体细长, 直径较小, 长径比目前可达到 30 左右, 更大长径比可达到 40, 甚至 60 以上; (3) 弹体中间的环形槽或锯齿形螺纹是与弹托啮合的部分	(1) 按外形可分线轴型和流线型两种; (2) 弹芯是穿甲弹的主体部分, 由碳化钨制成; (3) 弹体材料为软钢或铝合金, 头部连接风帽, 尾部连接曳光管
说明	钝头穿甲弹和被帽穿甲弹与榴弹的主要区别是弹头部, 榴弹一般有引信, 形状较尖; 穿甲弹头部形状较圆, 没有引信			

图 3-48 105mm 碎甲弹和 100mm 穿甲弹

(3) 破甲弹。破甲弹是利用成型装药的聚能效应来完成作战任务的弹药。这种弹药是靠炸药爆炸释放的能量挤压药型罩, 形成一束高速的金属射流来击穿钢甲的。成型装药破甲弹也称空心装药破甲弹或聚能装药破甲弹。典型破甲弹结构和特征见表 3-17。

表 3-17 典型破甲弹识别

名称	82mm 无后坐力炮破甲弹	85mm 加农炮用汽缸式尾翼破甲弹	苏(俄)100mm 坦克炮用破甲弹	美 152mm 多用途破甲弹	新 40 火箭增程破甲弹
结构与组成					

（续）

名称	82mm 无后坐力炮破甲弹	85mm 加农炮用汽缸式尾翼破甲弹	苏（俄）100mm 坦克炮用破甲弹	美 152mm 多用途破甲弹	新 40 火箭增程破甲弹
特征	（1）破甲弹由弹体、头螺、防滑帽、主药柱、副药柱、药型罩、隔板、引信、发射药等零部件组成； （2）全弹质量 3.925kg； （3）稳定装置由尾管、尾翼和稳定环组成。尾管用钢管制成，钻有φ6mm的传火孔4排，共24个，末端车有螺纹。尾翼和稳定环是用铝合金压铸在尾管上	（1）85mm 破甲弹是用线膛火炮发射的尾翼式破甲弹，本弹是利用汽缸内的压力推动活塞使尾翼张开，故称汽缸式尾翼破甲弹； （2）破甲弹丸是由弹体、头螺、弹底、稳定装置、成型装置、引信等部件组成，质量 7.0kg。头螺为一圆锥形，弹体为圆筒形，张开尾翼的后掠角为 61°32′	（1）该弹配用于 1953 年式 100mm 线膛加农炮及坦克炮上，张开式尾翼； （2）头部为瓶形结构，肩部很平； （3）弹丸质量 9.45kg，长 609mm，翼展 208mm，梯黑炸药 0.967kg； （4）弹体材料为优质高碳钢，壁厚较大	（1）多用途破甲弹就是指该弹以破甲为主，同时还具有杀伤弹的作用； （2）炮弹长 488.6mm，弹丸质量 19.37kg，装药量 2.88kg； （3）弹带为陶铁弹带	（1）新 40 火箭增程破甲弹分为战斗部、火箭发动机、稳定装置与发射装置，除火箭发动机为钢material外，弹体、风帽、尾杆、尾翼、涡轮均为硬铝制成； （2）口径 40mm，战斗部直径 85mm，全弹质量 2.2kg； （3）战斗部下方有发动机喷管，后喷火药气体作用在涡轮倾斜面上，使全弹旋转
说明	破甲弹与脱壳穿甲弹主要区别：破甲弹头部有引信，圆柱部分较长，一般没有变细的鞍部；脱壳穿甲弹头部是合金尖杆				

（4）航弹。航空弹药（简称航弹）是从飞机上发射和投掷的各种爆炸物的统称，根据其作用原理和使用方法的不同，可分为航空炸弹、航空炮弹、航空火箭弹、航空导弹和航空特种弹药。典型航弹结构和特征见表 3-18。航空子母弹中子弹可能含有与炸弹相同的危险源（如炸药、化学试剂、生物战剂、放射性物质、燃烧剂等），用于在某个区域内大范围布撒，子弹采用多种外形和尺寸，头部可能是锥形，也可能不是，子弹外形可能是球形、楔形或圆柱形，子弹可能带有尾翼、飘带、降落伞或绊线。航弹子母弹见图 3-49，子弹药见图 3-50 和图 3-51。

表 3-18 典型航弹识别

名称	100-2 航空杀伤爆破弹（高阻）	500-3 航空爆破弹（低阻）	РБК-500 型反坦克子母弹	电磁脉冲炸弹
结构与组成				

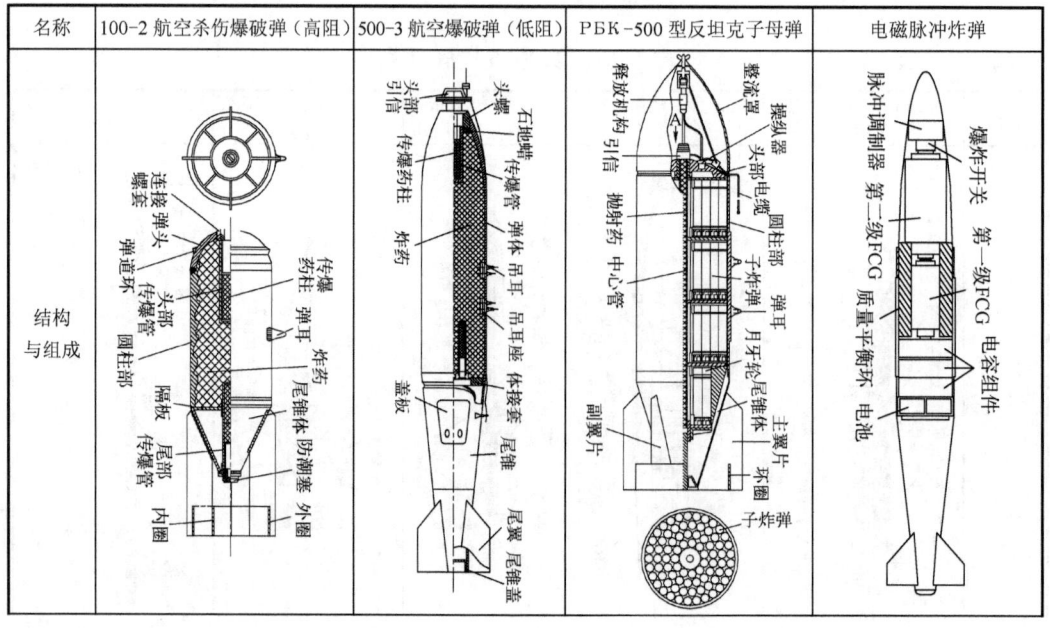

（续）

名称	100-2 航空杀伤爆破弹（高阻）	500-3 航空爆破弹（低阻）	РБК-500 型反坦克子母弹	电磁脉冲炸弹
特征	（1）构造特点是外形短粗、长细比小，头部短而厚，流线型差，阻力系数大； （2）全弹由弹体、稳定器、弹箍、装药和引信组成； （3）全弹质量 99.16kg，弹身弹头最厚处达 40mm，头部和尾部两个引信	（1）采用长细比大的低阻气动外形，呈流线型，装药量减少； （2）全弹由装药弹体、弹尾部、吊耳、引信和爆控拉杆组成； （3）总质量 469kg，弹径 377mm，壁厚 12mm，头部和尾部两个引信	（1）航空子母弹和集束炸弹相比，不同点是子炸弹装填在弹体内，装填数目多，可有几枚到几百枚。母弹外形和普通航空炸弹相似； （2）全弹质量约 420kg，弹径 450mm，子炸弹质量 0.934kg，弹径 42.15mm	（1）电磁脉冲炸弹是通过一种非核爆炸形式，把普通炸弹的机械能转化成高强度的电磁脉冲能量的一种炸弹，能够使电子设备无法正常工作，甚至造成难以修复的物理损伤； （2）电磁脉冲炸弹的整体装置体积小重量轻，更适合常规武器发射和运载
说明	（1）航弹的长度范围一般为 0.9～2.0m，个别长度达 5.0～6.0m，直径范围为 12～90cm； （2）弹体头部通常为斜锥形或卵形；弹尾通常有尾翼和（或）降落伞；弹体外侧有前弹耳和后弹耳；头部装有弹头引信，弹翼位置装有弹尾引信； （3）与炮弹区别：航弹的弹体外没有弹带；滑膛炮弹丸和迫击炮也通过尾翼稳定；航弹一般前后两个引信； （4）与火箭弹区别：火箭弹有喷管，航弹有弹耳而火箭弹没有。混凝土破坏弹为加大动能，也有火箭发动机的喷管			

图 3-49 CBU87/B 子母弹

图 3-50 APERS/AMAT 子弹药

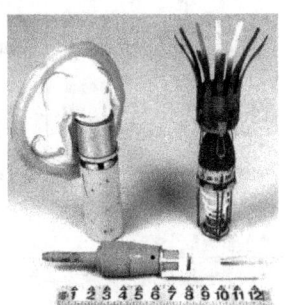

图 3-51 AMAT/AT 子弹药

（5）火箭弹。火箭弹通常是靠火箭发动机所产生的推力为动力，以完成一定作战任务的无制导装置的弹药，一般由战斗部、火箭发动机和稳定装置组成。典型火箭弹结构和特征见表 3-19，几种火箭弹见图 3-52～图 3-55。

表 3-19 典型火箭弹识别

名称	180mm 尾翼式火箭弹	130mm 涡轮式杀伤爆破火箭弹	80mm 单兵反坦克火箭弹	90-1 航空杀伤爆破火箭弹
结构与组成	1—战斗部；2—发动机；3—尾翼装置	1—引信；2—战斗部壳体；3—炸药；4—石棉垫；5—驻螺钉；6—盖片；7—点火药盒；8—推进剂装药；9—燃烧室；10—导线；11—挡药板	1—战斗部；2—发动机；3—点火具；4—尾翼片；5—火药装药；6—引信底部结构；7—炸药装药；8—引信头部结构	1—防潮塞；2—衬环；3—炸药；4—战斗部壳体；5—点火具；6—夹持器；7—整圈；8—燃烧室；9—推进剂；10—挡药板；11—绝缘环；12—喷管座；13—导电环；14—导线
特征	（1）火箭弹由 10 管笼式定向器的火箭炮发射，弹全长 2.7m，长径比为 15，战斗部装药 7.5kg； （2）火箭发动机包括两节火药装药、前后两个喷管，前喷管采用 18 个斜置喷孔形式，后喷管采用直置单孔形式； （3）尾翼采用滚珠直尾翼结构，呈十字形对称焊接在整流罩上	（1）涡轮式火箭弹称为旋转稳定火箭弹或旋转式火箭弹，通过喷管轴线的切向倾角产生旋转力矩使弹体旋转； （2）火箭弹由火箭炮发射，长径比不超过 7～8 倍弹径	（1）单兵反坦克火箭弹为单兵一次性使用的轻型反坦克武器，质量 1.85kg，弹径 80mm； （2）全弹由战斗部、引信、火箭发动机和尾翼组成，8 片尾翼通过铆钉和扭力弹簧连接在喷管外部的 8 个尾翼座上	（1）稳定装置由活塞、十字块和尾翼组成，4 片尾翼用铝合金制成，张开后成 50°后掠角； （2）喷管轴线具有 2°的切向倾角，火箭弹飞行中低速旋转
说明	（1）按照稳定方式分为涡轮式火箭弹和尾翼式火箭弹，按作战场所分为炮兵火箭弹、单兵火箭弹、空军火箭弹和海军火箭弹，按战斗部分为杀伤、爆破、破甲、碎甲、布雷、燃烧、发烟和子母式火箭弹； （2）特点：火箭弹除了战斗部，还有发动机，长径比相对榴弹较大；火箭发动机有直置或倾角的喷管、发动机装药，为破甲采用串联战斗部的弹药具有多个爆炸装药和推进装药等。与迫击炮弹区别在于喷管、外张式尾翼等			

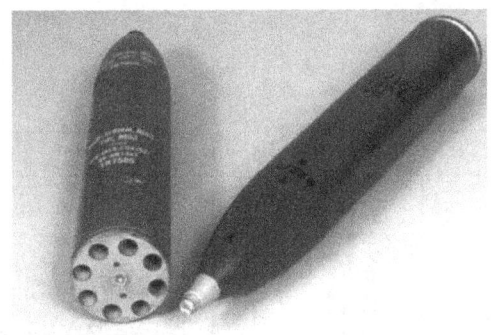

图 3-52 128mm 和 132mm 口径火箭弹

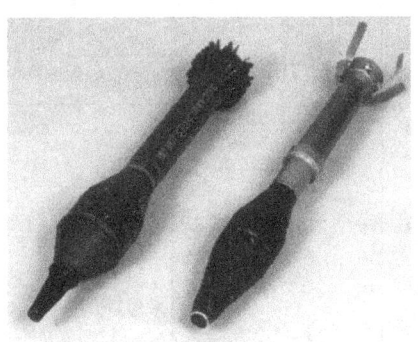

图 3-53 反坦克火箭弹（破甲）

图 3-54 尾翼稳定火箭弹

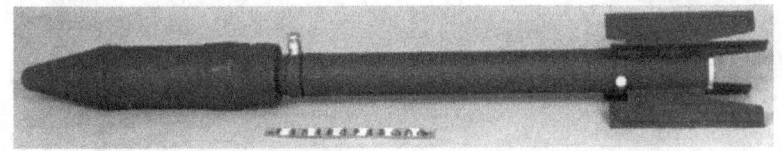

图 3-55 132mm 口径火箭弹

（6）地雷。地雷是布设在地面或地面下，用于构成爆炸性障碍物的武器，可分为防坦克地雷、防步兵地雷、防空地雷和特种地雷；地雷具有体积小、重量轻、设置简便、易于伪装、稳定性较好的特点，在战争中得到广泛的运用。典型地雷结构和特征见表 3-20

和图 3-56～图 3-58。

表 3-20 典型地雷识别

名称	72 式防步兵地雷	防步兵绊发地雷	72 式铁壳防坦克地雷	苏 TM-56 型防坦克地雷
结构与组成	1—弹簧；2—击片；3—橡胶盖；4—击针；5—压盖；6—保险销；7—挡圈；8—保险圈；9—上体；10—下体；11—限位杆；12—雷管；13—扩爆药；14—装药	1—绊线；2—引信；3—雷壳；4—装药；5—固定桩；6—控制桩	1—扩爆药；2—螺盖；3—引信；4—碟簧；5—压盖；6—装药；7—雷壳	1—雷壳；2—螺盖；3—衬套；4—装药；5—引信；6—扩爆药；7—副引信室
特征	（1）全质量 125g，内装梯恩梯炸药 48g，扩爆药（特屈儿或太恩）4g；（2）防步兵地雷为塑料雷壳，由上体、下体、橡胶盖、压盖、保险圈、挡圈、弹簧、保险销、击针、击片、限制杆、火帽、雷管、扩爆药柱和装药等组成	（1）以其爆炸产生的破片杀伤敌步兵、骑兵；（2）防步兵地雷由雷壳、装药、绊发件和引信等组成	（1）能炸断中型坦克的履带，损坏其负重轮；（2）由雷壳、传动装置、装药和引信等组成	（1）主要用于炸毁重型坦克履带，全质量 10.5kg，内装梯恩梯或莫尼特炸药 6.5～7kg；（2）主要由金属雷壳、装药和引信组成，地雷的底部有副引信室，用以安装轨迹装置
说明	（1）地雷是布设在地面或地面下，体积小，易于伪装，搜索发现困难，加上地雷稳定性较好，长时间在野外环境下不会失效，战后人道主义扫雷有标准程序；（2）防步兵地雷直径约几厘米，形状也呈多样化。反坦克地雷用于炸毁履带和底甲，多呈圆饼状，直径约几十厘米；（3）用于火箭发射的地雷一般有降落伞等稳定、减速装置，大小与形状较多，与有些子弹药外形类似			

图 3-56 爆破型防步兵地雷

图 3-57 破片型防步兵地雷

图 3-58　金属壳反坦克履带地雷

（7）迫击炮弹。迫击炮弹结构见图 3-59 和图 3-60。

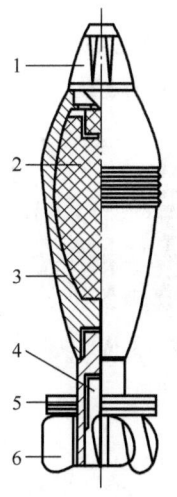
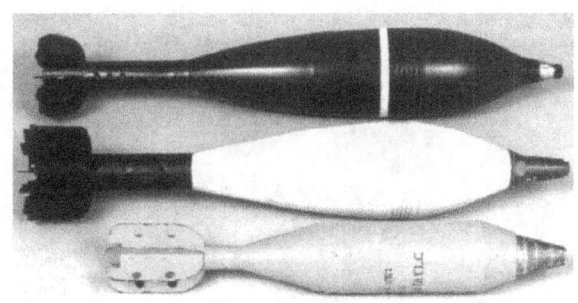

图 3-59　迫击炮弹结构　　　　　　　图 3-60　81mm 及 120mm 迫击炮弹

1—引信；2—装药；3—弹壳；4—尾管；5—药包；6—尾翼。

（8）枪榴弹。枪榴弹用于步枪发射或肩射发射器发射；与火箭弹相似，但尺寸较小；弹体内可装填高爆炸药或燃烧剂。枪榴弹见图 3-61 和图 3-62。

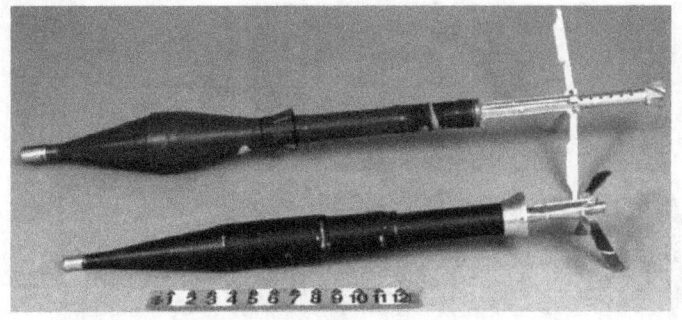

图 3-61　前苏联枪榴弹、反坦克火箭弹（破甲）

101

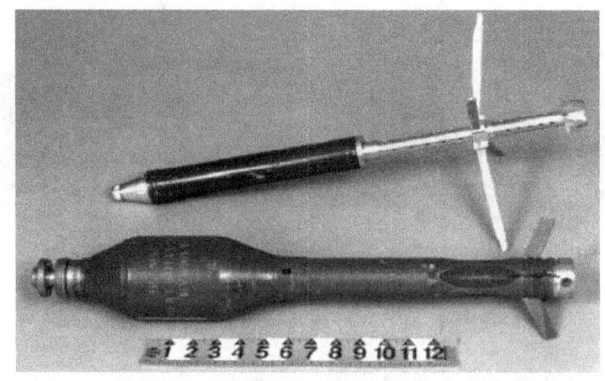

图 3-62 前南斯拉夫反坦克枪榴弹（破甲）和高爆弹

（9）投掷式弹药。投掷式弹药包括所有类型的手榴弹（图 3-63）及模拟弹；大多数弹体为圆形或圆柱形；尺寸较小，可由单兵投掷；弹体内可装填高爆炸药或燃烧剂。

图 3-63 各种手榴弹

(a) 杀伤型手榴弹；(b) 反坦克手榴弹。

（10）其他典型弹药见图 3-64～图 3-66。

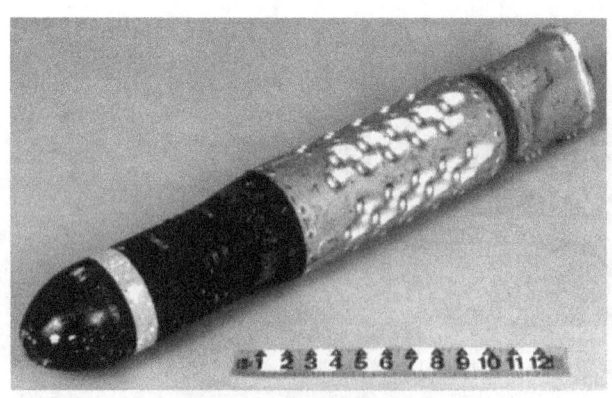

图 3-64 龙式反坦克导弹

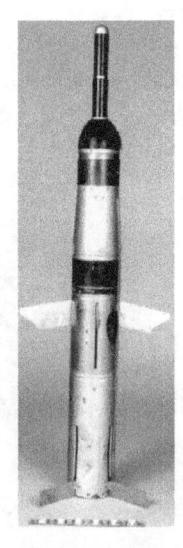

图 3-65 陶式反坦克导弹

图 3-66　HAWK（霍克）导弹

3.6.4　日制化学弹的识别

日制废旧弹药在我国出现较多，其特点是弹种杂、口径多，特别是毒气弹危害大。在弹药的处理过程中，最重要的是将普通榴弹与装有化学药剂的毒气弹区分清楚，尤其是毒气弹，日本侵华时期遗留的毒气弹至今仍然在我国有残留，2004 年在齐齐哈尔发现的毒弹，曾对许多民众造成伤害。

日本旧式弹药采用弹体颜色、色带标识的方法。普通弹弹体颜色为黑色，毒气弹弹体颜色为灰色。圆锥部（弧形部）上端色带如果为红色，表示装有炸药；如果为蓝色，表示装有毒剂。毒气弹的圆柱部色带表示装填毒剂的种类，黄色代表糜烂，绿色代表催泪，红色代表呕吐，蓝色代表窒息，褐色代表血液神经毒剂。

有时弹体因在地下埋藏较久，外观涂料可能已经破坏，不能通过标识识别，但可根据日本特种弹的特点进行判别：口径大小相同的弹药，特种弹比普通弹重量轻，弹体钢壳较薄，口螺比一般的弹药大，用手晃动能听到液体流动的声音，或用小石子轻敲能判断出内为液体装填物，弹壁较薄。另外还有一个较为明显的标志，在前端有两个成对的缺口，是装配时留下的扳手槽，如图 3-67 所示。

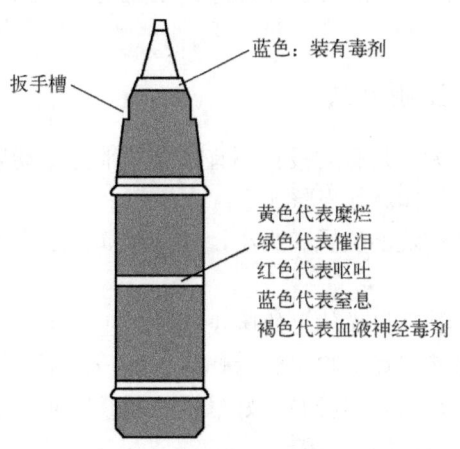

图 3-67　日本毒气弹标识

根据弹体表面泄漏的毒剂气味和状态进行鉴别。如果化学弹的密封部位损坏、弹内压力较高，可能会有毒剂从弹口密封部位渗漏。如发现有白色结晶体，并有刺激性气味即是二苯氰胂类毒剂。如观察到有黑色胶状或油状物，很可能是芥路毒剂。如果流出的液体有大蒜味或芥末味，一段时间后皮肤发红、刺痛、有小水泡，可判断是芥子气或芥子气与路易氏剂混合毒剂。气味中嗅到烂干草味并有强烈刺激作用，可判断是光气（碳酰氯）。嗅到泄漏的弹药或毒烟筒中有刺激味，眼睛感到刺激，并伴有恶心、呕吐的症状，可判断是呕吐性二苯氯胂、二苯氰胂。嗅到荷花香味，并马上感到刺激、流泪，可判断是催泪剂苯氯乙酮。嗅到苦杏仁味，并有眼睛瞳孔散大现象，可判断是血液中毒性毒剂氢氰酸。沙林毒剂有微弱水果味，VX毒剂有特殊的嗅味（硫醇味），氯化氢有刺激味，路易氏剂有天竺葵味。

3.7 未爆弹药处置方法

未爆弹药主要分为原地处置和转移处置，一般在周边条件允许的情况下，多采用原地处置的方法。未爆弹的处置主要有拆卸处理、爆炸销毁、燃烧销毁、激光烧爆、射击引爆、切割分解、冷冻处理等方法。这里主要介绍原地处理中的人工拆卸法，其他见以后章节。

采用人工拆卸未爆弹是一项极其危险的行动，未爆弹可能处于解脱保险状态，外界能量的任何刺激都有可能引发意外爆炸，拆卸过程的搬动、拧扳等外力可能触发待发状态的击针引起意外爆炸。再者，未爆弹曾受到过较大冲击力，引信、弹体可能已经变形，不利于拆卸或无法拆卸。在迫不得已的情况下，仅对于完整弹药、外形没有明显变化的熟悉未爆弹可以拆卸。拆卸必须由对弹体结构十分熟悉且进行过类似训练的专业人员，采取防护后方可实施。现场拆卸未爆弹，主要工作是分离引信和装药，便于转移未爆弹和减小意外爆炸的伤害。这里主要列举几类航弹的人工拆卸法。

3.7.1 动磁炸弹人工拆卸法

人工拆卸法危险性较大，只有对投在不宜诱爆的地点的动磁炸弹采用该方法。拆卸时，禁止使用或携带铁磁物体。其步骤如下：

（1）开挖弹坑：开挖弹坑的位置和大小，视动磁炸弹的大小、入土方向、深度、土质等而定。

（2）炸接线盒：当挖到露出弹体上的接线盒时，在接线盒上放置约100gTNT炸药，用火柴点燃点火管，使炸药爆炸，将接线盒炸坏。如一次不能炸坏，可连续进行，直至将连接头、尾引信的电线炸断。用胶布包好暴露的电线断头。这时，导电线失去传递信号的能力，不能起爆头部引信的电雷管。

（3）取出弹体，将其运到安全地点。

（4）拆卸引信：按反时针方向分别拧下头部引信和尾部引信。分解头部引信，取出外套筒、扩爆筒、柱形火帽体和三解雷管座。将尾部引信的电池取出，炸弹即失效。

3.7.2　航空弹药人工拆除法

1．ФАБ-250М-54 爆破弹

把炸弹挖出后，按反时针方向旋出引信，并从引信上旋下起爆管，引信即失去爆炸的可能。为防止火帽击发和引起延期药燃烧，可用扳手旋出压紧盖，拧松延期药盘固定螺，取出延期药盘；拧开头部罩，分解惯性击针和惯性筒，并从惯性筒上取下火帽。

2．ФАБ-1500М-54 爆破弹

准确地识别炸弹上安装的是否 АВДМ 引信，对果断处置未爆炸弹具有重要的意义。怎样断定炸弹上安装的是 АВДМ 引信呢？首先，该引信均装在炸弹的尾部引信室内，炸弹头部引信室用钢制螺塞封闭。然后，仔细观察引信露在弹体外边部分的形状和大小。АВДМ 引信露在弹体外的部分为一扁圆形金属头部罩，上部有一金属圆帽，圆帽中心有一带内螺纹的圆孔，圆孔周围有 2 个扳手孔。头部罩侧面有 6 个扳手孔，并有 1 个小螺钉孔。引信露于体外的最大直径约为 7cm，最大高度约为 3.4cm。

该种引信除了保险装置未解除者外，不能直接将引信从炸弹中旋出。所以，在一般情况下，应用炸药将其诱爆，如用 TNT 炸药，应不少于 3kg，将其放在弹体靠近引信的位置点火爆炸，如果炸弹处在重要目标不宜诱爆时，可用少量炸药放在引信旁边，将引信露于体外部分炸掉，达到破坏其延期电路的目的，使炸弹失去延期爆炸的可能，再将炸弹运至安全地点实施诱爆。

3．250lbMK81 Modl 低阻爆破弹

按反时针方向从弹体上旋出引信（可用扳手插入连接件的扳手孔内，将连接件和扩爆筒一起旋出），旋下扩爆筒和起爆筒，按下卡销，取出柱形火帽体。取出三角雷管座，引信即失去爆炸的可能。

4．500lbAN-M64A1 通用爆破弹（带箱形安定器）

（1）用推滚炸弹的方法旋出引信：将炸弹放于平地，弹尾朝向作业手右手方向，一名作业手（组长）右手握住引信体不使其转动，另外 1～2 名作业手位于组长左侧，按组长的指挥向前推滚炸弹（按引信位置顺时针方向推滚炸弹）。组长应时刻注意引信的松紧程度，如感到引信松动，说明反拆卸钢珠进入深槽，可继续滚动炸弹；如感到引信由松变紧，说明反拆卸钢珠进入浅槽，应立即停止向前滚动，然后慢慢向回滚动（不超过半圈即可），待引信松动后，再继续按原来方向向前推滚，直至将引信旋出为止。

（2）拆卸套管：由于引信的套管与弹体是用螺钉或铆钉固定的，故需用解锥取出螺钉或用钢锯靠近弹体锯断铆钉，再用扳手按反时针方向旋动套管，即可将套管连同引信一起取出。该方法可使反拆卸钢珠不起作用。欲分解引信，可按推滚炸弹旋出引信的方法进行。

5．AO-25-33 杀伤弹

用扳手按顺时针方向旋下引信，再旋下起爆管，炸弹即失效。

6. AO-2.5СЧ 杀伤弹

如果弹箱未被打开而落地，应首先按反时针方向将弹尾的 TM-24Б 定距引信旋下，并旋下引信下端火帽座。取出引信室内的黑火药盒。卸下弹箍上的螺栓，将弹箍移向弹尾或弹头，拔掉装弹窗盖一侧的两个铰链插销，打开装弹窗盖，即可按 AO-2.5 СЧ 杀伤弹从弹箱中取出。取出的杀伤弹没有进入战斗状态，可将引信旋下，并旋下起爆管，炸弹即失效。

7. BLU-3/B 杀伤弹（"菠萝"弹）

左手握弹，弹头朝前，用解锥将弹盖的 6 个压合孔下凹部均匀撬起，保险簧即自行将弹盖连同击针弹出。如炸弹未解除保险落地，应先将 T 形钢片取下，翼片即可自行弹起，这时，引信会发出"沙沙"的声音，这是活动火帽座移动位置时，减速轮齿组发出的声音，且不可将弹掷出。将引信盒按反时针方向从弹体上旋下，揭开底部锡箔，取出雷管，炸弹即失效。如需分解引信盒，可把引信盒放在带酸（或碱）性的水中浸泡十天左右，使火帽失效，用齐头竹签将火帽顶出。把引信盖和引信盒接缝处的密封胶除去，倒置引信，将引信盒支起，使引信盖悬空，用小冲子插入放置雷管的圆孔内将引信盖冲出，即可分解内部零件。

8. 球形钢珠弹

炸弹落地后如有陆续爆炸现象，表明是延期的，应在 6h 后再接近弹落区域找未爆炸弹。如无陆续爆炸现象，表明是瞬发的，可以接近弹落区。未爆的球形钢珠弹，如不使其过分震动或滚动，一般不会爆炸。排除时，为简化作业，可轻轻将其捡起，集中进行诱爆。如需拆卸，可用钢锯将弹体上的金属箍据断，将弹体两半球体分开，取出引信。揭下引信盒外面的锡箔，取出雷管，炸弹即失效。如需取出火帽，须从引信侧部中间锯断引信盒，取下击针弹簧片和方形离心块，使转盘转动 90°。这时火帽即对正雷管室，用直径 2～3mm 的齐头竹签从雷管室内插入，轻轻把火帽顶出。

如需拆卸延期球形钢珠弹，应在投弹后超过 3～5 天进行，其拆卸方法与拆卸瞬发球形钢珠弹相同。

9. "柑子"弹

"柑子"弹落地时，有的没有解除保险；有的虽已解除保险，但击发装置或雷管发生故障而不能爆炸。为保证安全排除，对"柑子"弹一般不进行拆卸，而用炸药将其诱爆。也可用带钩的绳索对其进行拖拉，然后再捡起集中销毁。在特殊情况下或需获取样品，也可对其进行拆卸。拆卸时，一手抓住弹体，另一手按反时针方向旋下尾翼，取出引信，炸弹即失效。如需从引信中取出活动雷管座，先卸下引信底盖即可将其取出。

10. ОФАБ-100М 杀伤爆破弹

用手或扳手按反时针方向旋下引信，再旋下起爆管。拧出引信体下端侧壁的螺钉，取出延期药座和火帽座。旋掉打火筒上端的螺帽，使打火筒和惯性筒从引信体下端滑出，取出装有硝化棉火药的衬筒。如果炸弹落地时，旋翼控制器没有发火，则引信处于安全状态。应首先从弹体上将引信旋下，旋下起爆管，取出火帽座。然后，拧下旋翼控制器的击地筒和延期管，旋下带旋翼的保险筒，使保险块自动脱落，旋下打火筒顶端的螺帽，使打火筒、惯性筒从引信体下端滑出，再取出装有硝化棉火药的衬筒。

11．БРАБ-500М-55 穿甲弹

用手或扳手按反时针方向旋下引信，再旋下起爆管。用尖嘴钳或其他合适的工具，插入雷管固定座的两个扳手孔内，按反时针方向旋下雷管固定座，取出雷管。从引信体内倒出下延期药盘，引信即失效。

为检查活动火帽和上延期药盘中的延期药是否存在，应首先旋出螺圈，取出引信盖，并使上延期药盘和引信盖分开；旋下火帽簧螺塞，取出火帽。如火帽未发火或延期药未燃烧，还应再旋下螺塞，取出火药块。

12．MK118 反坦克弹

（1）拆卸尾部机构：将炸弹挖出，一手握住弹体，一手用解锥或其他合适的工具将尾翼金属箍的齿从尾盖的环槽内撬出，将翼尾卸下，这时尾部机构即与弹体分离，最后将半尾部机构和通向弹体的导电线分开。

如欲将尾部机构中的火工器取出，应首先卸下起爆管，再将惯性着发机构中的钢柱从底部卸下，倒出针刺雷管。撬开引信外壳下部侧壁与引信体之间的扣合点，将引信体从引信外壳的下部抽出。如果旋转雷管座已经转正，即可用齐头竹签从引信体下部通过起爆管孔向上将电雷管顶出。如果旋转雷管座尚未转正，将引信体从引信外壳中取出时则会听到"沙沙"的声音（这是钟表装置在带动旋转雷管座旋转），声音停止后，应从引信体上部中心孔中拨动旋转雷管座，使其继续转动，直至转不动为止，然后再按上述方法顶出电雷管。

（2）拆卸头部机构：用钢锯从辊口靠近击发体一侧（稍离开辊口）锯断，将头部引信体和弹头部分开，即可抽出压电部件。因火帽在压电部件中，应妥善保管。

13．ТАБ-2.5 反坦克弹

从炸弹尾部旋下引信，再从引信上旋下扩爆管。

14．АБ-100-114 燃烧弹

从引信室内旋出引信，从引信上旋下传爆管，炸弹即被排除。为使引信更加安全，须取出抛射管。取出的方法是：首先从引信体上旋出头部罩（头部罩上有两个扳手孔），用起子从头部罩下部侧面的圆孔内旋出定位螺钉，用一小圆棒从对面圆孔内顶压限制销，抛射管连同限制销即可被顶出。

两个火帽和延期药盘及延期体等可留在引信内，无危险。如需取出，将有关零件卸下即可将其从引信内取出。需要注意的是，如果调整螺钉外面有塑料片，须先将其取下，然后将调整螺钉全部向里拧紧，延期体即可从引信体下端被倒出。

15．50lbM116A2 火焰弹

旋下头部引信和尾部引信，从引信体上旋下传爆管。如需取出火帽，则首先从引信体上旋下头部组合件体，使惯性筒和惯性体脱离保险螺杆，装有火帽的惯性筒即可与惯性体分离。

3.8 未爆弹药的装卸和运输

未爆弹药转移处置的情况下，需要进行装卸和运输。装卸和运输是弹药销毁中危险性很大的工作环节，必须采取一定的安全技术措施、严密组织方可实施。

3.8.1 未爆弹药的分类包装

（1）分装前，应首先鉴别待销毁器材的类型和技术状态，将非爆炸品分离，进行分类和技术处理。清点器材数量，按物品的种类和危险程度进行分类装箱。分装作业须有专业技术人员指导。

（2）分装的原则是：带有引信和不带引信的弹药分装；炸药、火药要与弹药、起爆器材分装；炸药与火药分装；引信、底火、火帽、点火器材要与弹药、火炸药分装；雷管要与其他爆炸物品分装，并按品种不同单独分装；爆炸品、燃烧品、毒品要单独分装；品种不明的弹药要单独分装，状况不明的报废地雷爆破器材不得装车运输。

（3）包装箱应坚固，要将箱内的弹药装稳卡牢。尤其是带引信的弹药，在箱内应装有起稳固作用的挡板或引信护罩，防止在装卸搬动或在汽车转弯、刹车时发生撞击而出现意外。包装火帽、雷管和引信时，箱内周围和空隙应用软质不燃的填充物塞紧垫稳。电雷管和火雷管要分开装箱，并用松软的填充物品挤紧挤严，但又要防止异物进入火雷管内部。运输火雷管时，雷管口不得朝下倒放。

（4）对于特别敏感的弹药，最好装在专用的爆炸品保险箱内运输。对于感度高的弹药，如黑色火药、胶质炸药、各类火工品等，除做好防撞击、摩擦、振动的防护措施外，还可加以钝化处理。如起爆药，可以用水或其他钝化剂进行浸润。液体硝化甘油不应长途运输。属于冻结和半冻结的硝化甘油及硝化甘油类混合炸药，需要解冻后才能运输。解冻后的硝化甘油，可与甲醇、甲苯、二氯乙烷等制成溶液，或者用细粉状惰性物质混合，使硝化甘油含量不超过5%，就比较安全。硝化棉含5%的水或浸入水中也比较安全。

黑火药遇火焰、火花很容易引燃，在密闭条件下或数量大时会燃烧转爆轰。一般在运输前进行潮湿，当含水量超过2%时失去引燃能力；起爆药感度高，运输前先在机油中浸泡6~24h进行钝化，废药与机油质量比约2∶1。

（5）在挖掘过程中直接装入木箱内的弹药。运入销毁场后，连同木箱一并卸入爆破坑内销毁。

（6）其他单质猛炸药，要求做到不混装，不散失，并做好防火和防机械作用及防静电措施。

3.8.2 未爆弹药的装卸

（1）未爆弹药装卸时有专人在场指挥，在装卸区域周围划定警戒距离并设置警卫，无关人员不允许在场；装卸地点设明显的标识：白天应悬挂红旗和警标，夜晚应有足够的照明并悬挂红灯。

（2）爆炸物品的装卸应尽量在天气状况良好的白天进行，遇暴风雨或雷雨时不应装卸爆破器材。

（3）从仓库装车时，将当日销毁器材由专人搬上运输车辆。搬运人员经过培训合格，不得穿化纤等易起静电衣服，不得穿有铁钉的鞋，严禁烟火，严禁携带发火物品。

（4）认真检查运输车辆的完好性，清理出车内的一切杂物；禁止爆炸物品与其他货物混装，严禁雷管与炸药同车运输；装车时弹药轴线应与运输车辆运行方向保持垂直。

（5）不能装箱的大型未爆弹药可用麻绳、钢丝绳捆绑加固，利用人力或机械装卸时严禁跌落。运输车厢中应设置减震、防滚、防滑移和防撞击措施，确保运输途中安全。

（6）包装成箱的器材由专人轻拿轻放，要防止倾斜、跌落、碰撞，箱体搬运中禁止倾倒、拖拉、翻滚、倒置、抛掷。

（7）分层装载爆炸物品时，不准踩踏下层箱（袋）。

（8）按炸药与火具装载安全技术要求进行装卸车；状态不清的器材禁止装车；器材装卸"稳拿轻放"分类摆放整齐；汽车装载弹药的重量宜少不宜多，装载雷管其高度不超过两箱，装载不满时应采取固定措施；装载器材其高度应低于车厢板10cm，其重量为车辆承重的 2/3 以下；包装箱应平放，箱盖朝上，互相靠紧，弹的轴线应与汽车行驶方向垂直，使其在行车中不互相碰撞或与车厢板碰撞。当车厢装不满时，应采取防移动和防掉落措施，并用苫布盖严捆牢。装卸时司机不得离开驾驶台。

（9）由专人对每辆车的装卸类别、数量、性能进行记录，并交一份给押车人员。

3.8.3　未爆弹药的运输

（1）按运输危险品对车辆的要求选定运输车，车辆技术状况良好，配有高厢篷布、接地装置、消防设备，车厢内有防震材料，车前后有危险品标志。运输危险品要用汽车，禁止使用自卸车、拖拉机、摩托车、电瓶车、平板车、悬挂车。汽车上应配有灭火器。对选用的运输工具，事前应进行认真彻底的检查清理，车身、车厢要清洁无杂物。为防止静电引起意外事故，运输弹药的车辆，要装有接地铁链，用以泄放静电。

（2）装载废旧弹药的汽车，要派专人押运和护送，无关人员不得搭乘。驾驶员应选调技术熟练人员担任，押运人员应认真负责，且具有一定的工兵专业知识。押运和护送人员要单独备车，不准乘坐在装有弹药的车厢上。从装车开始，押运和护送人员就应注意弹药的装载、车辆行驶情况，熟悉运输沿途的道路情况，严防装载的物品丢失或发生其他事故。

（3）开车前应检查码放和捆绑有无异常。

（4）按高危险品安全运输要求行驶运输，行车路线应尽量避开人烟集中的居民点。禁止在城镇内穿行。短途运输时，必须采取交通临时管制措施。长途运输时，要选择在行人车辆最少的时刻通行，避开人流和车流高峰。

（5）汽车行车速度限制为一、二级公路 25km/h，三级公路、道路不平、人员积聚稠密的地区 10km/h；行驶过程中前后两车距离要大于 50m，上山或下山不小于 300m。行驶中不得随意停车、超车、急刹车，以免相互撞车或殉爆，且途中一般不要停车休息，如因路途较远，需中途休息时，应经押运的负责人同意，将车停放在距居民点和交通主道200m以外的安全地点，并将发动机关闭。

（6）运输特殊安全要求的器材，应按照生产企业或上级单位提供的安全要求进行。

3.8.4 未爆弹药储存要求

（1）未爆弹集中保管时，不得存放在正常弹药库房中，需存放在与正常仓库有安全距离的独立库房中。

（2）具有或疑似化学弹等特殊弹种需单独存放在专用仓库。

（3）状况不清的未爆弹，需要在独立库房存放，必要时在未爆弹周围设置沙袋进行防护。

（4）可根据引信类型，将配用机械引信、机电和无线电引信的未爆弹分开存放。

（5）未爆弹应平放在库房地面上，并相隔一定间距。对于平放不稳定的未爆弹需用沙袋垫稳。

（6）未爆弹储存时间不宜过长，应尽早处置销毁。

（7）未爆弹存放登记、保管等业务参照仓库管理规定。

第4章 未爆弹药销毁技术

本章主要介绍未爆弹爆炸法、燃烧法销毁技术和新技术。爆炸法可以分为原地炸毁法和野外炸毁法，野外炸毁法主要指转移后用爆炸的方法进行的销毁作业。

4.1 原地炸毁法

4.1.1 炸毁法原理

未爆弹药具有一定的爆炸性，炸毁法的原理就是利用被销毁弹药的爆炸性，取一定数量性能良好、威力较大的炸药放在废旧弹药之上作为起爆体，远距离引爆起爆体，起爆体爆炸的冲击破坏作用将未爆弹药诱爆；对于金属壳材料较厚的废旧弹药，起爆体应采用聚能装药进行诱爆；失去爆炸性能的废旧弹药或无爆炸性能的雷（弹）壳等亦将会被炸碎而得以彻底销毁。

根据爆轰物理学知识，能否可靠诱爆未爆弹药的关键在于起爆体能量的大小。提高起爆体起爆能量的途径主要有3种：一是改善主装药的性能，使其具有更高的起爆能量；二是改变装药结构，利用聚能效应使起爆能量在某一方向上集中；三是改变起爆方式，利用爆轰波相互作用提高起爆能量。由于受多种因素的限制，主装药的选择是十分有限的，提高其性能相对困难，因而改变起爆体起爆能力的主要途径是改善装药结构和起爆方式。在尽可能小的炸药当量条件下，提高起爆体的起爆能力，以利于对待销毁报废弹药实施可靠起爆和安全销毁。

无论是装药诱爆弹药还是聚能装药引爆弹药，都是冲击波作用的结果。为进一步了解炸毁法销毁原理，现给出装药诱爆弹药和聚能装药引爆弹药的机理及其判据。

1．非均相炸药冲击起爆机理及判据

1）起爆机理

冲击波对于均相（密度连续）炸药的起爆，大部分可以用热起爆机制进行解释。冲击波对非均相（密度不连续）炸药的起爆理论研究较多，但目前为大家所能够普遍接受的是，冲击波直接地对炸药进行不均匀加热，在其内部产生热点，进而使炸药分解，最后引起炸药爆炸。因此，对均相炸药和非均相炸药冲击起爆的区别主要在于，前者是均匀加热，后者是非均匀加热，但使其加热的初始能量都来自于冲击波。

非均相炸药一般指炸药在浇注、压装、结晶等过程中因各种原因引起的具有一定气泡、空穴和杂质的炸药。现实中所使用的固态凝聚炸药，在散装、浇铸、压装过程中晶粒周围都或多或少地保留有部分空隙。通常将炸药空隙的总体积与炸药的总体积之比称为孔隙度，使用孔隙度能够描述炸药的松散程度。常见装药中，孔隙度最大的装药是散装装药，能够达到 50% 以上；孔隙度最小的是压装装药和铸装装药，仅为 1%～4%；传爆药的孔隙度介于两者之间，一般为 5%～10%。当冲击波进入装药之后，上述的空气隙或气泡由冲击作用进行绝热压缩，考虑气体的比热容小于炸药晶体的比热容，因此被压缩的气泡的温度高于炸药晶体的温度，即出现热点。事实上，在炸药内部，具有孔洞、空隙的部位，是最容易在冲击作用下产生热点的地方。由于气泡、空穴和杂质等的存在，导致非均匀炸药比均相炸药更加容易被冲击起爆，这主要是因为非均相炸药的力学性质不一致，易于在冲击波作用下形成热点，这些热点是形成整个爆炸反应的起源。

热点的形成还可能是由于一些力学作用，如晶体颗粒之间的摩擦，晶体颗粒与杂质颗粒之间的摩擦，在空穴附近因不连续所引起的剪切，弹塑性形变所导致的局部剪切或断裂，晶体的缺陷，冲击与加载产生的相变等。关于冲击作用下热点形成的力学机制，主要有以下 4 种观点：

（1）流体动力学热点。冲击波进入炸药后，与密度不均匀界面或空隙界面发生作用，使这些部位的气体与炸药产生汇聚流动，形成局部高温区域。

（2）晶体的位错运动和晶粒之间的摩擦产生的热点。炸药在加工、运输等过程中，因摩擦、变形或黏性耗散，部分机械能转变为热能，进而形成热点。

（3）剪切带形成的热点。因为热塑性失稳或熔化等原因，炸药内部产生剪应变，形成局域化的变形带，炸药变形过程中由于局部的塑性功作用形成热点。

（4）微孔洞弹黏塑性塌缩形成热点。这是目前研究较多的一种机制，基本思想是把炸药中的微孔洞设想为空心球壳的元胞，在一定的压力作用下元胞向内塌陷，塌陷过程中元胞内壁塑性变形最大，形成局部高温区。

2）冲击起爆判据

当冲击波进入炸药以后，其能量转化为热能和冷能两部分，但总能量保持不变。国外弹药专家（Walker 和 Wasley）基于上述思想，提出了关于冲击起爆的 pt 判据，pt 判据的具体表达式为：

$$p^2 t = C$$

式中：p 为冲击波压力；t 为冲击波来回传播的时间；C 为常数。

$p^2 t$ 表明，当起爆能量达到某一临界值，炸药就能发生爆炸，也就是说起爆能量必须达到一个最小限度，这个能量最小限度就是临界起爆能量。

推广到一般的高能混合炸药，p 的指数的取值范围一般为 $n=2.6\sim2.8$，则一般高能混合炸药的起爆判据表达式为

$$p^n t = C \tag{4-1}$$

2．聚能装药射流引爆炸机理及其判据

1) 射流引爆炸药的机理

射流对于裸露炸药或弹壳后装药的冲击起爆，是一个非常复杂的多因素问题，受到射流本身参数的影响，又与被发炸药的起爆性能、几何尺寸和盖板厚度、材料等密切相关，目前仍处于研究阶段。关于射流引爆带弹壳装药的机理，主流观点有以下 3 种：

（1）冲击起爆机理。射流侵彻靶板时会产生冲击波，炸药在金属射流作用下的起爆，可以认为是冲击波引爆。金属射流作用于被发装药壳体，其内部装药会产生强烈的射流冲击波，当这种冲击波在炸药中产生的压力超过炸药临界压力时，炸药就会产生爆炸。金属射流冲击起爆未爆弹的模型，可以简化为射流和弹壳后装药的作用模型。金属射流引爆未爆弹的作用过程如图 4-1 所示。

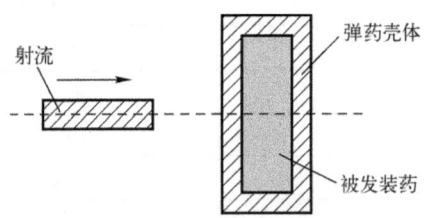

图 4-1　金属射流引爆未爆弹药原理模型

（2）弯曲冲击波起爆机理。相比于被发装药尺寸，射流直径很小，当射流侵彻盖板的速度超过声速时，会在射流头部形成弯曲冲击波，弯曲冲击波会先于射流进入被发炸药，当冲击波对炸药的作用强度和作用时间达到某一临界值时，弹体装药受弯曲冲击波的影响就会引发爆炸。试验中已经发现，当射流尚未穿透弹壳，其下方的炸药已经爆轰；很厚弹壳中射流严重衰减，失去继续侵彻能力，但它先前驱动的弯曲冲击波入射至炸药，仍可以引起爆轰；很多情况下，射流直接侵彻炸药引起的弯曲冲击波的压力高于它侵彻弹壳再入射至炸药的冲击波压力。图 4-2 为射流激起的冲击波示意图。

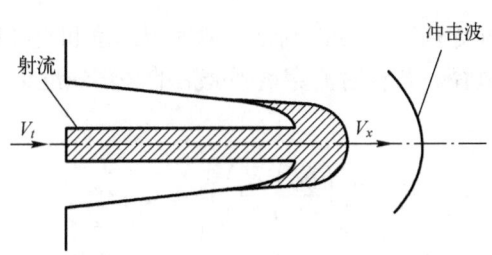

图 4-2　射流激起的冲击波示意图

（3）热效应引爆机理。当金属射流入射被发装药后，能够在其中引发急剧的温度变化，由于炸药的热感度具有一定的阈值，这也限制了其热安定性，在一定温度范围内，超过这个温度范围必然引起炸药的热爆炸。金属射流冲击时产生的温度，远大于多数炸药的热感度范围，可以说金属射流的高温能够引燃或引爆被发装药。金属射流作用于弹体装药时,对其炸药的撞击和摩擦消耗了部分能量,这部分能量以热能的形式传递给炸药,在炸药内产生"热点",引发炸药爆炸。

2)射流冲击起爆判据

held 研究了利用不同直径的金属射流引爆裸装高能炸药的情况,提出并定义了射流引爆炸药的 held 判据,其表达式为

$$V_j^2 d = K \tag{4-2}$$

式中:V_j 为射流的速度(计算方法见《弹药工程概论》);d 为射流的直径;K 为炸药的感度常数,其常数由试验确定。held 给出了几种典型炸药的感度常数,如表 4-1 所列。

表 4-1 几种典型炸药的感度常数

炸药	$V_j^2 \times 10^3/$ (m³·s⁻²)	炸药	$V_j^2 \times 10^3/$ (m³·s⁻²)
HNAB	3	9406	40
PBX-9406	4	Tetryl	44
RDX/WAX (88/12)	5	Detasheer C3	36～53
TNT/RDX (25/65)	6	C-4	64
PETN (1.77)	13	TATB	108
Comp-B	16	9502	128
H6	16.5	—	—

3)射流对弹壳后装药起爆判据的修正

聚能射流对裸装炸药的引爆判据一般使用 held 判据(式(4-2))。由于射流侵彻弹壳过程中会产生先驱冲击波,先驱冲击波对被发炸药具有一定的减敏作用,致使射流侵彻弹壳后装药的感度常数高于裸装炸药的感度常数。因此,对盖板后装药引爆的 held 判据必须经过修正才能使用。

射流引爆带有弹壳的炸药时,held 判据中的射流速度和直径应该为射流穿透弹壳后侵彻被发炸药的速度和直径。若将射流穿透弹壳后的头部速度记为 V_r,则其表达式由下式给出:

$$V_r = V_{j0} \left(\frac{\delta_b + H}{H} \right)^{-\gamma_1} \tag{4-3}$$

式中:V_{j0} 为初始射流的头部速度;δ_b 为盖板厚度;H 为炸高;γ_1 为弹壳密度与射流密度之比的平方根。

若将射流侵彻被发炸药的速度设为 V_P,则 V_P 的表达式为

$$V_P = \frac{V_r}{1+\gamma_2} \tag{4-4}$$

式中:γ_2 为被发炸药密度与射流密度之比的平方根。

对于射流侵彻被发装药直径的计算，可由射流侵彻弹壳的孔径 d_1 得到，即

$$d_{\delta r} = \frac{d_1(1+\gamma_1)}{V_r}\sqrt{\frac{2\sigma_t}{\rho_j}} \tag{4-5}$$

式中：d_1 为弹壳的侵彻孔径；σ_t 为弹壳屈服强度；ρ_j 为射流材料密度。

将射流侵彻被发炸药的速度和直径带入 held 判据，则射流穿透弹壳引爆炸药的判据修正为

$$K = V_P^2 d_{\delta r} = \left(\frac{V_r}{1+\gamma_2}\right)^2 d_{\delta r} \tag{4-6}$$

综合以上各式，得到射流引爆弹壳后装药判据公式为

$$K = \left(\frac{1}{1+\gamma_2}\right)^2 \left[V_{j0}\left(\frac{\delta_b+H}{H}\right)^{-\gamma_1}\right]^2 \frac{d_1(1+\gamma_1)}{V_r}\sqrt{\frac{2\sigma_t}{\rho_j}} \tag{4-7}$$

将射流侵彻弹壳的参数代入式（4-7），即可得到射流引爆弹壳后装药的判据。对于给定材料的药形罩产生的金属射流，侵彻给定材料的弹壳和被发装药，γ_1 和 γ_2 的值是一定的，表 4-2 所列为铜射流穿透不同靶板后引爆 Bomb-B 炸药的 γ_1 和 γ_2 的值。

表 4-2　铜射流穿透不同材料后引爆 B 炸药的 γ_1 和 γ_2 的值

材料	γ_1	γ_2
钢	0.936	0.439
水	0.335	0.439
泥土	0.449	0.439

需要说明的是，当弹壳材料与被发炸药密合时比两者之间存在一定的间隙时更难起爆，其原因主要是弹壳与被发装药密合时，射流产生先驱冲击波对被发炸药的预压对被发炸药具有减敏作用，降低了其冲击波感度。当弹壳和被发炸药存在间隙时，可以消除先驱冲击波的影响，同时射流穿透弹壳时产生的破片能够有更大空间向四周喷射，增大了被发装药的加载面积，这对于其冲击起爆是有利的。

3．不利条件下聚能装药销毁效果模拟验证

使用聚能装置销毁弹药过程中可能遇到一些比较苛刻或不利条件，有必要对其销毁效果进行验证。聚能装置的主装药为 8701 高能炸药，外观呈圆柱形，直径 40mm、高 60mm；装药外壳采用钢材料，厚度 2.0mm；药形罩采用圆锥形结构，材质为紫铜，壁厚 1.5mm，锥角 50°。

1）不同炸高条件下销毁效果的验证

炸高是指聚能装药在爆炸瞬间，药型罩的底断面至靶板的距离（图 4-3）。炸高对于聚能射流的侵彻能力影响很大，太小的炸高会限制射流的长度，从而降低侵彻深度；太

大的炸高会使射流产生径向的分散、摆动或断裂,从而降低侵彻深度。随着聚能装药炸高的增加,聚能射流对靶板后炸药的冲击起爆能力会出现先增加后减小的情况,在聚能装药与弹药壳体之间明显存在一个冲击起爆效应的极值点,这个炸高的极值点通常称为最有利炸高。

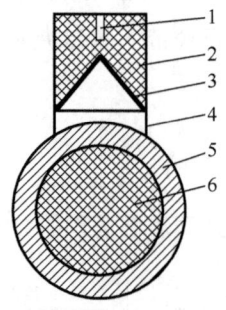

图 4-3　聚能装药销毁弹药设置示意图

1—起爆雷管;2—聚能装药;3—药形罩;4—炸高;5—弹药外壳;6—弹药装药。

设药形罩底断面的直径为 D,炸高为 H,研究表明,在一定范围之内,随着药型罩锥角的增大,有利炸高会增大,圆锥形聚能装药的有利炸高与装药直径之比为 1.4~1.8。为了验证设计的聚能装置的冲击起爆能力,有学者用 LS-DYNA 软件,对聚能装置销毁炸高为 $H=0D$ 和 $H=10D$ 的弹药销毁进行了研究,以验证其在极小炸高和极大炸高两种极端条件下的冲击起爆能力。数值结果表明,在 $H=0D$ 和 $H=10D$ 两种极端情况下,聚能装置均成功引爆弹药壳体壁厚为 30mm 的装药。表 4-3 所列为两种情况下的有关参数。

表 4-3　极端炸高条件下冲击起爆有关参数

H /mm	V_{j0}	V_r	V_p	d_1	$d_{\delta r}$	K	引爆时刻 /μs
	/(m/s)			/mm		/($\times 10^3$ m^3/s^2)	
0	6810	2450	1711	9.22	6.50	19.03	26
400	6330	5140	3574	4.00	1.35	17.24	94

表 4-3 中,H 为炸高、d_1 为射流穿孔直径、V_{j0} 为射流头部初始速度、V_r 为射流穿透弹药壳体后头部剩余速度、V_p 为剩余射流侵彻被发装药的头部速度、$d_{\delta r}$ 为剩余射流侵彻被发装药的头部直径、K 为 held 判据冲击起爆常数。对比数据可以看出,$H=0D$ 时射流侵彻被发装药的头部直径大、速度低;$H=10D$ 时射流侵彻被发装药的头部直径小、速度高,两种极端情况下理论计算的 K 值均大于被发装药的感度极限值 16×10^3 m^3/s^2,表明射流的冲击起爆能力都达到了被发装药的冲击起爆感度极限。主装药装 8701 高能炸药,外观呈圆柱形,直径 40mm、高 60mm;装药外壳采用钢材料,厚度 2.0mm;药形罩采用圆锥形结构,材质为紫铜,壁厚 1.5mm,锥角 50°。

2）未爆弹药外有水和土壤覆盖层时销毁效果的验证

对弹药进行现地销毁的过程中，可能遇到的情况是弹药淹没在水中或掩埋在地下，有必要对水下和土壤下环境的弹药销毁情况进行研究。为了更好发挥聚能装置的威力，取炸高为1倍装药直径，即取 $H=1D$，分别对不同厚度的水和土壤下的弹药模型进行冲击起爆。

当炸高 $H=D=40$mm 时，设覆盖在弹药上的水或土壤厚度为 δ_1，取水密度 $\rho_w=1.0$g/cm^3，土壤密度 $\rho_s=1.8$g/cm^3。模拟结果表明：$\delta_1=40$mm 时，聚能装置可以引爆弹药壳体壁厚为 30mm 的装药；$\delta_1=80$mm 时，聚能装置无法引爆待销毁弹药。具体参数如表4-4所列。

表4-4 未爆弹药外有水和土壤覆盖层时销毁效果的有关参数

覆盖材料	δ_1 /mm	V_{j0}	V_{r1}	V_{r2}	V_p	d_2	$d_{\delta r}$	K	引爆时刻 /μs
		/（m/s）				/mm		/（×10^3 m^3/s^2）	
水	40	6850	5570	3870	2691	5.48	2.45	17.74	54
土壤	40	6850	5110	3330	2316	8.60	4.46	23.92	42
水	80	6850	4760	3240	2253	4.72	2.52	12.79	未起爆
土壤	80	6850	3980	2180	1516	7.64	6.06	13.93	未起爆

表4-4中，δ_1 为覆盖在待销毁弹药上水或土壤的深度、V_{j0} 为侵彻水或土壤前射流头部初始速度、V_{r1} 为射流穿透水或土壤后头部剩余速度、V_{r2} 为射流穿透弹药壳体后头部剩余速度、V_p 为剩余射流侵彻被发装药的头部速度、d_2 为射流对弹药壳体穿孔直径、$d_{\delta r}$ 为剩余射流侵彻被发装药的头部直径、K 为 held 判据冲击起爆常数。可知，在 $H=1D$ 条件下，聚能装置均可以起爆深度为 40mm 的水和土壤下的待销毁弹药，但不能引爆深度为 80mm 的水和土壤下的待销毁弹药。对于水和土壤，其深度应该有一个引爆极限值，该极限值介于1倍装药直径到2倍装药直径之间，即 $\delta_1=（1\sim2）D$。

需要说明的是，在相同条件下，使用聚能射流对水下待销毁弹药的销毁比对土壤下待销毁弹药的销毁困难，在水中射流虽然可以获得较高的头部速度，但水的流体特性限制了射流的直径，从而影响了聚能射流的冲击起爆能力。

3）极大壁厚弹药销毁效果验证

前述验证时未爆弹药壳体厚度均取 30mm，虽然能满足绝大部分弹药的实际情况，但在极少数情况下可能遇到极大壁厚弹药，或由于待销毁弹药起爆部位的限制不得不在极大壁厚条件下引爆，因此有必要对极大壁厚弹药的销毁效果进行验证。

为了充分发挥起爆装置的威力，选择炸高 $H=1.5D$，根据实体形状建立待销毁弹药的有限元模型，分别选择弹药外径 16cm 和 20cm，壳体壁厚 5cm 和 6cm 的弹药。

数值模拟结果表明，在 $H=1.5D$ 下，采用设计聚能装置均能成功起爆被发装药。

表4-5给出了聚能装置对外径 16cm、壁厚 5cm 及外径 20cm、壁厚 6cm 的大壁厚弹药销毁的有关参数，表中 δ_d 为弹药壳体厚度，其余参数含义同前。

表 4-5　聚能装置销毁大壁厚弹药参数

H /mm	δ_d /mm	V_{j0} /(m/s)	V_r /(m/s)	V_p /(m/s)	d_1 /mm	$d_{\delta r}$ /mm	K /($\times 10^3$ m³/s²)	引爆时刻 /μs
600	50	6750	3450	2399	7.46	3.74	21.52	51
600	60	6750	2750	1912	6.54	4.11	15.03	54

值得注意的是，对于外径 16cm、壁厚 5cm 的弹药，被发弹药首先被引爆的部位位于被发装药与弹壳内壁交界处，这可能是射流产生的先驱冲击波传递至弹药内壁面后造成反射和叠加引起的。对于外径 20cm、壁厚为 6cm 的弹药，数值模拟得出的感度常数值 $K=15.3\times10^3$ m³/s²，略低于 Bomb-B 炸药的冲击感度常数阈值，但被发装药依然被引爆。以上两种情况说明，对具有封闭壳体的弹药的起爆，要比无约束的无限域中被发装药的起爆容易。

上述验证结果表明，在前述聚能装置的条件下，能引爆炸高为 0mm 和炸高为 400mm 条件下壁厚为 30mm 的待销毁弹药；在 40mm 炸高下，能引爆被厚度为 40mm 的水和土壤覆盖的壁厚为 30mm 的待销毁弹药，不能引爆厚度为 80mm 的水和土壤覆盖的壁厚为 30mm 的待销毁弹药；在 60mm 炸高下，能引爆外半径 16cm、厚度 5cm 和外半径 20cm、厚度 6cm 的待销毁弹药。

4.1.2　炸毁药量

单个起爆体药量根据弹药的直径、壁厚等具体情况确定。一般单个起爆体药量为 0.2～5kg。聚能切割器装药量根据弹体壁厚确定，一般为 150g/m～1.5kg/m。

（1）航空弹药：单个航弹诱爆药量见 4-6。

表 4-6　炸毁航弹诱爆用药量表

航弹全重/kg	25～50	100	250	500
引爆药量/kg	0.5	1	2	5

（2）炮弹：单发炮弹销毁诱爆药量见表 4-7。

表 4-7　爆炸法销毁未爆炮弹诱爆用药量表

炮弹直径/mm	37～76	80～105	105～150	150～200	200～300	300～400	400 以上
引爆用药量/kg	0.2	0.4	0.6	0.6～1.0	1.0～2.0	2.0～3.0	3 以上

（3）混凝土破坏弹：常见的大口径混凝土破坏弹有 200mm、300mm 及 320mm 几种。混凝土破坏弹的外壳都很厚，大口径混凝土破坏弹弹体厚 25～51mm。由于这种弹的弹体厚，所以也难于诱爆，通常需要 3kg 以上的药包，也可用聚能装药诱爆。

4.1.3 装药设置部位与方法

1. 装药设置部位

对于不同弹种,由于内部结构不同装药位置也不同。装药主要应设置在弹体上方或侧方,位于内部有装药、发射药、火药且壳体较薄的位置,确保能够诱爆所有的装药,不留隐患。对串联二级装药的未爆弹,应在每个装药外侧设置诱爆装药,对过期或废旧火箭弹,应在火箭发动机推进剂和主装药部位均设置诱爆装药(图 4-4(b))。子母弹总壁厚较大,不利于殉爆,装药要覆盖整个弹体,药量也要加大 3~5 倍(图 4-4(g))。混凝土破坏弹头部壁厚很大,装药设置在圆柱部靠近尾部,同时可以在弹底设置装药(图 4-4(h))。手榴弹、炮弹、航弹、迫击炮弹、穿甲弹炸毁时的装药设置部位具体见图 4-4 中(a)、(c)、(d)、(e)、(f)。

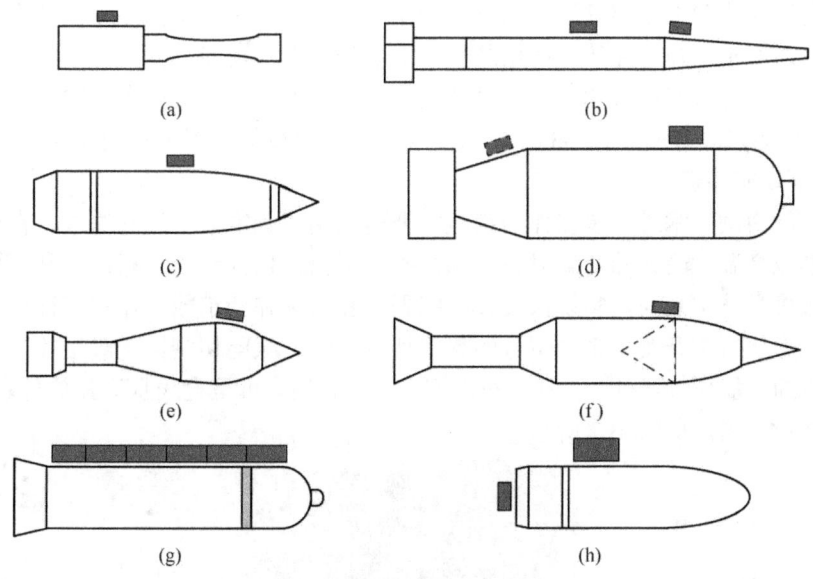

图 4-4 未爆弹装药部位示意图

2. 设置方法

诱爆装药通常设置在弹体上方,分为装药直接接触弹体和装药非接触弹体两种。对于危险性极大或着地姿态不稳定的未爆弹,可以制作一个临时架子,将装药悬空在弹体上方,尽量使装药靠近弹体,可以防止因接触带来的扰动,药量也应适当加大。对于相对较安全的未爆弹,直接将装药放置在弹体上方,有条件的可以适当固定防止装药滑移,应小心操作点火管或电起爆线路,防止带动装药滑移。

装药形状尽量设置成类似 200gTNT 药块的形状,200gTNT 为长方体,长宽高分别用字母 L、B、H 表示,$L\approx 10cm$,$B\approx 5cm$,$H\approx 2.5cm$。装药高度要小于接触弹体底面中的短边,即 $H\leqslant B$,B/H 为 1~3 比较合适。

装药尽量贴近弹体,弹体上有土等覆盖物时可以轻轻清除,以加大诱爆效果。当弹体上方土不宜清除,且覆土很薄时可以加大药量。当弹体上方土不宜清除,且覆土较厚时可以采取聚能引爆弹或继续开挖未爆弹,设置如图 4-5 所示。

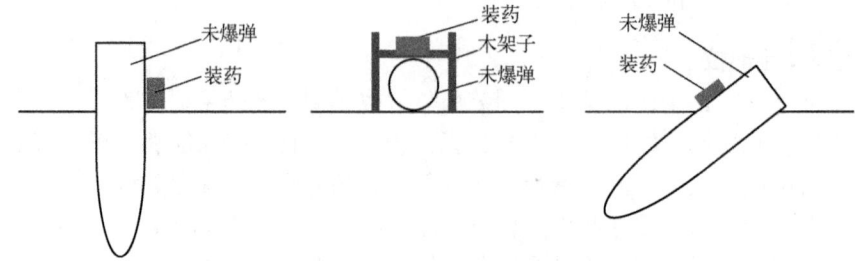

图 4-5　未爆弹装药设置示意图

4.1.4　聚能金属射流销毁技术

聚能金属射流销毁主要有聚能切割器和聚能引爆弹。聚能切割器主要利用炸药爆炸形成的金属射流侵入弹药壳体内诱爆装药,对于失去爆炸功能的弹药可以将其弹丸壳体切割分离,是一种节能高效的方法。聚能引爆弹是采用聚能射流或爆炸弹丸冲击弹壳并侵入装药,引爆未爆弹的一种器材,还可以穿过一定厚度的土层引爆埋在土中的未爆弹。

1. 聚能切割装药

采用聚能切割技术进行废旧弹药销毁主要是利用"聚能效应"的原理,在聚能装药爆炸瞬间形成高温、高速的金属射流来切割破坏引信,使其无法起爆;或利用聚能射流直接冲击起爆弹体主装药,实现报废弹药销毁。在实际弹药销毁工作中,针对不同型号弹药口径、形状研制开发了多种型号的聚能切割装置。聚能切割器一般呈线状,图 4-6 所示为典型的聚能切割器外观。具体布设聚能切割器时,可呈直线状沿弹体外表面设置,也可围绕弹体一周,如图 4-7 所示。

图 4-6　典型聚能切割器

 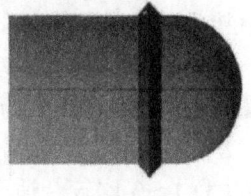

(a)　　　　　　　　(b)

图 4-7　聚能切割器设置方式

(a) 直列铺设;(b) 环向铺设。

目前生产的可连接式无炸高聚能切割器具有便于携带,威力大的特点。聚能切割器药型罩为紫铜,装药高度5.5cm,单个长度10cm,两端有连接件可以组合使用,一段有雷管孔,无炸高设计。切割钢板厚度约3.5cm,用于销毁一般未爆弹可以诱爆。切割器外形如图4-8所示。

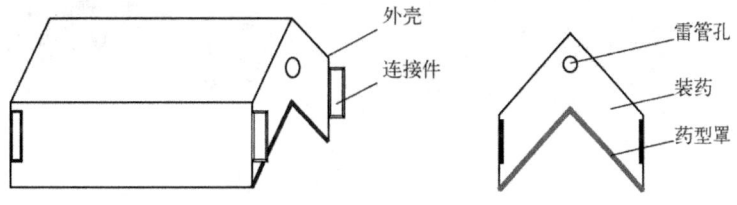

图4-8 聚能切割器示意图

2. 聚能引爆弹(图4-9~图4-11)

聚能引爆弹又称射孔弹,可以实现对多种地雷以及榴弹、炮弹、燃烧弹、航弹等常规弹药的销毁。聚能引爆弹通常设置于弹体的上部位置,离开一定距离打击目标,可以避免对未爆弹的直接接触。当遇到废旧炮弹夹在岩石中,人工无法将其安全移出时,可将其引爆或使其失去爆炸效能。

图4-9 射孔弹处置未爆弹药

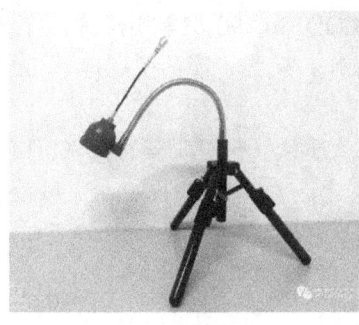 

图4-10 射孔弹设置与穿孔效果

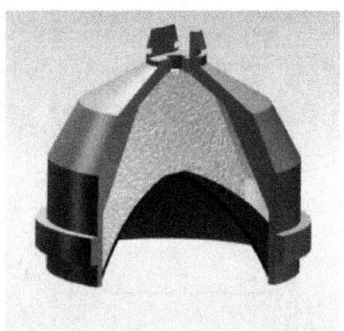

图 4-11 射孔弹结构示意图

聚能引爆弹器材参数不同，其性能也不同，可以引爆地表未爆弹，也可以穿过 10～300cm 的土壤引爆地下的未爆弹。聚能引爆弹的主要特点是减少了人员与未爆弹的直接接触，相对比较安全。下面介绍几种聚能引爆弹。

（1）SM-EOD20 聚能引爆弹。SM-EOD20 聚能引爆弹能够引爆可见的或被雪、水、土壤覆盖厚度不超过 10cm 的未爆弹，也可用于水下作业。主要技术参数如下。

直径：24mm；长度：55mm；总质量（带三脚架）：96g；炸药：HWC94.5/4.5/1；炸药质量：11.5g；药型罩材料：铜；壳体：塑料；包装：每箱 12 枚。

（2）JN-CW35 聚能引爆弹。该聚能引爆弹能够引爆裸露地面或埋于土壤 20cm 以内的未爆弹，也可用于水下作业。主要技术参数如下。

直径：35mm；长度：90mm；总质量（带三脚架）：215g；炸药：HWC94.5/4.5/1；炸药质量：55g；药型罩材料：铜；壳体：塑料；包装：每箱 12 枚。

（3）SM-EOD67 聚能引爆弹。SM-EOD67 聚能引爆弹，用于销毁各类配有电子装置的未爆弹，能够引爆可见的或被雪、水、土壤覆盖的未爆弹，也可用于水下作业。引爆弹配备有瞄准装置，可销毁距离 0.5～3.0m 的未爆弹。主要技术参数如下。

直径：70mm；长度：162mm；总质量（带三脚架）：970g；炸药：HWC94.5/4.5/1；炸药质量：444g；药型罩材料：铜；壳体：塑料；包装：每箱 16 枚。

（4）SM-EOD130/190 聚能引爆弹。SM-EOD130/190 聚能引爆弹，穿透能力强，主要用于销毁被雪、水、土壤覆盖较深的大型炸弹、航弹，能够引爆地下 2m、水深 2.5m 处的未爆弹。主要技术参数如下。

直径：198/220mm；长度：241/297mm；总质量（带三脚架）：6790/14100g；炸药：PBXN-6；炸药质量：2540/7830g；药型罩材料：铜；壳体：塑料；包装：每箱 SM-EOD130 型 6 枚。

4.1.5 起爆

采用导爆管网路、电起爆、点火管起爆均可，起爆站和人员必须撤到安全区域。安全距离根据未爆弹装药量等参数确定。

4.2 野外炸毁法

4.2.1 炸毁法原理与特点

野外炸毁法原理与原地炸毁法相同,一般将未爆弹药整齐地摆放在事先挖好的土坑、天然洞穴内,或放置在砂石坑、干涸池塘内,再诱爆。民用工业炸药近些年也被用来炸毁战争遗留未爆弹。

1. 民用工业炸药销毁未爆弹研究

销毁未爆弹一般采用高级炸药引爆,公安机关通常委托民爆公司销毁战争遗留未爆弹,民爆公司在没有TNT炸药的情况下,使用乳化炸药进行诱爆也能达到销毁目的,如图4-12所示。

图4-12 乳化炸药销毁未爆弹

1)机理

销毁机理同TNT炸药引爆未爆弹一样,只不过乳化炸药爆速较低,与TNT同等质量的乳化炸药产生的冲击波超压也低于TNT,有可能不能引爆未爆弹内的主装药。为保证效果,就应增加乳化炸药装药量。

2)乳化炸药等效药量及系数

等效药量的概念:不同的炸药,因其爆炸性能和爆炸条件不同,具有不同的爆炸效力。进行药量换算,首先需要确定一种标准炸药,然后将其他炸药的爆炸效力与它做对比。目前,国内外在结构物爆破中一般把TNT作为标准炸药。

如果某种炸药的装药形状与TNT装药呈几何相似,在其他条件相同时,其爆炸效应与一定质量TNT的爆炸效应相同,则称TNT的质量是这种炸药的等效药量。例如,接触爆破时,10kg的TNT是6.7kg黑索金的等效药量。

某种炸药的药量C_X与其等效药量C_T之间的关系用药量等效系统表示,即

$$E_W = C_T / C_X$$

药量等效系数是与单位质量的某种炸药等效的标准炸药的质量。接触爆破时,RDX的药量等效系数为:$E_W = C_T / C_X = 10/6.7 = 1.5$。

在上述公式中,C_T一般根据药量计算公式求出,如果已知某种炸药的药量等效系数E_W,就可换算出这种炸药的药量。因此,确定药量等效系数是等效药量计算的中心问题。

药量等效系数根据炸药的爆炸效力（破碎能力、做功能力、冲击波荷载）确定，根据破碎能力确定的系数适用于接触爆破，做功能力确定的系数适用于装药在目标内部爆炸，空气冲击波荷载确定的系数适用于非接触爆破。根据破碎能力、做功能力、冲击波荷载确定的等效药量系数，分别反映接触爆破、内部爆破和非接触爆破3种情况下炸药爆炸的相对效力。对于同一种炸药来说，3种情况下的等效药量系数并不一定相同。未爆弹销毁主要使用装药与弹体接触或距离很近的情况，这里重点介绍根据破碎能力确定等效药量。

当装药接触目标或在与目标极近的距离上爆炸时，爆炸作用主要是产物的直接作用，目标仅在局部发生破碎。在这种情况下，炸药的爆炸效力主要表现为破碎能力。理论与实践都表明：炸药的猛度越大，破碎能力越强。因此，不同炸药的破碎能力可以通过猛度的大小做比较；药量等效系数可通过与TNT炸药比较猛度而得出。几种常见炸药根据猛度确定的等效药量系数见表4-8。

表4-8 根据炸药猛度确定的等效药量系数

序号	炸药名称	等效药量系数	说明
1	梯恩梯TNT	1.00	
2	黑索金RDX	1.50	
3	太安PETN	1.50	
4	硝酸铵AN	0.42	
5	C4塑性炸药	1.3	91RDX/5.3癸二酸氢酯/2.1聚异丁酯/1.6机油

按照猛度确定药量等效药量系数，对于硝铵炸药为0.42。乳化炸药性能参数与硝铵炸药类似，可以直接参照。

装药的密度影响爆速和猛度，如果装药的实际密度过小，爆速和猛度也随之减小。因此，确定药量等效系数应比所列数据有所减小。

3）销毁试验研究

为了使试验模型与实际炮弹有较高的相似度，本次试验用Q235钢圆管作为未爆弹壳体，Q235钢材料力学性能为密度7.85g/cm^3，弹性模量200～210GPa，屈服极限235MPa，抗拉强度375～500MPa，泊松比0.25～0.33，伸长率21%～26%。试验分为两组，每组各有5个模型。第一组试验钢管模型的内外径不同，壁厚相同，钢管内部未装药，外部贴敷简易药包，具体见表4-9。

表4-9 第一组模型尺寸

编号	外径/mm	高度/mm	壁厚/mm	材料属性	管内乳化炸药量/g	外部乳化炸药量/g
1	50.74	131.96	3.00	Q235	99.00	99.00
2	48.54	109.90	3.00	Q235	82.43	82.43
3	113.21	87.78	3.00	Q235	65.85	65.85
4	50.71	154.12	3.00	Q235	115.58	115.58
5	159.12	106.53	3.00	Q235	156.50	156.50

第一组试验结束后，现场探寻到 5 块破片（图 4-13）。钢管在 2 号岩石炸药的爆轰作用下，产生了屈服断裂，钢管完全破开变成了碎片。

图 4-13　第一组试验及结果

第二组试验钢管内外径壁厚均相同，钢管内部装有 100g 的 2 号岩石乳化炸药，外部贴敷简易药包，炸药药量根据经验公式和第一组的试验数据来确定一个基本药量，然后逐步降低药量，取出一个能引爆内部装药的合理药量值，如表 4-10 所列。

表 4-10　第二组模型尺寸

编号	外径/mm	高度/mm	壁厚/mm	材料属性	管内乳化炸药量/g	外部乳化炸药量/g
1	48.00	93.35	3.00	Q235	100	89.75
2	48.00	81.53	3.00	Q235	100	84.75
3	48.00	89.16	3.00	Q235	100	79.75
4	48.00	92.51	3.00	Q235	100	74.75
5	48.00	91.31	3.00	Q235	100	69.75

第二组试验结束后，现场探寻到 5 块模型（图 4-14），可以清楚看到 1、2 号模型完全炸开，破碎较完全。3、4、5 号模型虽然已经屈服成凹形，与第 3 章数值模拟分析中的图形高度相似，但模型并未破开，内部炸药被挤出。3、4、5 号在爆炸的冲击作用下，贴服炸药的半边模型做径向运动，产生塑性变形，撞击另一边，包裹在一起。

图 4-14　第二组试验及结果

通过试验和销毁实践可以得出，乳化炸药可以作为引爆装药销毁未爆弹，炸药量约为 TNT 炸药的 2～4 倍。

2．炸毁法特点

炸毁法的优点是操作简便、成本低廉、处理彻底，便于远距离起爆，作业比较安全。

野外炸毁法适用于具有一定爆炸性的废旧弹药，因此，其适用范围很广，几乎所有未爆弹药都可用此法销毁。

由于未爆弹状态不稳定，性能不确定，转运危险较大，安全风险高，常规技术处理的安全性、可靠性无法保证，因此适宜用聚能射流进行销毁处理。利用聚能射流销毁未爆弹的主要优点是能进行"非接触"式作业，销毁的安全性更高，聚能射流能量较大，销毁的可靠性能够保障，同时可以有效降低冲击波、地震波等有害效应。

常规弹药的壳体材料一般由优质钢、球墨铸铁、铝等金属材料构成，其厚度根据弹药功能差别较大，但一般情况下不会超过 30mm。在弹药销毁中，考虑射流击穿壳体上限时，按 30mm 厚优质钢材料设计，具有一定富余量，能够保证销毁作业的可靠性。

炸毁法的缺点是销毁场地选择要求高，受场地、环境、天候等限制，安全警戒范围大，须由专业工程技术人员指导。

4.2.2 炸毁对象

（1）各种地雷、爆破筒、破障弹、水雷等地爆器材；

（2）各种口径的迫击炮弹、火炮炮弹弹头、火箭弹、手榴弹、枪榴弹、投掷弹等；

（3）不便于拆卸的各种航弹；

（4）各类固体炸药和各种火工品，如雷管、火帽、底火等；

（5）各类礼花弹或烟花爆竹。

4.2.3 炸毁法场地和安全警戒距离

野外炸毁法销毁弹药，要选择专门场地。经销毁作业单位主管领导和工程技术人员亲临现场勘察并报经主管领导批准后方可采用。被销毁对象的品种不同，对销毁场地的要求也不一样。但总的原则：第一，确保不发生意外事故；第二，即使发生意外，也能够保证现场作业人员以及场地周围群众生命财产的安全。

选择野外炸毁法销毁场地时，要考虑以下 4 个危害因素：一是空气冲击波破坏作用范围；二是雷弹破片和个别飞石的危险距离；三是地震波对地上、地下建筑物和构筑物的危害；四是诱发火灾、产生毒气的危险性。

1．地爆器材销毁场地要求

（1）炸毁场用于销毁引信、地雷、爆破筒、爆炸带、火箭发动机等。

（2）场地应远离市区、铁路、公路、通航河流、饮用水源、输电和通信线路，距居民点不小于 2km；远离射频电源、高压电网（含电气化铁路线）和电磁波干扰源等，杂散电流不大于 30mA。场地应为无树木杂草、石块和其他易燃物的土质地，直径不小于 300m。

（3）在距离炸点最近边缘 100m 处构筑掩体；在场地边缘开设宽 33m 防火带，1000m 以外设警戒线，建立明显标志，严防无关人员、牲畜、车辆等误入危险区。

2．通用弹药销毁场地要求

除按照地爆器材销毁场地要求执行外，还应考虑破片的飞散距离，按以下要求实施：

（1）在平原开阔地带单发炸毁军用弹药时，销毁场警戒范围可根据弹头口径、销毁场地形来确定。一般是以弹径的毫米数乘以 10，以 m 为单位作为半径。山地或有屏蔽场地，也可酌情缩小。

（2）为了减少个别碎片的飞散危害，尽可能利用已有旧山洞进行销毁，也可选择三面或四面环山的地区作为销毁场，这比在平原空旷地带销毁可以缩小碎片的飞散距离。警戒区的边缘要设明显的危险标志和派专人看守，严防无关人员、牲畜、车辆等误入危险区。

（3）普通军用弹药和各种火炸药的一次销毁量，在一般条件下，以不超过 40kgTNT 当量为宜。确定安全距离时，要综合考虑每次销毁量和引爆方式，以及场地对个别破片的阻挡因素。

3．航弹销毁场地要求

除按照地爆器材和通用弹药销毁场地要求执行外，还应考虑破片的飞散距离，按以下要求实施：

（1）炸毁航弹要按照弹片飞散半径来确定危险区，警戒区要设在危险区之外。其最小安全距离见安全技术相关内容。

（2）警戒区的边缘要设明显的危险标志和派专人看守，严防无关人员、牲畜、车辆等误入危险区。

4．燃烧弹销毁场地要求

燃烧弹炸坑周围 100m 内应无荒草。

4.2.4 炸毁方法

1．分类

销毁多种不同弹药时，应根据弹药种类、外壳厚度、强度大小、爆炸威力大小和爆发作用时间等进行分类，分别装坑炸毁。

2．挖坑

为了减少破片的飞散和空气冲击波的作用范围，在开阔地销毁爆炸物品时，应将弹药放在爆炸坑内炸毁。爆炸坑可采用机械（挖机）或人工（镐头铁锹）开设，坑的位置要尽量选择在不含碎石的地点，坑深和直径视不同弹药种类和一次销毁数量而定。

销毁地爆器材，场地内挖数个炸毁坑，单坑为平底漏斗形，坑深大于 2m，底部尺寸为 1m×1m，坑间距离大于 25m；炸毁 200kg 重的单个航弹时，坑深应不小于 3m，口宽不大于 1.5m，底长 1.5m；炸毁雷管时，坑深不小于 1m，直径不大于 1m，每次销毁数量以 4000 发为限。如一次炸毁雷管的数量较大时，要将坑加深，或分坑一次起爆，但数量也不宜过大。

3. 制作起爆体

诱爆废旧弹药的炸药包称为起爆体。起爆体要使用猛度和爆力较高的炸药制作，如TNT药块、RDX等。起爆体要尽量加工成球形、圆柱形或正方形，以便于炸药爆炸能量的充分作用；如果使用防坦克地雷作起爆体时，应在地雷表面另附一个引爆药包，以便于将地雷引爆；弹壳较大的炮弹和航弹，应制作聚能装药作为起爆体。起爆体与待销毁弹药应按照以下原则进行放置：待销毁弹药放在最下面，起爆体放在待销毁弹药之上；质量较小或零散弹药放在下面，质量较大的弹药放在上面；感度小的弹药放在下面，感度大的放在上面。

制作的起爆体及起爆方式应确保废旧弹药彻底诱爆、起爆线路安全可靠；点火用的雷管、导火索、导爆索应为新品；电起爆器材应在进入现场前检测准备就绪，到达现场装入起爆体前应复测。

4. 装坑

（1）装坑作业人员有条件时，尽量穿着防静电装具作业，并注意在作业过程中手体随时接地消除身体的静电。

（2）待销毁弹药装坑时，要按其品种、性能、数量及设计的销毁波次依次装入销毁坑中。

（3）为防止炸毁时体积较小的引信、雷管等小型器材被"炸飞"，装坑时除分层堆积外，还应灵活的运用"网兜法""夹心法"等器材堆积技术进行装坑。

（4）装坑的总要求是"稳拿轻放，勿挤勿砸，下小上大（指爆炸能量），横向均匀，梯次码放，交错配置，相互衔接，边码边填，体积求小"。

（5）坑内堆放的待销毁的废旧炸药应尽量成集团形，炸药堆的长度一般不应超过宽度和高度的4倍；每堆或每坑炸毁炸药的数量不应超过20kg。

（6）销毁废旧雷管、引信等小型爆炸装置，每坑数量不宜超过4000发；销毁电雷管时，要在安全地点将雷管的脚线剪下，并做简单的包装，再放入爆破坑内，起爆体要放在雷管堆的顶部。用1kg左右的炸药作起爆体即可。如果不剪断电雷管脚线时，要使雷管体与雷管体在爆破坑内紧靠在一堆，直接用起爆体引爆；火雷管以原包装形式销毁最好，可以不用起爆体，但堆放时必须紧密，以便于起爆和爆炸完全。

（7）导爆索、射孔弹、起爆弹等爆破器材均应在爆破坑内销毁，每个爆破坑的销毁数量不宜超过10kg。其中导爆索不宜超过1000m，而且要与其他物品分开销毁。炸毁这些物品时，也都需要起爆体起爆，并且用土将爆破坑盖好。

（8）装坑完毕，在待销毁的废旧弹药上面设置起爆体，起爆体安置位置应正确、设置应稳固。

5. 诱爆药量

单个起爆体药量根据弹药的直径、壁厚等具体情况确定。一般单个起爆体药量为0.2～5kg。聚能切割器装药量根据弹体壁厚确定，一般为150g/m～1.5kg/m。

（1）航空弹药。航空弹药有原洞内诱爆、运至安全地点诱爆、拆卸引信等3种处理方式。单个航弹诱爆药量见表4-11和表4-6。

表 4-11 航空弹药参数及销毁诱爆药量表

类别	型号	直径/mm	全弹质量/kg	壁材料	壁厚/mm	装药品种	装药量/kg	引爆药量/kg	引爆药位置	备注
爆破弹	ФАБ-250М-54	325	236	钢		TNT	98	2～3	弹体上方，靠近引信	
爆破弹	ФАБ-1500М-54	630	1550/1586	铸钢	18	TNT/MC	675/718	3～5	弹体上方，靠近引信	
低阻爆破弹	250lbMK81 Modl	229	118	铸钢		特里托纳/H6炸药	45.4	2	弹体上方，靠近引信	
爆破弹	500lbAN—M64A1	360	245～254	铸钢		TNT/阿梅托/B/特里托纳	121/119/124/128	大于3	弹体上方，靠近引信	
杀伤弹	АО-25-33	122	33	钢铸	12～18	TNT/阿梅托	5.6	0.6	弹体上方，靠近引信	
杀伤弹	АО-2.5СЧ	52	2.7	钢性铸铁	14	TNT和二硝基萘	0.09	0.2	弹体上方，靠近引信	
杀伤弹	BLU-3/B（菠萝弹）	70	0.785	软钢	6.5	赛克洛托	0.162	0.2	弹体头部	
杀伤爆破弹	ОФАБ-100М	280	121	铸钢	26.5～29.5	TNT和二硝基萘	35	2	弹体上方，靠近引信	
杀伤爆破弹	MK82 Modl Snakeye 动磁炸弹	273	254	钢		特里托纳或H6炸药	87	大于3	弹体上方	
穿甲弹	БРАБ-500М-55			合金钢		TNT	80	3	弹体尾部上方，近引信	
反坦克弹	MK118	55	0.634	钢		B	0.2	0.2	弹体药型罩上方	
反坦克弹	ПТАБ-2.5	62.8	2.14	钢质	3.5	TNT和RDX混合炸药	0.387	0.2	弹体药型罩上方	
燃烧弹	ЭАБ-100-114			钢铸/钢板	弹头22 弹壳12	烟火剂引燃药		1～2	弹体圆柱部上方，靠近与弹头的焊接线	
燃烧弹	750lbM116A2 火焰弹	470		铝		胶状燃料	279	3	弹体上方，尽量靠近引信的位置	

（2）炮弹。炮弹销毁诱爆药量见表 4-12。

表 4-12 爆炸法销毁未爆炮弹诱爆用药量表

炮弹直径/mm	单发引爆用药量/kg	成堆用药量/kg
37～76	0.2	0.8～2.0
80～105	0.4	1.6～2.5
105～150	0.6	2.0～3.0
150～200	0.6～1.0	3.0～3.5
200～300	1.0～2.0	3.5～4.0
300～400	2.0～3.0	
400 以上	3 以上	

（3）混凝土破坏弹。常见的大口径混凝土破坏弹有200mm、300mm及320mm几种。混凝土破坏弹的外壳都很厚，大口径混凝土破坏弹弹体厚 25～51mm。由于这种弹的弹

体厚，所以也难于诱爆，通常需要 3kg 以上的药包，也可用聚能起爆体诱爆，见图 4-15。

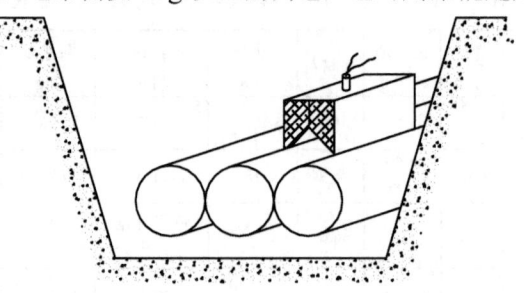

图 4-15 聚能爆破混凝土破坏弹示意图

为保证爆炸时彻底、不留隐患，每个销毁目标上部设置炸药起爆体，采用条形或索状装药将弹药上方的起爆体连接，形成网状装药并采用多点同时起爆，达到全起爆、可靠传爆、彻底销毁的目的。典型爆炸法设置见图 4-16。

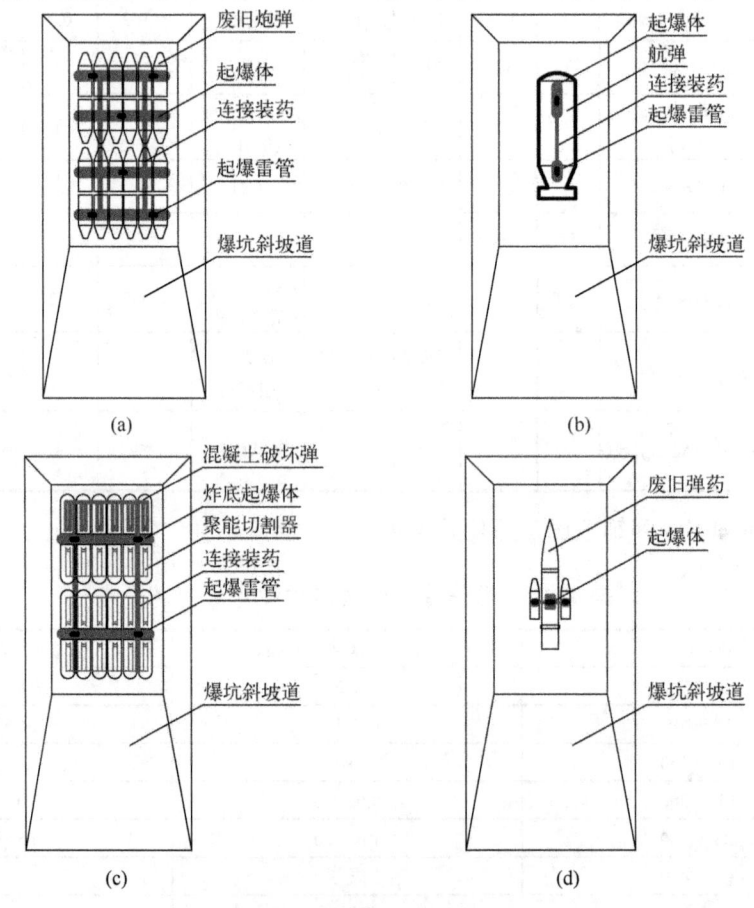

图 4-16 典型爆炸法设置

(a) 炮弹摆放及起爆体设置；(b) 航弹及起爆体设置；
(c) 混凝土破坏弹切割炸底销毁示意图；(d) 大弹与小弹摆放及起爆体设置图。

6. 构筑掩体（点火站）

为防止破片、个别土石及空气冲击波对点火人员、照相录像人员和现场指挥员造成伤害，在没有可利用的天然屏障作为安全可靠掩体的情况下，销毁场内要单独建筑地下掩体。掩体构筑要求如下：

（1）掩体深度一般为 1.8～2m，内部面积可根据需要的人数而定，一般应能容纳 4～10 人，可建成 8～12m^2。

（2）掩体顶盖敷设一层坚固的圆木或枕木，再铺以木板或草袋，最上层覆盖 1m 左右厚的黄土。

（3）掩体距离爆炸点不应小于 150m。为避免爆炸后产生的有毒气体及有害尘埃进入掩体，掩体应设在销毁场的上风方向。

（4）炸毁单颗 250kg 以上 500kg 以下的重型航弹时，人工掩体距爆破点不应小于 500m，掩体的出入口应背向爆破坑。

7. 连接起爆网路与起爆

装坑完毕设置起爆体并派出警戒后，连接起爆网路，起爆网路连接应做到以下几点：

（1）在指挥员的号令下，由末端坑依次将电雷管插入起爆体主装药，每个起爆体 2 发单雷管串联，串联后的电雷管与支线相连接；

（2）销毁坑之间设置支线，构成起爆网路；

（3）由销毁坑向点火站敷设点火干线，到达点火站，检测全线点火路电阻值；

（4）检查电起爆支干线路检测敷设程序的正确性，并记录支线和电雷管的支电阻；

（5）夏季如有雷雨威胁，应建议采用点火管起爆法；

（6）向指挥员报告：电点火线路接续完毕；

（7）起爆器与干线连接，报告总指挥：起爆准备完毕；

（8）总指挥接到技术组起爆准备完毕的报告后与各部门协同，首先要用望远镜进行认真检查或通过对讲机询问警戒情况，确保所有人员撤离至安全地点且无闲杂人员或牲畜等进入警戒范围内，警戒情况安全正常可以起爆时，下达"起爆"口令。发出起爆信号后，才能起爆点火。在规定时间内未爆炸时，应按规定进行安全处置。

8. 爆坑回填

为增加爆破效果，防止破片飞散，爆坑装填后可以回填。回填材料用土、沙等材料回填覆盖，不得含有粒径大于 0.5cm 的石块。

回填方法采用人机作业，人工回填厚度不得低于 30cm，回填过程中注意保护起爆网络。

9. 检查销毁效果

起爆后，应等待 20min 才准派人进入现场检查，在确认无险情后才准解除警戒，检查爆炸效果，清理现场并拟制销毁作业记录。

（1）检查有无炸飞、未爆的器材；

（2）检查周围有无引发火情、火种；

（3）检查爆破地震波、冲击波飞石、破片对周围人员、建筑物的影响；

（4）拟制销毁作业记录。

4.2.5 安全要求

（1）属于各种火药、起爆药和烟花爆竹药剂，尽量用爆炸方法销毁。包装炸药用的纸张、袋子和沾有硝化甘油油渍的包装箱等不应回收，应予烧毁。

（2）销毁雷管的场地要尽可能平坦，不要有碎石、荒草、水坑，以便收集炸飞的雷管。对收集起来未爆或半爆雷管，要集中加大引爆药量，重新进行炸毁。

（3）导爆索、射孔弹、矿山排漏弹，起爆弹等爆破器材，均应在爆破坑内销毁，而且要与其他物品分开销毁。炸毁这些物品时，也都需要起爆体起爆，并且用土将爆破坑盖好。礼花弹、高空礼花弹可按炸毁炮弹的方法销毁，但安全距离不应少于 500m。

4.3 野外烧毁法

4.3.1 烧毁原理与特点

野外烧毁法就是利用炸药的燃烧特性，将待销毁对象放在一安全场地，按一定要求铺设在地面上将其引燃烧毁的销毁技术。烧毁弹药时，主要是防止被烧毁的弹药由燃烧转为爆炸。火炸药燃烧时铺设厚度小于炸药临界直径，就只能猛烈燃烧而不发生爆炸。同时在密闭或不利于气体扩散的情况下也可能由燃烧转为爆炸，不得在洞穴或密闭环境中进行。

火炸药焚烧后，会生成大量高浓度致癌物，并生成较多的氮的氧化物；焚烧烟火剂时，有可能生成许多有潜在危险的化学物质，如钡、硒等卤化物与氧化物以及其他的固态燃烧产物。它们将随空气或水土流失侵害人类和环境。基于上述原因，美国在 20 世纪 70 年代中期就逐渐废止露天焚烧方法，转而采用其他方法。因此，该法仅适于少量废旧炸药、导火索、导爆索、导爆管、拉火管等器材，数量较大时一般不推荐此法进行销毁。

燃烧法的优点是操作简便、成本低廉、处理彻底，便于远距离起爆，作业比较安全，场地警戒距离比炸毁法小，但具体实施时，要特别警惕被烧毁的物品由燃烧转为爆炸的可能性，特别要防止将雷管等起爆器材混入炸药中，以免发生爆炸。

4.3.2 烧毁对象

野外烧毁法适用于确认没有爆炸性和已失去爆炸性，或虽有爆炸性但在燃烧时不会由燃烧转为爆炸的弹药，主要有以下类型：

（1）各种发射药、火药、延期药、烟火剂及硝化纤维素制品。

（2）特屈儿、TNT、RDX 等单质炸药和硝酸铵类、氯酸盐类混合炸药，如 2 号岩石硝铵炸药、乳化炸药以及低百分比的硝化甘油类炸药等。

（3）各种少量的起爆药和击发药。

（4）拉火管、导火索、导爆索、导爆管等。

（5）已将引信和传爆药拆除，内装 TNT 炸药或以 TNT 为主要装药的塑（木）壳地雷、火箭发动机等。

（6）烟花爆竹及其半成品。

各种火帽、底火、弹药引信可在特殊容器或条件下燃烧。一般军用弹药不宜采用燃烧的方法销毁，因为这类弹药通常都有较厚的壳体，点火后需要较长时间才能使弹内的装填物燃烧。由于弹内装填物燃烧是处于密闭的情况，多数又会转为爆炸，特别是带有引信的弹药，引信在燃烧的作用下可能发火，从而使弹药发生爆炸，这都会严重影响安全。

4.3.3 烧毁场地和安全警戒距离

（1）烧毁场用于销毁火药、制式药块、塑（木）壳地雷、火箭发动机、军用导火索等；

（2）场地应远离市区、铁路、公路、通航河流、输电和通信线路；处于建筑物、居民区、山林的下风向；

（3）清扫以烧毁点为中心 50m 范围的易燃物；

（4）地势平坦且有天然屏障，无杂草，场地直径不小于 200m；

（5）场地边缘开设宽 33m 的防火带，在距离烧毁点（最近处）100m 位置构筑掩体；

（6）林区烧毁时，以烧毁点至场地边缘构筑 200m 的防火道；

（7）不得在洞穴、深坑或密闭环境中进行烧毁；

（8）如采用电点火时，距烧毁点 100m 上风方向处构筑点火站；

（9）现场应配备灭火器材。

4.3.4 烧毁方法

1. 分类

烧毁多种不同弹药时，应根据弹药种类、爆炸威力大小和燃烧速度等进行分类，分别进行烧毁。每次只能烧毁一种物品，严禁混烧，严禁混入雷管、引信等易爆品。

2. 待烧毁物品的放置

在密闭或不利于气体扩散的情况下，炸药可由燃烧转为爆炸。基于此原理，为了安全起见，烧毁炸药时不要把药层铺得过厚，大的药块要用木棒粉碎，大规模烧毁弹药前，要先取少量或由少到多进行试烧毁。

（1）烧毁火、炸药。要将火、炸药铺成厚度不大于 10cm，宽度不大于 30cm 的长条，每条要顺风铺直，总药量不超过 10kg，未钝化太安等高级炸药最大厚度应小于 3cm。炸药如铺设几条线时，各条之间的距离不应少于 5m。要从下风方向铺设导火索和引燃物，人员要在逆风方向点火。待场地冷却后才能再次铺药烧毁。

（2）烧毁导火索、导爆索、拉火管、发射药和塑（木）壳地雷。导火索、导爆索和拉火管应拆掉内包装，发射药和塑（木）壳地雷应长短交错，平铺相互交错衔接，其厚度应小于 0.5m，放在干柴上烧毁。导火索一次烧毁的数量不宜超过 1000m，导爆索的数量不得超过 500m。多带烧毁时，带间距应大于 20m。多种器材烧毁时，应先摆放发射药，再在其上摆放导火索、拉火管等。烧毁时，严禁将雷管、炸药块、起爆管等爆炸品混入待烧毁器材内烧毁。

（3）起爆药、鞭炮药的烧毁。起爆药的特点是一经点火，便立即起火爆炸，因此危险性较高。销毁前，首先应将起爆药放在装有机油的桶中，废药与机油的重量比大约为 2:1，经半日或一昼夜的时间使其浸透，以达到使之钝化，降低敏感度的目的，并使燃速缓慢均匀。浸入机油的起爆药运到销毁场，要铺成薄层长条。用点火药包在下风方向远距离点燃即可。

二硝基重氮酚可用桶（箱）烧毁，即将待烧毁的起爆药先放在浸过水的棉布上喷上水，经一昼夜使药全部被水浸透，再用原来的湿布连同药物一起包成小包，然后运往销毁场地，打开湿布包，将起爆药和棉布一起倒入装有机油的桶内，用木棍轻轻搅拌均匀，然后在逆风方向用点火药包点燃。每次烧毁二硝基重氮酚的质量不得大于 2kg，所需机油约 1000g 左右。

烧毁少量烟花爆竹药时，可先在药上喷少量的水进行钝化处理，但水分含量不应过大。否则药物就会失去燃烧力。

（4）烟花爆竹的烧毁。烧毁少量的烟花爆竹时，可以选择在空旷地区，用燃放方式处理。但禁止平持燃放。如果数量较大，可在空旷地区将火力较强的引燃物放在烟花爆竹的下面点燃。烧毁前要将烟花类与爆竹类分开，升空火箭类要与地面烟花类分开。不能拆卸的高空礼花弹，不能用烧毁法处理，只能用爆炸法销毁。

3．助燃体设置

药条下方设置木材、柴油等助燃材料，其厚度能够保持药条持续燃烧，两侧宽度应大于药条宽度 15cm 以上。燃烧中途严禁添加燃料。

4．制作引燃体

用燃烧法销毁弹药，需制作引燃体，以保证直接点火人员的安全。引燃体必须满足以下 3 个要求：一是要保证点火人员点火后能够从容地撤离到安全地点（用电力点火时，点火的地点与销毁现场要保持足够的安全距离，或在掩体内给电点火）；二是点燃方法要简单，且能够可靠地点燃；三是要足以能够将被销毁的物品点燃。

引燃体有两种形式：一是导火索引燃体，将一定数量（不少于 100g）的火药（黑火药或枪弹发射药），用纸或布包成球形药包，然后插入一根长度大于 50cm 的导火索；二是电力引燃体，将按照第一种方法包成的火药包，改插入一个电点火装置，用电线远距离通电点火。电点火装置可用电线和电阻丝制作，制成的电点火引燃体，要经过试验，并且要有足够的电流。引燃体上的导火索和电点火装置要与药包中的火药密实接触，而且要将药包捆牢，严防脱落或移位。严禁在引燃体内混入雷管。

制作引燃体处理黑火药等火工品时应注意随时消除静电；制作引燃体的器材应为新品，严禁使用待销毁的器材制作引燃体；电点火线路按炸毁法线路敷设要求执行。

点火站构筑、连接起爆网路与起爆及检查销毁效果与野外炸毁法基本相同，此处不再赘述。

4.4 燃烧罐销毁枪弹信号弹技术

4.4.1 燃烧罐烧毁原理

弹头与弹壳不能分解的废弃枪弹，通常都在专用的烧毁炉或燃烧罐中烧毁。燃烧法销毁枪弹的原理是位于燃烧罐中的枪弹受到罐底火焰和底壁传递热量的加热，弹体吸热使弹壳膨胀，并使弹内的发射药温度逐步升高，当火药温度达到燃点时，火药燃烧并产生高温高压气体，高压气体推出弹头达到弹头与弹壳分解的目的，由于燃烧罐孔壁泄压孔孔径小于弹头直径，发射出的弹头被阻挡在燃烧罐内，高温高压气体经泄气孔排出，使燃烧罐泄压并保证罐体强度和安全。

4.4.2 燃烧罐

燃烧罐可用四周钻有小孔的钢板桶加工而成，装入枪弹后将桶口用钢板盖牢固，在桶体下方用木柴和柴油燃烧销毁桶内枪弹。

枪弹用燃烧罐由 5mm 厚钢板卷制而成，直径 500mm，高 500mm，四周和底部泄压孔孔径 5mm，上底设有 200mm 可拆卸活动盖，盖与罐之间用螺杆连接并留有 5mm 环形泄气间隙，如图 4-17 所示。

图 4-17 子弹燃烧罐照片

此类燃烧罐一次销毁枪弹不超过 1000 发，信号弹不超过 100 发。

4.4.3 安全要求

（1）每次销毁木柴一次加足，并浇柴油。点火燃烧过程中禁止添加木柴和柴油。

（2）燃烧罐销毁时周边安全距离大于 50m，清理干净安全范围内的易燃物，防止引发火灾。

（3）罐内枪弹销毁后，对燃烧罐浇水降温，并将罐内燃烧过的弹壳、弹头清理干净。

（4）多个燃烧罐同时销毁时，应等全部罐体燃烧后才可进行降温和清理。

（5）罐内禁止装入炸药雷管等爆炸性器材，并严格控制一次销毁的清单数量。

4.5 销毁未爆弹药其他技术

4.5.1 柔性聚能切割器销毁技术

目前，经研究发现可采用柔性聚能切割器在弹药结合部进行切割，通过精确计算确定切割器线装药量并设置合理的切割位置，可以实现弹体结合部的准确分离，便于壳体和炸药等资源的回收再利用。采用柔性聚能切割器进行防坦克地雷的装配形式及切割效果如图 4-18 所示。现阶段的应用表明，该方法能够很好地实现防坦克地雷装药与壳体的有效分离。可以预见，聚能切割技术在废弃常规弹药销毁中具有较好的应用前景。

图 4-18　柔性聚能切割器销毁防坦克地雷

(a) 柔性聚能切割器；(b) 装配图；(c) 切割效果。

4.5.2 爆炸装置摧毁器

近年来，在废弃常规弹药销毁工作中使用较为广泛的爆炸装置摧毁器主要是引信切割器。图 4-19 所示为典型的引信切割器 De-Armer，可切断废弃弹药的引信或破坏废弃弹药的结构使其不能引爆。

图 4-19　引信切割器销毁炮弹

4.5.3 高热剂

用高热剂燃烧销毁弹药主要是利用铝热剂反应产生的高温熔渣。大多数高热剂燃烧温度都在 2000~28000℃，某些配方燃烧产生的温度还可达 3000~40000℃，形成高温液态产物。对于薄壳弹，高热剂产生的高温能够直接熔穿弹壳，点燃内部装药，此时燃烧产生的气体通过烧穿的孔洞释放出去，不至于使得燃烧转为爆轰，确保了燃烧销毁的安全性。对于弹壳较厚的情况，高热剂产生的高温虽无法直接熔穿弹壳，但可使弹壳软化且强度变小；同时，壳内间接被高温引燃的装药产生大量的膨胀气体形成高压，冲穿软化部分的弹壳，从而释放壳体内的高压气体，继续保持燃烧销毁。图 4-20 所示为高热剂销毁弹药试验时的效果图。从试验效果可以看出，采用恰当配方的高热剂能够烧穿一定厚度的钢板，从而实现弹药销毁的功能。

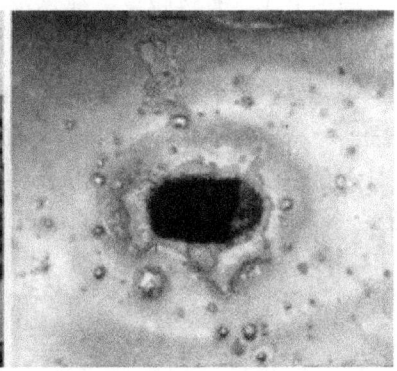

图 4-20　高热剂销毁试验

4.5.4 导爆索切割技术

采用导爆索爆炸拆分法可以有效进行防坦克地雷的爆炸拆分，既实现了资源的回收再利用，又减少了爆炸法对环境的污染。采用导爆索进行小口径弹药的销毁，通过在小口径弹体外缠绕导爆索，起爆后冲击波通过壳体后叠加，达到一定强度后能够起爆弹体装药，实现对小口径弹药的销毁。

4.5.5 磨料水射流切割技术

在报废弹药处置过程中，很多情况下需要将弹体切割开并取出内部装填物。若采用刀具切割的常规办法，由于机械摩擦容易升温，无法确保作业过程的安全性。近年来，出现了磨料水射流切割技术。该技术在炮弹销毁方面也非常有效，尤其在销毁高档武器、弹药方面更具优势。水射流切割技术相对于其他焰炬切割技术的优势主要体现在对环境造成的污染小、便于资源的回收再利用，而且磨料水射流技术可用于多种弹药的切割销毁，具有广泛的通用性。

4.5.6 高压液氮低温切割技术

采用高压液氮切割技术主要是利用高压液氮系统的高压、高速、低温等显著特点。研究表明，高压液氮切割系统压力可高达 350MPa，射流速度可达 900m/s，流量达 1~10L/min，温度达-140℃，如此低温的液氮可对弹体瞬时完成切割，且液氮迅速挥发不会与切割下来的废料混合，便于材料分类回收。现阶段高压液氮切割技术在废弃常规弹药销毁领域的实际应用表明，该方法在处置主炸药及单质炸药时具有一定的有效性，不会引起爆炸、燃烧和对切割物质产生高温灼烧。

4.5.7 其他销毁技术

1．激光烧爆

利用激光定向发光、亮度极高、能量极大的特点，它可以在未爆弹极小的面积上、在极短的时间里集中能量，高功率密度的激光束使弹材表面急剧熔化，进而汽化蒸发，在弹体上穿一个孔，继续作用使装药燃烧或爆炸。激光烧爆设备主要由四大部分组成：激光器、激励器、击发器和底盘。可以在 50~200m 以外，对地表可直瞄未爆弹进行处理，其特点是人员不必靠近，安全、快速。

2．枪击引爆销毁

利用狙击步枪发射穿甲弹，将外壳较薄的未爆弹壳体穿透，并应用爆炸形成的金属射流或碎片冲击装药，使其爆炸的方法。其优点是人员不必靠近，安全、快速，不足是需要准确搜索定位，可能造成现场遗漏。

4.6 野外销毁处理作业实施程序与标准

4.6.1 程序一：建立销毁作业组织机构

（1）实施内容和方法：销毁作业指挥部设总指挥、副总指挥，下设技术组、安全组、保障组。

（2）达标标准和技术要求：同部队研究协商组织机构，明确分工、任务、职责；做到定人、定岗、定责。

4.6.2 程序二：鉴别区分待销毁器材

1．实施内容和方法

（1）鉴别待销毁器材安全技术状态，并按炸毁法、烧毁法区分，将非爆炸品与爆炸品分离；

（2）对待销毁器材进行安全技术处理以保证勤务处理和运输的安全；

（3）将分类、技术处理后的器材点数、装箱、填塞、登记、标记；

(4)计算出炸毁法销毁器材的总 TNT 当量,以及每箱的 TNT 当量;
(5)以炸毁法销毁,按每坑 20kg TNT 当量计算出初步安全距离。

2.达标标准和技术要求

区分待销毁器材应注意以下问题:
(1)炸毁法销毁的器材与烧毁法的器材分开,即将以猛炸药为主装药和装有起爆药采取炸毁法销毁的器材与以火药为主装药采取烧毁法销毁的器材区分开;
(2)将带扩爆药的引信与一般引信区分开;
(3)将引信的击发机构与起爆管区分开;
(4)将一般爆炸品与易产生火焰的爆炸品(爆破筒喷火引信)区分开;
(5)严禁在烧毁发射药、黑火药时,掺入、混杂炸药、雷管、引信进行销毁或单独烧毁。

4.6.3 程序三:勘察销毁场地

1.实施内容和方法

按照待销毁器材炸毁法销毁的技术要求和性能,选择销毁场地和运输器材路线。
(1)按照初步的安全距离要求选择炸毁点;
(2)以炸毁点为中心选择:①选择点火站、指挥组位置,确定安全警戒范围;②选择以炸药为主装药的器材存放点;③火工品存放点,消防器材、工具放置点,医疗救护、勤务人员、车辆隐蔽位置等;
(3)炸毁点确定后,即开挖销毁坑;
(4)选择器材运输路线:如穿过闹市区、人口密集地区,噪杂地区应选在夜间、凌晨运输,必要时请公安部门协助。

2.达标标准和技术要求

(1)炸毁场地一般选在人烟稀少,有天然屏障的山区,应避开高压线、发射塔等重要目标;
(2)炸毁点应选在天然坑、雨裂沟便于器材存放、运输的地带;
(3)烧毁场地应避开林区,一般选在河滩、平坦易观察地带。

4.6.4 程序四:拟制销毁实施方案

1.实施内容和方法

(1)任务来源;
(2)待销毁器材的基本情况;
(3)组织机构;
(4)销毁设计方案,应按照器材装坑的品种、TNT 当量和安全距离控制,设计器材销毁波次表,波次表应明确整个销毁作业波次数,每波次组数,每组装几个坑,每坑按顺序装器材的品种和数量并计算出每坑器材的 TNT 当量;
(5)按每坑器材的最大 TNT 当量计算安全距离或根据现地实际情况计算每坑装器

材的最大 TNT 当量；

(6) 时间安排；

(7) 销毁地点，并附销毁场地和器材运输路线示意图；

(8) 销毁作业信号规定；

(9) 销毁作业各部门协同事项；

(10) 安全技术要求。

2．达标标准和技术要求

(1) 销毁实施方案按销毁作业实施程序顺序排列；

(2) 销毁波次、分组、分坑，器材品种、数量应在安全距离的控制下，认真设计优选最佳方案；

(3) 波次表每坑按装填器材顺序排列；

(4) 波次表按销毁作业程序排列。

4.6.5　程序五：炸毁法销毁作业实施程序

1．炸毁法分程序 1

(1) 实施内容和方法：派出警戒清理现场。

(2) 达标标准和技术要求：

① 在总指挥的组织领导下，警戒组按照划定的安全范围设置警戒；

② 清理安全范围内无关人员、车辆、牲畜；

③ 为全体警戒哨兵明确销毁点的位置，防止被销毁破片击伤的措施和联络的信号；

④ 警戒设置完毕，销毁场封闭。发出销毁场封闭信号。

2．炸毁法分程序 2

(1) 实施内容和方法：装卸运输器材。

(2) 达标标准和技术要求：

① 按运输危险品对车辆的要求选定运输车；

② 在车厢板上应加沙、草垫防震材料；

③ 按炸药与火具装载安全技术要求进行装车并要可靠固定；

④ 按危险品安全运输要求行驶运输；

⑤ 到达指定的器材存放点按危险品卸车要求，将器材卸下并摆放整齐（相关安全管理规定：使用汽车运输地爆器材时，应当按规定悬挂危险品运输标志；多车编队运输时，车距不得小于 50m；车辆通过的路段上，视情设置调整哨。为确保途中运输安全，必要时可商请地方公安部门派出警车开道。运输报废地爆器材的汽车，时速不得超过 25km，路况较差时，减速慢行。运输途中不得随意停车、急刹车、抢道超车）。

3．炸毁法分程序 3

(1) 实施内容和方法：装坑作业。

(2) 作业要求：

① 装坑前双手触地，作业过程中亦应随时触地消除静电；

② 待销毁器材装坑时，按照待销毁器材的品种、性能、数量，按设计的销毁波次表依次装入销毁坑中；

③ 为防止炸毁时小引信、小雷管及不容易引爆的器材"炸飞"，制定装坑方案时除运用器材分层堆积法外，还应灵活地运用"网兜法""夹心法"等器材堆积技术；

④ 器材装坑的总要求："稳拿轻放，勿挤勿砸，下小上大（指爆炸能量），横向均匀，梯次码放，交错配置，相互衔接，边码边填，体积求小"；

⑤ 起爆体主装药应安置正确稳固。

4. 炸毁法分程序 4

（1）实施内容和方法：网路连接与起爆。

（2）达标标准和技术要求：检测电雷管——→检测设置电点火干线并短路绝缘——→检测设置支线并短路绝缘——→器材按波次表装坑——→组装起爆体并设置起爆体——→各坑串联电雷管——→按序逐坑将电雷管与支线连接——→作业人员撤离坑——→检测支线与电雷管电阻——→按序逐坑将电雷管插入起爆体——→坑内作业人员按序撤离——→支线与干线连接——→检测全线路电阻——→起爆器与干线连接——→报告总指挥：起爆准备完毕——→总指挥接到技术组起爆准备完毕的报告后与各部门协同，确认销毁警戒区内允许起爆时，下达：起爆！口令——→起爆后待 20min 后查看现场。

5. 炸毁法分程序 5

（1）实施内容和方法：检查清理销毁现场并作出销毁作业记录。

（2）达标标准和技术要求：

① 检查事项：检查有无炸飞、未爆的器材；

② 检查周围有无引发火情、火种；

③ 检查爆破地震波、冲击波飞石、破片对周围人员、建筑物的影响；

④ 销毁记录：销毁时间、地点，器材种类、数量，波次数、组数、坑数、炮数；

⑤ 基本作业方法；

⑥ 销毁效果（应论述：销毁的彻底性；地震波、冲击波、飞石等爆炸危害与安全距离计算的出入性；经验教训等）。

4.6.6 程序六：烧毁法销毁作业实施程序

1. 烧毁法分程序 1

（1）实施内容和方法：烧毁场地准备。

（2）达标标准和技术要求：

① 选择平坦开阔地带实施烧毁作业；

② 清扫以烧毁点为中心 50m 范围的易燃物；

③ 林区烧毁时，以烧毁点至场地边缘 200m 处开设 33m 宽的防火道；

④ 采用电点火时，距烧毁点 100m 上风方向处构筑点火站。

2. 烧毁法分程序 2

（1）实施内容和方法：摆放器材。

（2）达标标准和技术要求：

① 按照待销毁器材的品种、性能及易燃程度依次摆放，摆放时器材相互交错衔接，其厚度小于 0.5m；

② 多带烧毁时，烧毁带之间不小于 20m，依次分波次延续平铺在烧毁点。

3．烧毁法分程序 3

（1）实施内容和方法：制作并设置引燃体。

（2）达标标准和技术要求：

① 按照点燃方式和器材制作引燃体；

② 采取电引火头点火时，应按电点火法技术要求敷设电点火线路。

4．烧毁法分程序 4

（1）实施内容和方法：实施点火。

（2）达标标准和技术要求：

① 引燃体设置完毕，报告总指挥：点火准备完毕；

② 总指挥接到点火准备完毕的报告后与各部门协同，确认销毁警戒区内可以点火时，下达：点火！口令。

5．烧毁法分程序 5

（1）实施内容和方法：检查清理销毁现场并作出销毁作业记录。

（2）达标标准和技术要求：

① 检查事项：检查有无隐火、未燃的器材；

② 检查周围有无引发火情、火种；

③ 检查燃烧对周围人员、建筑物的影响；

④ 销毁记录：销毁时间、地点，器材种类、数量，波次数；

⑤ 基本作业方法；

⑥ 销毁效果（应论述：销毁的彻底性、经验教训等）。

4.7　废旧器材销毁作业安全规定

4.7.1　基本规定

（1）批量销毁处理报废弹药器材，由专业报废机构按照主管部门下达的计划组织实施；零散或运输有危险的报废爆破器材，安排专业人员就地或就近销毁处理，并报主管部门备案。已批准销毁处理的报废爆破器材，应及时处理，对其中危险程度高的，应优先处理。

（2）各级党委、领导要高度重视报废爆破器材销毁处理工作，加强政治思想教育，强化人员法制和安全意识，切实掌握人员思想动态，及时消除思想隐患，激励敬业奉献精神，为报废爆破器材销毁处理工作提供良好的思想和安全保证。

（3）销毁处理作业必须严密组织，严格管理，正确指挥。指挥管理人员应坚守岗位，履行职责，执行作业方案，控制调节作业进程，保证销毁作业顺利实施。

（4）销毁处理报废爆破器材的条件、方法和要求，须按照相关规定执行。

（5）报废爆破器材销毁处理的基本程序：在确保安全的条件下，视产品结构，拆卸、分离，对非爆炸性部件排除其中的危险因素，归类回收；对爆炸性部件，视其特性，选用炸毁、烧毁等方式进行销毁。

（6）销毁处理报废爆破器材的原则：安全第一、处理彻底、不留隐患、有效利用。

（7）拆分作业必须在工房中进行，炸毁法销毁必须在炸毁场进行，烧毁法销毁必须按照确定的销毁方法在烧毁炉或烧毁场进行。

（8）工房拆分和烧毁炉作业由建制单位负责作业组织，指挥作业实施；野外销毁作业设置指挥机构，确定岗位职能，指挥作业实施。

（9）工房拆分和烧毁炉销毁时，主管业务领导必须在现场组织按规范进行作业；处置异常现象和技术问题。

（10）野外销毁作业的组织机构设置：总指挥及下属技术组、安全组、保障组。

（11）报废爆破器材销毁处理工作人员必须从专业人员中选用，禁止雇佣民工。

（12）销毁处理工作的业务领导、指挥人员、技术人员必须经过专业培训，熟悉爆破器材的性能、结构、原理，掌握爆破器材销毁处理规范和有关安全管理规定。

（13）销毁处理操作人员要有一定的爆破专业基础知识，有爆破实践经验，经过岗前培训，了解待销毁器材的结构、性能、销毁程序和安全注意事项。

（14）进行规模较大的销毁工作时，要在上级机关的直接领导下，并与公安、交通等单位负责人和工程技术主管人组成指挥部，下设排弹、爆破、运输、警戒、消防、救护、通信联络、后勤等若干组。各组与指挥部要保证有良好的通信联络系统。

（15）制定销毁方案时应注意，销毁废弹药时不应选在雷电、雨雪、大风、大雾、严寒、炎热或夜间进行。参与销毁工作的人员，必须通晓有关技术知识，熟悉有关操作方法，明确并认真履行自己的工作职责，遵守操作规程和安全规则，遵守纪律，销毁工作中所用爆破器材、设备、车辆等，在使用前应认真检查测试，以保证使用安全可靠，不发生故障。

（16）有关部门要对销毁方案进行认真的全面审核。有关排险、场地施工、安全警戒、安全范围的划定、居民疏散、交通管制、运输、器材准备、抢修救护等事项，要有具体的单列文件，并使具体措施落实到单位。确实符合安全要求后，才能批准销毁工作。

（17）要对销毁场地附近群众进行宣传教育，必要时要印发安民告示，说明警戒区的范围、警戒的具体日期和时间，防止人畜误入警戒区，造成人员伤亡事故。

（18）销毁作业必须按照有关操作规范执行，要根据所销毁物品的种类、性质和数量科学地选定销毁方法，制定安全操作规程，并有专业技术人员指导。对性能难以掌握的弹药，可先取少量做试验性销毁，在取得一定经验的基础上，再研究制定销毁方案，进行大规模的销毁工作。

（19）要有严密的组织和领导。对所有参加销毁工作的人员进行安全教育，并逐人制定岗位责任制，做到分工明确，任务落实到人。还要防止工作人员本身发生事故。

（20）作业现场严禁携带火种、手机及一切电磁波发射源。作业人员着防静电服、棉制品内衣、防静电鞋。作业中其他人员不得靠近操作者，不得围观。无关人员不得进入作业现场。

（21）在销毁处理过程中，不得擅自动用爆炸品，防止丢失、被盗、私存，如实填写报废爆破器材销毁登记表。

（22）禁止在夜间和雷电、雨雪、雾天、严寒、炎热、三级风以上的天气进行销毁作业。作业中出现恶劣气候，必须停止作业。

（23）作业完成后，清理现场，不得遗留爆炸品和烟火。

（24）当日销毁作业完毕后，应认真统计分析销毁作业情况，并如实填写爆破器材销毁处理工作日志。

4.7.2 销毁作业具体规定

1．野外炸毁法作业安全规定

（1）凡金属壳体或含破片杀伤的销毁品，在炸毁坑内进行。单坑一次只能销毁一种销毁品，销毁量不超过20kgTNT当量。

（2）多坑销毁，起爆时间间隔控制在2s以上。

（3）采用电点火起爆时的规定及程序：在有防护情况下，用专用电表（测试电流小于30mA）逐一检测电雷管，电阻值在2~4Ω范围内，各雷管电阻差值在并联线路时不大于0.1Ω，串联线路时不大于0.2Ω，不同批次、不同工厂和不同桥丝的电雷管，不得在同一线路使用。检测后将电雷管短路；检测导电线，导通后，将其短路；连接电雷管脚线与导电线，再将电雷管放入起爆药中固定（此时导电线处于短路状态）；连接线路人员控制点火开关；作业人员撤离现场后，用专用电表对全线路进行导通检查。

（4）采用点火管起爆时，导火索的延期时间须保证作业人员撤离到掩体内。

（5）点火起爆后，情况正常，20min后进入现场检查；若出现瞎火、半爆、拒爆现象，30min后由技术人员进场检查；对瞎火、半爆、拒爆销毁品，不得随意触动，应就地炸毁。

2．野外烧毁法作业安全规定

（1）严格检查销毁品，不得装有或混入引信和雷管。每次只能烧毁一种销毁品。

（2）当日内不得在同一地点进行烧毁作业。新烧毁点应选在原地上风向10m以上距离处。

（3）将待销毁品按顺风向成行铺设。多行烧毁时，行间隔大于20m，专人负责协调点火。

（4）燃烧过程中不得添加燃料。

（5）逆风远距离间接点火。

（6）燃烧结束20min后方可进入现场检查。

第 5 章　未爆弹药处置行动

处置未爆弹是一项十分危险的工作，排弹人员必须具备较全面的专业技术知识和过硬的专业技能，遵守未爆弹的处置原则、处置方法、处置程序、安全规则及注意事项。为防止在处置工作中发生意外，必须采取严格的安全防护措施，为排弹人员配备足够的防护器材，以保证人员的人身安全，同时，应严格按照安全规程进行操作，并牢记工作注意事项及要求。

5.1　未爆弹药处置行动的原则及要求

未爆弹的处置原则和安全规则是前人用生命和鲜血换来的，也是排弹人员大量实践经验通过归纳和总结出来且必须遵循的原则。严格遵守处置原则，是排弹人员安全排除各种未爆弹的根本保证，是防止在排弹工作中由于排弹人员或外界干扰等因素发生意外爆炸的必要条件。处在排弹现场的任何人，都必须了解和坚决遵循排弹的原则，为安全、准确、可靠地完成处置任务提供良好条件。

5.1.1　未爆弹处置行动的基本原则

对未爆弹处置原则，总的来说以就地销毁（引爆）为主。其基本原则如下：
（1）未爆弹处置须由专业技术人员实施。
（2）采取一定措施，尽可能保证不使未爆弹发生爆炸或将爆炸危害控制在一定范围内。
（3）在闹市区、人员和建筑物附近的未爆弹，要运用各种技术手段和方法，尽可能安全转移到人烟稀少、安全空旷的地方处置，或者临时储存。
（4）在条件允许的情况下，要运用技术手段就地销毁或予以失效。

5.1.2　未爆弹处置行动的基本要求

处置未爆弹的分队在处置爆炸物时，要根据上级指示，注意安全，防止各种事故发生。在执行处置任务时，要做到以下要求：
（1）精心计划，严密组织。处置未爆弹的分队必须在思想、组织、物质上经常保持高度战斗准备，保证一声令下，立即行动；受领任务后，根据未爆弹的具体情况，以最快的速度查明情况，周密计划，正确制定处置方案，及时做好器材保障。分队指挥员应科学地计算和分配时间，抓住重点，简化程序、合理划分小组，依据当时的客观条件，制定详细的行动计划。行动计划应有基本方案和预备方案，使之具有相对稳定性和灵活性。

（2）封控现场，减少损失。处置未爆弹是一项十分艰巨而又危险的任务，处置时，要保持现场的良好秩序，场内严禁烟火和感应电流，无关人员不得在现场附近逗留，最大限度地减少直接接触未爆弹的人员；万一发生意外爆炸，要最大限度地减少破坏程度，保障所有人员的安全，保护现场，保留痕迹，并迅速报告上级。

（3）快速行动，准确作业。执行未爆弹处置任务，行动必须迅速、准确，做到机动快、展开快、作业快，根据现场的具体情况，采取合理的技术措施，灵活的作业方法，进行严格的质量控制，确保在规定的时间内顺利完成任务。

（4）英勇顽强，确保安全。执行任务中要发扬吃苦耐劳、英勇顽强、不怕牺牲的精神，作业人员要做到令行禁止，严格遵守操作规程和安全规则，采取科学求实的态度，胆大心细，始终保持旺盛的战斗士气，圆满完成处置任务。

5.1.3　未爆弹处置行动安全要求

（1）严禁无关人员进入未爆弹药处置现场；
（2）严禁非专业人员清理实弹实爆现场和销毁未爆弹药；
（3）严禁擅自拾捡未爆弹药和私自留存未爆弹药；
（4）严禁实弹实爆后不清理未爆弹药和在销毁现场遗留未爆弹药；
（5）严禁未经技术检测移动未爆弹药；
（6）严禁未经风险评估组织销毁未爆弹药；
（7）严禁违反操作规程销毁未爆弹药。

5.1.4　未爆弹处置行动安全要点

未爆弹处置危险性极高，必须做到判断正确、方法科学、行动规范，达到确保安全的目标。处置行动在处置技术介绍基础上，特别强调和高度重视以下环节：

（1）勘察状态。通过无人机、人工侦察，明确未爆弹型号、外形、尺寸、姿态、破损程度、数量、分布状态以及所处地形、地质、周围环境、不确定因素等。在指定方案过程中，对不清楚的情况可以多次侦察，查明状况。

（2）判断性能。根据侦察情况识别未爆弹的弹种、型号，根据结构、装药量、引信类型和侦察结果判断意外爆炸可能、爆破作用范围等。对于识别不确定的未爆弹，要一并将疑似型号的性能考虑进去。

（3）分析原因。只有未爆原因分析透彻，才能保证处置行动的安全。一种弹药出现未爆的可能原因有多个，要根据掌握的情况逐个分析判断目标弹药的真正未爆原因，多个未爆弹同时出现时应考虑各弹之间存在不同原因。经多次侦察不能确定原因时，可通过前期处置方法排查或在处置行动方案中考虑周全，千万不可臆断、盲目行动。

（4）确定方案。对于状况不明、原因不清的未爆弹尽量采用无人装备或远距离处置的方案。人员处置以诱爆装药不接触未爆弹为优先方案。方案应坚持逐步靠近逐步观察，先前期处置抵近销毁的原则。方案应尽量考虑周全，包含对多种未爆原因的应对、可能出现复杂情况的处理、可能出现临时问题的解决、行动细节的规范等。行动过程中当发现观察到的实际情况与方案不符时，应立即停止行动，重新研讨方案。

（5）风险评估。风险评估包括全过程的安全风险，应按要求进行分析评估并采取应对措施。

（6）防护措施。未爆弹与简易爆炸装置有一定的区别，未爆弹处置人员的防护坚持具体情况具体对待的原则。对于小量装药、破片杀伤为主的未爆弹应穿戴排爆服，防护效果明显；对于装药量相对较大的未爆弹，从作业方便、危险范围时间短等因素考虑，人员防护主要有头盔、防弹背心、护裆等器具。

（7）进场时机。对于雷管引爆装药的爆破出现拒爆时，应等待 15min 后进入现场进行检查。对于配用机械引信的未爆弹，人员一般在投弹或射击 1h 后进入现场。机电引信一般在投弹或射击 5h 后进入现场。无线电引信一般在投弹或射击 24h 后，人员可以进入现场。

（8）规范作业。未爆弹排除过程中，严格按照规范进行作业，确保安全。

5.2 未爆弹药处置的准备工作

未爆弹处置是一项复杂的、严谨的、危险的任务，为使未爆弹处置工作顺利进行，应设立精干的现场指挥机构，精心组织、科学指挥、确保安全、顺利完成处置任务。

5.2.1 预先准备

预先准备的内容：思想准备、组织准备、物质准备、训练准备、行动预案等。

（1）思想准备。认清处置的重要性、危险性，以及现实意义。时刻保持清醒头脑，保持人员常备不懈；要富有勇敢顽强、敢于牺牲的精神。

（2）组织准备。对未爆弹进行处置，要事先成立排弹队（组），除领导亲自指挥外，要由防爆专业知识及经验丰富的专家、专职排弹人员和排弹分队来进行。此外，还要组织好医护、消防抢救小组，并使其处于待命状态。

排弹现场的组织领导十分重要，特别是制定排除方案时的领导，必须具有较高的技术水平和果断的魄力。现场的领导通常不由最高首长担任，更不能由上级领导在现场集体指挥，否则必将造成混乱，出现矛盾和拖延。只能由技术权威人员作出判断，拟定方案，报请现场首长定夺。

要建立经常的、完备的排弹分队，确保人员在位，保证一声令下，拉得出，打得赢。建立以单位首长为领导的相对固定的排爆组织，挑选业务熟练的专业人员，并明确分工和责任。排爆分队一般要设立为以下几组：

① 指挥组。负责对排爆工作的全面组织指挥。宣保、卫生、运输等部门，以及警卫、靶场和遂行排弹任务分队等相关单位负责人为成员，具体负责搜索、运输、警戒、救护

和消防等工作的组织领导。指挥组应组织各专业针对排弹任务实际情况，进行安全风险评估，制定保障预案，明确所需装备器材、人员抽组、保障作业流程、应急处置方法、安全防护措施等内容。由相关人员负责为现场作业人员进行未爆弹药的安全培训，主要介绍待排除未爆弹药的基本特性，并分析在处理未爆弹药时可能遇到的情况。指挥长统一指挥各组开展作业，并负责下达命令决心。建立签字负责制，各组根据预案准备完毕后，应由组长签字负责，并在指挥长统一指挥下开展作业，作业完毕后及时填写作业记录，由指挥长和组长共同签字确认。

② 搜索组。由经过安全培训的人员组成，负责搜索、排查未爆弹药，搭建掩体，组织实施挖掘作业。由排除组负责技术指导。

③ 排除组。由专业分队力量组成，负责制定未爆弹排除计划，具体实施未爆弹药的探测排除作业，以及剩余炸药与火工品的销毁。排除组还应在作业前为指挥组、搜索组、运输组等相关人员进行未爆弹药排除的安全培训，介绍未爆弹药排除的基本作业流程与安全技术要求。

④ 线路组。由专业分队力量组成，负责线路铺设、起爆、构筑点火站等工作。

⑤ 警戒组。由相关人员组成，负责现场的安全警戒工作。

⑥ 保障组。由经过安全培训的人员组成，负责人员、装备、器材和异地处理未爆弹药等的运输、保管等，建立通信联系。

⑦ 救护组。由医务和救援人员组成，负责现场的救护工作。

⑧ 消防组。由消防人员组成，负责设置防火隔离带以及现场的火灾扑救。

（3）物质准备。时刻保持器材、装备的良好性能，做到经常检查、经常保养。行动前有组织、有计划地进行各种器材的准备工作。指挥组应提前筹措用于未爆弹排除的保障装备、探测设备、炸药及火工品、引爆器材、爆破工具、防护器材、辅助器材等。常用器材如表 5-1 所列。

表 5-1 未爆弹处置常用器材

序号	类别		器材名称
1	保障装备		指挥车、运输车、消防车、救护车、无人机、遥控机械、机器人等
2	探测设备		数字航弹探测器、成像探雷器、铯光泵磁力仪、排弹电脑等
3	炸药及火工品		炸药、火雷管、瞬发电雷管、导爆管雷管、导爆管、拉火管、导火索等
4	引爆器材		线形聚能切割器、钻地引爆弹、非接触聚能引爆装置、专用起爆器等
5	爆破工具		便携式防爆雷管箱、电起爆器、电雷管测试仪、高压脉冲起爆器、四通雷管钳、剥线钳、四通连接件、钢卷尺、干电池、电工绝缘胶带、导线、弹体夹具等
6	防护器材		防爆服、单兵防护装具、防弹衣、防弹头盔、防爆围栏等
7	辅助器材	通信类	有线电话、信号枪、信号弹或拉发信号弹、手持扩音喇叭、手旗、小喇叭、哨子等
8		医疗类	止血、包扎、捆绑、固定、担架等救护器械和药品等

(续)

序号	类别		器材名称
9	辅助器材	挖掘类	背包、大力剪、修枝剪、手剪、折叠铁锹、手铲、手锯、折叠刀、手锤、砍刀、小刷子、断线钳、土耙、护膝、手套等
10		观察类	望远镜、炮目镜、GPS或北斗手持定位终端、照相机、摄像机等
11		其他	对讲机、激光测距仪、组合锹镐、大锤、皮卷尺、标志旗、应急灯、防爆手电、指北针、绳索、胶布、大卷透明胶带、剪刀、警戒带等

（4）训练准备。要有科学的、严谨的训练体系，要及时了解未爆弹现状，掌握未爆弹规律，有针对性地研究和训练。处置人员要熟练掌握器材、装备的性能和使用，确保完成任务的可靠性。

（5）预案准备。要有处置未爆弹的行动预案，方案的内容包括：未爆弹的基本情况；所需要的工具、装备、防护器材；排除未爆弹的方法、步骤、要求及人员分工；制定发生意外情况时的应急措施；医疗、抢救方案等。对不同的时机、不同的未爆弹经常按不同的预案进行演练；要贴近实战，不断演练，保证预定方案的可操作性和可行性。

（6）技术支援。排弹的技术支援力量由相关院校、科研院所、训练机构的专家构成，负责为排弹工作提供技术支援。排弹中如遇到不明弹药或不能确定排除方法时，应暂不处理，申请技术支援。

5.2.2 行动前的准备

排弹分队的分队长受领任务后，应及时向分队传达排弹情况，并按下列程序进行组织准备工作。准备工作主要包括：了解任务、判断情况、现地勘察、定下决心、拟订方案、兵力部署、政治动员、组织开进等。

1．了解任务

队长受领任务后，应正确领会上级意图和完成任务的有关事项，其内容包括：

（1）有关上级意图，任务的性质；

（2）目标的位置、数量和未爆弹的种类；

（3）排弹的手段和作业开始与完成的时间；

（4）与其他分队协同的有关事项；

（5）通信联络的方法。

2．情况判断

队长应召集有关人员对完成任务的有关情况进行全面地分析和判断。其主要内容：

（1）未爆弹的特点及对行动或周边的影响；

（2）本分队的专业政治素质及装备情况；

（3）环境及未爆弹所在区域对作业行动的影响；

（4）在判断情况的基础上，应作出行动预案，确定实施任务所需的人员、装备等。

3．初步侦察

有条件情况下应安排初步侦查。初步侦察主要根据落弹观察资料，利用无人机、红外成像、录像等现代化侦察手段实施。侦察内容一般包括目标的位置、种类、数量、姿态、稳定性、附近地形地物、往返的行动路线等。

4．定下决心

指挥员或队长根据上级意图、受领的任务和未爆弹的情况，及时正确地定下决心。其内容包括：

（1）处置未爆弹的具体方法；

（2）任务区分和器材、装备配备。

5．拟制方案

排弹实施方案由排除组制定，应明确排弹作业的基本方法、实施步骤、安全措施和场地布局等内容。方案采用文字式或表格式。方案制定时注意以下几点：

（1）排弹实施方案的制定应立足于排弹保障实际，务必科学、严密、周详，并充分考虑到现场可能出现的各种情况。

（2）实施排弹作业时，应先排除裸露于地表的未爆弹药，再排除侵入地下的未爆弹药。

（3）先排除小当量级未爆弹药，再排除大当量级未爆弹药。其中，小当量级未爆弹药指各类子弹药、航炮弹及火箭弹等；大当量级未爆弹药指口径不小于100kg的航空炸弹，空地导弹等。

（4）兵力部署，根据任务和方案，选用相应的技术人员和装备，部署完成相应任务的兵力。

（5）明确协同。处置未爆弹是一个极其复杂的过程，情况难以预料，要求各组之间要及时配合，排弹分队和有关部门要保持随时联系，事先要组织好协同，做到有备无患。

（6）应急预案。

6．下达任务

指挥员根据决心方案下达任务，明确上级意图、本队任务、进入作业地点的时间及完成准备时间、点火命令或信（记）号，以及对作业中可能出现情况的处置方案和通信联络方式。

7．动员准备

（1）充分动员，做好思想准备。明确完成任务的重大意义，以及任务的艰巨性、危险性；提高执行任务人员的"使命"意识，激发他们的大无畏精神，保证任务的圆满完成。

（2）合理编组，做好组织准备。根据任务的实际需要和人员的技术特长，明确各组人员、任务和职责，各组人员的数量按工作量确定，组长由骨干担任。

（3）反复研究，做好技术准备。对于爆破的部位、装药的设置、线路的连接形式等要进行反复比较，既要确实可靠，又要简便易行。

（4）认真检查，做好器材准备，对作业中需要的各种器材，不仅要全面检查数量，而且要认真检查质量，以保证使用中的可靠性；为方便携带并缩短现场作业时间，可预先捆包装药；对于容易受潮的炸药、火具，要采取防潮措施。

各项准备工作均应认真周密、确实可靠、按时完成。在完成上述准备的基础上，如有可能应组织有关人员进行演练，以便提高作业能力和组织指挥能力。

5.3 未爆弹药处置行动内容与实施程序

5.3.1 排除作业现场布局

（1）根据弹药的毁伤能力，以炸点为圆心，半径不小于 150m 的圆形区域范围划定为排除作业区，除排除组外，其余人员不得进入。

（2）在有高草、树丛等可能引起火灾的地方，在距炸点 200m 处左右，应设置一圈防火隔离带，防火隔离带内的易燃物必须清除干净。

（3）应至少分设 2 个器材掩体和 1 个人员掩体。掩体可采用防爆围栏、沙袋堆码、挖地沟等方式构筑，出入口背向炸点；器材掩体与人员掩体间距离必须大于 100m；雷管与炸药、起爆器、钻地引爆弹等引爆器材应分别存放在两个器材掩体内，且两掩体间距离大于 25m。人员掩体可以设在地势较高、视野开阔的地点，便于观察指挥。掩体与炸点的距离参考弹药危险区半径。

（4）医疗救护区应在警戒区域之外，交通便利地域。隐蔽区和待机区应设在安全区域，便于前出作业和组织。

（5）排除作业现场，在安全距离以外，应设置警戒哨和明显警示标志，防止无关人员和牲畜进入。

5.3.2 未爆弹警戒范围

1．作业警戒区域

（1）根据未爆弹的威力大小、所处位置及周围环境划定出安全范围。未爆弹处于露天情况下，作业警戒区的最小安全半径通常按照危险区半径或弹片飞散半径考虑。

（2）在划定安全范围的同时，应尽快组织在危险区内的人员撤出现场。撤离时，行走的路线应尽可能远离未爆弹。组织撤离的工作人员既要沉着冷静，又要动作迅速、有秩序。

（3）人员撤离后封控现场，布置警戒。

2．爆炸销毁警戒

（1）根据未爆弹的威力大小确定警戒安全半径。

（2）应设置警戒哨和明显警示标志，防止无关人员和牲畜进入。

（3）建立指挥员与警戒点之间的通信联系。

（4）警戒按照起爆相关程序和规定执行。

5.3.3 器材检查

1．仪器仪表检查

（1）电雷管测试仪与电起爆器检查。确保电雷管测试仪、电起爆器处于良好状态，使用前应检查电池是否正常安装，并测试电池电压是否在正常工作范围内。如有异常，应立即更换电池或仪器。

（2）高压脉冲起爆器检查。确保起爆器处于良好状态，使用前应检查电池是否正常安装，检查起爆器能否正常充电，并测试起爆针能否正常发火。如有异常，应立即更换电池、起爆针或起爆器。

2．导线、导爆管检查

（1）电起爆导线检查。导线应为铜芯导线；导线的长度按照从炸点到起爆点距离再加10%的松弛度准备；导线外皮绝缘良好，并用电雷管测试仪或电起爆器分别进行断路测试和通路测试，确保无断路和短路现象。电力起爆导线的常用规格应符合要求。

（2）导爆管和连接件检查。保质期检查，在外包装塑料袋封存良好情况下，仓库内存放未超过5年；导爆管外观检查，不允许有管径粗细不均、塑料管壳及管壁破损、管内异物等现象；连接件不允许有破损和堵塞。

3．火工品检查

（1）电雷管检查。接触电雷管前，应双手触地释放人体静电。电雷管应在保质期内，对电雷管逐一进行外观检查，不允许有锈蚀、变形和裂缝；电雷管电阻值的测试结果应符合要求；在测试电雷管电阻时，应将要检测的电雷管置于障碍物后，通电时间不大于2s，电雷管电阻值应逐一测试，康铜桥丝电雷管阻值相差不应大于0.25Ω，镍铬桥丝电雷管阻值相差不应大于0.5Ω。测试电雷管时，应采用可靠的隔爆措施；电雷管除进行检查外，脚线应处于短接状态。引爆雷管试验时，人员距离裸露雷管的爆炸点应大于30m。

（2）导爆管雷管检查。导爆管雷管应在保质期内，逐一检查导爆管雷管的塑料导爆管，确保无变形和破损，雷管体确保无锈蚀、变形和裂缝等。

（3）火雷管等检查。火雷管等器材应在保质期内，逐一检查雷管体确保无锈蚀、变形等，拉火管拉丝无锈蚀、发黑等现象，导火索外观无变形、颜色不发暗等。

4．炸药、引爆器材检查

保质期检查，在炸药及引爆器材外包装完好的情况下，确定炸药、引爆器材处于保质期内；炸药外观检查，不允许使用存在包装破损、渗油、霉变等现象的炸药；线形起爆器、钻地引爆弹、非接触聚能引爆装置等引爆器材外观检查，引爆器材外观应完好，无磕碰、变形、锈蚀等现象。

5.3.4 前期处置与人员搜索

1．现地侦察

现地侦察先依托无人机、红外成像、录像等现代化侦察手段实施，进一步明确未爆弹位置、状况、周围地形和环境，为下一步展开工作进行准备。

2．前期处置

人员在安全距离之外利用机器人、遥控机械臂或就便器材工具对弹体进行干扰、移动或翻转。未爆弹未发生爆炸的情况下，人员才能进入现场搜索。

3. 人员搜索

未爆弹处置必须严格执行人员进入现场的时间规定。

搜索组根据初步侦察结果和观察哨记录组织人员开始实施侦察，侦察人员左右间距3m，前后间距25m，顺投弹方向面向疑似弹着点位置开展搜索。搜排过程中，要逐区域、逐点位排查，确保不遗漏任何可疑物体，发现目标及时报告，严禁人员集中围观。搜排人员发现可疑目标时，应发出警示口令，周围人员立即停止作业，由搜索组人员对发现的物体进行处理。发现地表未爆弹药后，搜索人员应采用照相、摄像和笔录等方式记录未爆弹药地理位置、姿态和周围环境，使用黄色标志旗进行标识，并将搜索结果及时上报指挥组。搜索人员发现可能存在地下未爆弹的疑似区域时，应使用蓝色标志旗进行标识。发现地下未爆弹疑似区域后，由排除组实施探测排查，确定未爆弹精确坐标后，使用红色标志旗进行标识，并将探测结果上报指挥组。

5.3.5 地下探测

发现地下未爆弹疑似区域后，对于机械引信的未爆弹可以利用如探雷器、航弹探测器等探测仪器设备进行探测，尽可能摸清具体掩埋部位、深度、数量、品种、危险程度等，确保对现场未爆弹无一遗漏、准确探测定位。金属探雷器主要探测地表或浅表的含有金属的未爆弹，探测深度与未爆弹大小有关，一般深度在30cm以内。航弹探测器可以探测地下约3m以内的航弹，灵敏度也与航弹大小和深度有关。探测程序如下：

金属探雷器探测作业时，作业手首先将基准杆放置可疑区域外延15cm处开始探测。探测时，将探头中心对准基准杆前沿，确保半个探头在基准杆前侧待清排区域内，然后沿着基准杆从一侧向另一侧匀速移动，移动速度不大于0.5m/s，完成对整个基准杆宽度范围内的一次探测（探头中心必须达到基准杆白色端边沿）。探测时探头要与地面平行，尽可能地靠近地面但不能触碰地面，通常要保持3～5cm高度。在到达探测范围边缘后，不得将探头外翻。同一个区域要连续进行3次探测，如果没有发现信号源，作业手就将探头向前移动半个探头的距离继续探测，确保每次探测范围与上次探测范围有大约半个探头（不得小于10cm）的重叠。

如图5-1所示，探雷器累计向前探测距离距基准杆不得超过50cm（c），以免作业手失去平衡，向前跌入未清排区域。当完成 c 的探测没有发现信号源时，作业手将基准杆向前移动40cm（b），然后继续开始探测，确保与上次探测保持10cm（a）的重叠，如图5-1(a)所示。

探测过程中，当探雷器发出了"嘀""嘟"的警示声时，说明探测到了金属信号源。作业手应将探头从信号源一侧慢慢向中心移动，当探雷器发出"嘀"或"嘟"的声音时，在探头中心对应位置放1根信号源标示棒，再用同样方法在信号源另一侧和后侧各放置1根信号源标示棒，这样信号源大致位置就可以被界定，但无论何时，不得在信号源前侧放置标示棒。然后对正后方标示棒中心位置纵向放置第4根标示棒，该棒向前延伸的方向即指向信号源，该棒尾端即为挖掘作业起始面。必要时也可以在该棒尾端放置一个警示标志，如图5-2(a)所示。对于金属探雷器而言，其"嘀""嘟"警示声的交界处即为信号源中心大致位置，可作为作业手确定的参考。

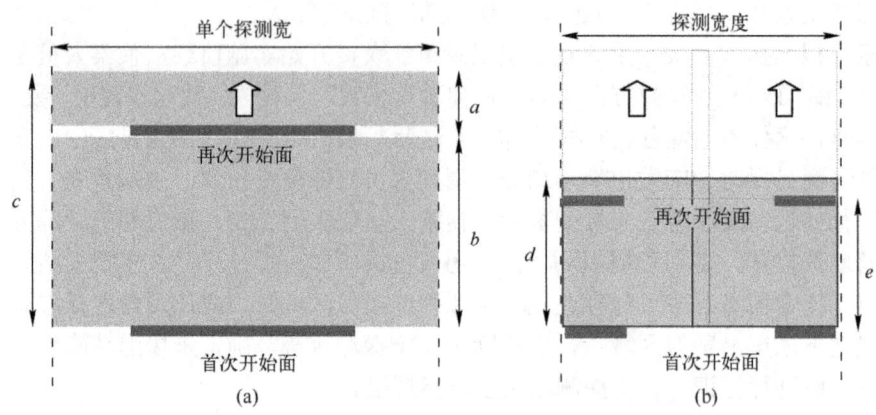

图 5-1 探测示意图

航弹探测器作业时，每个探测区域的前后左右应重叠 50cm 以上如图 5-1(b)所示，其中 d 为探测深度，e 为有效深度。发现标志应在信号源外 2m 设置，如图 5-2(b)所示。

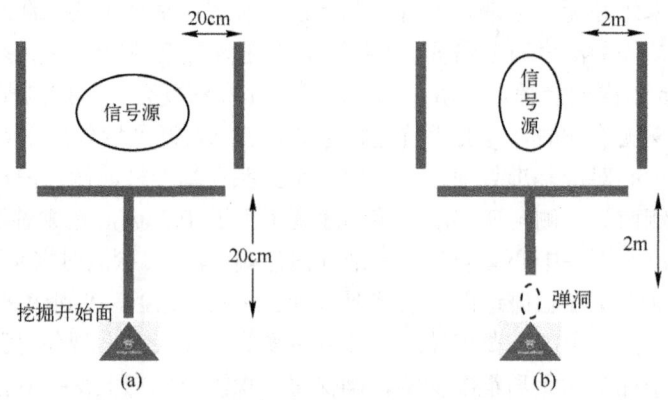

图 5-2 信号源标示

作业手应该对发现的信号源进行确认，并初步判断其性质，报告指挥员后，根据指挥员指令采取下一步行动。当信号源是位于地表的金属片或金属线之类物体时，在确保安全的前提下，可以将其捡起，并重新对该区域进行探测。如果该信号源处于地面之下，则要考虑实施挖掘。

5.3.6 未爆弹开挖

当探测区域内有大量金属残片（渣）或者土质、岩石具有磁性无法使用探雷器时，则直接转入挖掘作业。挖掘必须由专业人员组织与作业。实施挖掘作业时，尽量减少挖掘作业人数，通常每个点位由尽量少的人实施挖掘，挖掘作业量大时，可实行轮换作业。挖掘作业前，应制定应急处理方法。

5.3.7 未爆弹排除作业

1．排除方式

未爆弹药排除可采取就地处理、集中处理、异地处理和暂不处理 4 种方式。

未爆弹药排除作业，应首选就地处理方式，一般不允许移动未爆弹药。对地表和半地下非磁电引信的未爆弹药，可采用非接触聚能引爆装置、炸药、线形起爆器等就地处理。埋深不超过 3m 的地下未爆弹药，通常在准确定位后采用钻地引爆弹直接穿爆。埋深超过 3m 的地下未爆弹药，通常采用人工进行挖掘，待能够准确定位后，再就地直接引爆。

同一区域出现较多航炮弹或子弹药等小当量未爆弹药时，经指挥长批准，可由排弹人员将小当量未爆弹药收集至指定地点，进行集中销毁。处理过程中，排弹人员应着防护服，使用弹体夹具，禁止用手直接接触未爆弹药。

未爆弹药不适合直接引爆的区域时，经指挥长批准，可实施异地处理。

由于复杂气象等原因，现场不具备作业条件时，经指挥长批准，未爆弹药可暂不处理，待具备作业条件后再及时排除。小于 2kgTNT 当量的未爆弹药，应采用防爆围栏进行封围与警示标识；大于 2kgTNT 当量的未爆弹药，应设置醒目的警示标识，并组织外围警戒。

2．起爆体设置

按照方案和技术要求设置起爆体或装置。

3．起爆方法与步骤

未爆弹药的排除通常使用导爆管起爆法、点火管起爆法和电力起爆法。起爆步骤如下：

（1）按要求布设起爆网络，干线与网络暂不连接。

（2）起爆准备。指挥员确认无问题后，下达"连接线路"命令，并向现场所有人员发出信号。爆破手听到指挥员的"连接线路"命令后，将干线与网络连接好后，撤离至掩体位置。爆破手确认起爆网络和线路可靠后，向指挥员报告。起爆准备完毕后，由指挥员向指挥长上报准备情况。指挥长综合现场情况确认正常后，下达"排除组，可以起爆"的命令。

（3）起爆。指挥员下达"各单位注意，准备起爆"命令，爆破手准备完毕后向指挥员报告"起爆准备完毕"。指挥员下达"起爆"指令，由爆破手实施起爆。

4．检查清理评估

（1）检查清理爆破现场，指挥组人员必须等爆炸声停止 15min 后，方可发出清理指令，排除组进入现场进行检查清理。检查时，作业人员应分散开，由四周逐渐走向炸点。对未爆物品的处理要彻底，不准留有未熄灭的明火和残留的爆炸物品。

（2）网络起爆时，应指定专人统计未爆弹药爆炸的个数，以确认未爆弹药是否全部排除。

（3）起爆不完全或出现哑炮现象时，必须从最后一个起爆点的起爆时间算起，30min

后，方可接近观察，确认无危险时，再重新实施销毁作业。

（4）未爆弹药排除后，指挥组组织销毁评估，确认彻底销毁后，填写未爆弹药排除记录单。

5.3.8 结束撤收

处置行动结束后，现场指挥员要及时向上级报告完成任务情况，并根据上级的指示组织撤离现场，其主要工作如下：

（1）清点人员装备。各组接到撤离的命令后，迅速到指定地点集合；各组长要将执行的器材、装备收拢并向队长报告。

（2）组织移交。组织移交是完成任务后的一项重要工作，移交时，要明确移交物品的数量、种类、完好程度，以及处置现场的安全系数、可能发生的情况。对重要场所和贵重物品，要请有关人员当面核对，确保无误后及时办理移交手续。

（3）撤离现场、总结报告。组织移交后，队长要及时组织部队撤离现场，对本分队完成任务的情况进行总结。总结时，要大力表彰执行任务中表现突出的同志，必要时为他们请功。对执行任务中的不足之处，要及时查找原因，总结经验教训。对完成任务的总体情况，队长应口头或书面向上级做出翔实的汇报。

5.4 未爆弹药处置行动示例

5.4.1 未爆手榴弹处置方案

手榴弹排弹在实弹投掷行动的统一组织领导下展开，与排弹相关的警戒、医务、场地、诱爆器材准备等工作均由实弹投掷组织单位实施。方案中仅涉及排爆组。

1．组织领导和职责分工

排爆组设组长一名，组员多名。排爆组在手榴弹实弹投掷实施方案明确的指挥组领导下，负责对未爆弹进行处置。组长负责排爆技术工作和排爆指挥。组员负责具体排爆、器材准备等工作。

2．处置方法和器材工具

处置方法：对于地表可以直瞄的未爆弹，采用"智能无人探测与激光排爆装备"在距离未爆弹 50m 远的地方引燃未爆手榴弹。对于激光不能直瞄的未爆弹，采用排爆人员原地诱爆炸毁方式处置。

器材工具："智能无人探测与激光排爆装备"由装备单位提供并组织实施。原地诱爆炸毁方式主要器材包括炸药雷管、防护器具、使用工具等。

3．实施步骤

（1）未爆弹定位。根据投弹视频录像，确定未爆弹位置，查看手榴弹投出后有无第一次击针打响火帽的声音。用无人机抵近观察，或用望远镜在安全距离外观察未爆弹状态，主要查看手榴弹握柄是否弹开，击针是否翻转。

（2）激光排爆。出现哑弹后，现场指挥员立即下达"停止作业"的命令，投弹人员在防弹墙后隐蔽，其他人员原地待命，1min后投弹人员撤回待机区。5min后"智能无人探测与激光排爆装备"实施排爆。

（3）人员原地诱爆。

① 预留安全时间。手榴弹投出30min后，排爆组进入现场开始排除。

② 抵近观察，探明情况。观察员着防爆服，利用高倍望远镜在30m处观察，判明哑弹位置和状态。

③ 处置作业。

第一步：对于握柄未弹开、击针未翻转的手榴弹，根据指挥员命令，1名排爆员着防爆服，抵近哑弹5m处进一步观察，设置防护盾牌。采用排爆杆在盾牌后将已经连接导线的装药设置在未爆手榴弹旁，不要碰触弹体，之后按照第三步的方法集中销毁。

对于握柄弹开、击针翻转的手榴弹，根据指挥员命令，可直接转入第二步。

第二步：排爆员抵近哑弹，将预制药块设置在哑弹上方。

第三步：排爆员撤回，点火站根据指挥员命令点火起爆装药，将哑弹诱爆。

（4）爆后检查。未爆弹排除后，可用无人机或望远镜先观察，等待15min后人员进场检查，并向指挥员报告结果，确保无险情后才可继续投弹。

4. 应急预案

（1）装药出现拒爆。如遇到装药拒爆，应暂停作业，人员就地隐蔽15min后，由排爆员着防爆服，前出检查。辨明情况后，用TNT药块设置在拒爆装药上方或侧方，实施诱爆。

（2）排爆人员出现身体不适、情绪紧张。指挥员立即更换替补排爆员。

（3）人员被弹片击中。指挥员命令停止作业，迅速组织伤员急救和后送。收拢人员、器材。伤势较轻时，用止血带、三角巾临时止血包扎后视情作进一步处理；伤势较重时，由医疗救护组现场救治，并迅速送往附近医院就诊。警戒人员要随时保证作业现场出路畅通，医疗救护组要派出2组以上保障人员以备处置突发情况。

5. 有关要求

（1）投弹前，对排弹人员进行技术交底、安全教育和思想摸底。

（2）排弹人员要高度重视，积极准备。未爆手榴弹排除是一项危险工作，排弹人员要提前准备、练习。

（3）现场处置必须服从命令、听从指挥。

5.4.2 未爆弹处置行动

1. 说明

演训过程中在道路两侧发现未爆弹，交由专业分队进行处置。由于演训使用的弹种、结构、性能明确，常见未爆原因相对清楚，处置方案成熟，未爆弹处置行动有些环节可以适当简化。

平时训练有素的专业人员组成的排爆队到达指定区域后，可以按照行动步骤依次展开作业。

2．未爆弹处置行动现场组织

图 5-3 所示为未爆弹处置行动现场组织示意图。

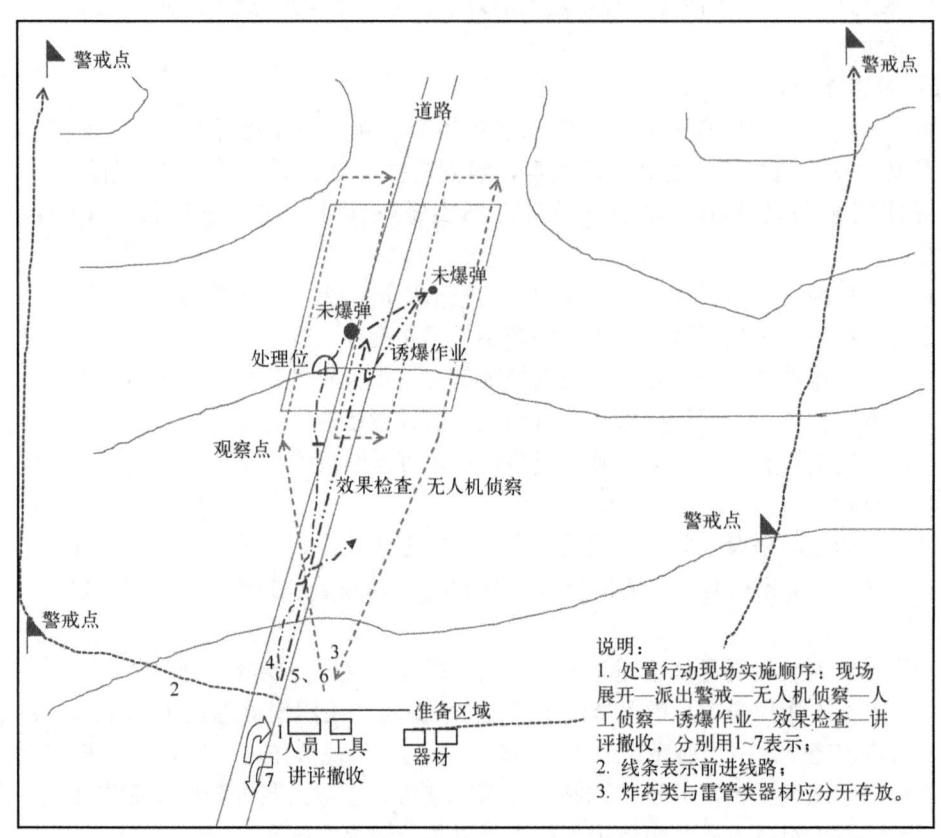

图 5-3　未爆弹处置行动现场组织示意图

3．注意事项

（1）每次未爆弹的具体情况不同，处置行动均须小心谨慎，不可简单照搬以往处置方法。多起事故表明，以往处置都没出现安全问题，但是不能代表该方法就正确、就没有隐患。

（2）行动过程中，必须服从命令、听从指挥，严格落实操作规定。

（3）分队长现场管控、指挥十分重要，要做到技术过硬、思路清晰、指挥果断。

简易的处置侦察记录与处置方案可参考表 5-2，未爆弹药处置与销毁组织指挥程序参考表 5-3。

表 5-2 未爆弹药处置侦察记录与处置方案

时　　间			地点		
处置区域					
发现数量					
弹体特征					
位置		姿态	稳定性	形状	
长度/m		直径/mm	标志	特征	尾翼□
引信状态		损伤程度	轴向方位	倾斜角度	
掩埋状态		暴露长度/m	预计埋深/m		
弹迹直径/mm		预计深度/m	倾斜角度		
其他					
周围环境					
落点介质			地形	邻近目标	
周围植物			周边目标		
其他					
处置方案					
风险评估					
总体方案		原地炸毁□		转移处置□　其他□	
作业人员					
起爆体位置		起爆体药量	储存地点		
销爆弹型号		销爆弹数量	运输车辆		
安全距离		点火站位置	运输路线		
安全措施			安全措施		
效果检查					

侦察人：　　　　　　　　　　　　　　　　　　　记录人：

表 5-3 演训未爆弹药处置与销毁组织指挥程序示例

序号	指挥组（队长）	警戒组	搜索组	排除组	线路组	其他组	说明
1	工作安排 上级命令我队对实战演练靶场进行检查，发现未爆弹药立即处置。命令：第1~4名为警戒，距离靶区300m，到达位置向我报告；第5名启动无人机侦察；第6、7名向前搜索，发现目标后就地侦察；第7、8名准备器材，负责开挖和诱爆；第9、10名敷设线路，构筑点火站。余按计划准备。 大家清楚没有？开始行动！						1. 非专用通信设备严禁带入现场。 2. 实战演训所用弹药相对明确
2	检查指导	开始清场，到位后报告	准备旗子、望远镜、搜索装备、照相机等器材；穿着专用服和通信设备、调试无人机				
3	警戒已到位，搜索组出发！	警戒	无人机侦察，确定可疑点。搜索组跟进，发现地表目标远距离观察，靠近，采集弹体特征、位置、姿态、周围环境等信息。拍照或视频传输。发现迹象、密旗标示。探测仪确定位置，红旗标示。继续搜侦全部区域	检查炸药、雷管，准备工兵锹、胶带、麻绳等器材	测量导线，勘查线路，确定构筑火站点位置，点火站	各组到位，建立通信联系	
4	填写侦察记录，制定销毁方案；明确销毁方案，布置下一步工作	汇报侦察情况，协助队长定下决心		理解任务和方案，准备携带器材			

（续）

序号	指挥组（队长）	警戒组	搜索组	排除组	线路组	其他组	说明
5	排除组出发！	第一次警报	协助工作	排除组进入现场，前期处置，开挖弹体，设置装药。视频报告并经过队长检查，1人撤回	线路延伸到目标处	各组做好准备	控制现场作业人数
6	确认点火站状态后，下达线路连接指令	第二次警报		连接起爆体与导线，撤回	点火站连接干线与起爆器		
7	确认警戒正常，人员到位，导通线路，下达"5、4、3、2、1，点火"	警戒	无人机观察	观察	起爆		利用无人机、摄像机和人员进行观察
8	警戒点继续警戒，装药组15min后进入现场检查						
9	检查组进入现场			检查、起爆、残留物、火情，其他，向队长报告			
10	根据报告，解除警戒，有意外时另行处置	第三次警报	撤收器材	撤收器材	撤收器材	撤收	
11	讲评，填写处置记录，编制移交文件						

161

5.5 部分处置器材、软件介绍

5.5.1 多旋翼无人机

多旋翼无人机是一种具有 3 个及以上旋翼轴的特殊的无人驾驶直升机。其通过每个轴上的电动机转动，带动旋翼，从而产生升推力。旋翼的总距固定，而不像一般直升机那样可变。通过改变不同旋翼之间的相对转速，可以改变单轴推进力的大小，从而控制飞行器的运行轨迹。旋翼无人机操控性强，可垂直起降和悬停，主要适用于低空、低速、有垂直起降和悬停要求的任务类型，适用于未爆弹侦察与处置。无人机系统包含了无人机飞行平台、相关的遥控站、所需的指令与控制数据链路以及批准的型号设计规定的任何其他部件组成的系统。

1. 大疆"御"Mavic Air 无人机

国产的大疆"御"Mavic Air 无人机，传承该产品系列的精湛工艺及先进科技，采用三维折叠设计，体积小，性能强。它配备三轴云台，提高飞行时画面的稳定性，实现 ±0.005°的角度抖动量，可稳定拍摄 4K 超高清视频和分辨力高达 8192×4096 的球形全景照片。续航时间长达 21min，可实现空中悬停和近距离观察拍照功能，视频和照片随时传回和储存，便于未爆弹搜索和侦察，如图 5-4 所示，具体参数见表 5-4。

图 5-4 大疆"御"Mavic Air 无人机及控制器

表 5-4 大疆"御"Mavic Air 无人机技术参数

飞 行 器	
起飞质量	430g
尺寸	折叠：168×83×49mm（长×宽×高） 展开：168×184×64mm（长×宽×高）
对角线轴距	213mm
最大上升速度	4m/s（S 模式）；2m/s（P 模式）；2m/s（Wi-Fi 模式）
最大下降速度	3m/s（S 模式）；1.5m/s（P 模式）；1m/s（Wi-Fi 模式）

(续)

	飞 行 器
最大水平飞行速度 （海平面附近无风）	68.4km/h（S模式）；28.8km/h（P模式）；28.8km/h（Wi-Fi模式）
最大起飞海拔高度	5000m
最长飞行时间（无风环境）	21min（25km/h匀速飞行）
最长悬停时间（无风环境）	20min
最大续航里程（无风环境）	10km
最大抗风等级	5级风
最大可倾斜角度	35°（S模式）；15°（P模式）
最大旋转角速度	250（°）/s（S模式）；250（°）/s（P模式）
工作环境温度	0～40℃
工作频率	2.400～2.4835GHz；5.725～5.850GHz
发射功率（EIRP）	2.400～2.4835GHz；FCC：≤28dBm；CE：≤19dBm SRRC：≤19dBm；MIC：≤19dBm；5.725～5.850GHz FCC：≤31dBm；CE：≤14dBm；SRRC：≤27dBm
GNSS	GPS+GLONASS
悬停精度	垂直：±0.1m（视觉定位正常工作时）、±0.5m（GPS正常工作时）； 水平：±0.1m（视觉定位正常工作时）、±1.5m（GPS正常工作时）
机载内存	8GB
	感 知 系 统
前方	精确测距范围：0.5～12m；可探测范围：0.5～24m；有效避障速度：飞行速度≤8m/s；视角（FOV）：水平50°，垂直±19°
后方	精确测距范围：0.5～10m；可探测范围：0.5～20m；有效避障速度：飞行速度≤8m/s；视角（FOV）：水平50°，垂直±19°
下方	有效测量高度：0.1～8m；精确悬停范围：0.5～30m
有效使用环境	前方：表面有丰富纹理，光照条件充足（>15lx） 后方：表面有丰富纹理，光照条件充足（>15lx） 下方：表面为漫反射材质，尺寸>20×20cm，反射率>20%（如墙面、树木、人等），光照条件充足（>15lx）
	遥 控 器
工作频率	2.400～2.4835GHz、5.725～5.850GHz
最大信号有效距离 （无干扰、无遮挡）	2.400～2.4835GHz：FCC：4000m，CE：2000m，SRRC：2000m，MIC：2000m 5.725～5.850GHz：FCC：4000m，CE：500m，SRRC：2500m
工作环境温度	0～40℃
发射功率（EIRP）	2.400～2.4835GHz：FCC：≤26dBm、CE：≤18dBm SRRC：≤18dBm、MIC：≤18dBm 5.725～5.850GHz：FCC：≤30dBm、CE：≤14dBm SRRC：≤26dBm
内置电池	2970mAh
工作电流/电压	1400 mA＝3.7V（连接安卓设备时） 750 mA＝3.7V（连接iOS设备时）
支持移动设备	最大长度160mm；厚度6.5～8.5mm

（续）

遥 控 器	
支持接口类型	Lightning，Micro USB（Type-B），USB-C
充电器	
输入	100～240V，50/60Hz，1.4A
输出	电池接口：13.2V─3.79A USB 接口：5V─2A
电压	13.2V
额定功率	50W
APP/图传	
图传方案	增强版 Wi-Fi
移动设备 App	DJI GO 4
实时图传质量	遥控器：720p@30fps；移动设备：720p@30fps； DJI 飞行眼镜：720p@30fps
实时图传最大码率	4Mb/s
延时（视实际拍摄环境及移动设备）	170～240ms
移动设备系统版本要求	iOS 9.0 或更高版本；Android 4.4.0 或更高版本

2. 大疆 MG-1S 无人机

MG-1S Advanced 是一款 8 旋翼无人机，飞行性能更加稳定可靠，第二代高精度雷达全天候护航使作业更安全。搭配全新智能电池，防护等级达 IP54，电池插拔更为便捷，作业效率进一步提升。该机能携带一定重量的荷载，可用于悬空投放装药，扰动、诱爆未爆弹，如图 5-5 所示。

图 5-5 大疆 MG-1S 无人机

大疆 MG-1S 无人机技术参数见表 5-5。

表 5-5 大疆 MG-1S 无人机技术参数

机 架	
对称电机轴距	1500mm
单臂长度	619mm
外形尺寸	MG-1S Advanced:1460mm×1460mm×578mm（机臂展开，不含螺旋桨）；780mm×780mm×578mm（机臂折叠）
高精度雷达模块	
型号	RD2412R
工作频率	MIC&KCC: 24.05～24.25GHz；SRRC&CE&FCC: 24.00～24.25GHz
等效全向辐射功率（EIRP）	MIC: 20dBm；KCC:20dBm；SRRC:13dBm；FCC:20dBm；CE:20dBm
雷达制式	FMCW
工作环境温度	−10～40℃
测距精度	0.10 m
雷达尺寸	109mm×152mm
电源输入	DC 12～30V
雷达质量	406g
工作功耗	12W
存放环境温度	存放时间小于 3 个月：−20～45℃ 存放时间大于 3 个月：0～28℃
定高及仿地	高度测量范围：1～30m；定高范围：1.5～3.5m
避障系统	可感知范围：1.5～30m（感知 15m 远 0.5cm 半径横拉网线；感知 30m 远多股高压线）使用条件：飞行器飞行相对高度高于 1.5m 且速度小于 7m/s 安全距离：3m 避障方向：根据飞行方向实现前后方避障
防护等级	IP67
飞 行 参 数	
整机质量（不含电池）	9.8kg
标准起飞质量	23.8kg
最大有效起飞质量	24.8kg（海平面附近）
最大推重比	1.70 @起飞质量 23.8kg
动力电池	指定型号电池（MG-12000P）
最大功耗	6400W
悬停功耗	3800W（@起飞质量 23.8kg）
悬停时间（海平面附近、风速小于 3m/s 环境下测得）	20min（@12000mA·h & 起飞质量 13.8kg）9min（@12000mA·h & 起飞质量 23.8kg）

(续)

飞 行 参 数	
最大作业飞行速度	7m/s
最大飞行速度	12m/s（GPS模式），15m/s（姿态模式）
最大起飞海拔高度	2000m
推荐工作环境温度	0～40℃
电 池	
型号	MG-12000P
电压	44.4V
放电倍率	20C
防护等级	IP54
容量	12000mA·h
质量	4.0kg

5.5.2 防护器具

在排除未爆弹过程中，为了防止或减轻意外爆炸产生的冲击波、破片对排爆人员伤害，通常采用排爆服、盾牌等器具进行防护。

1．排爆服

排爆服是能够防护爆炸后产生的冲击波超压、碎片，对排爆专家进行全方位保护的特殊服饰，是排除、移动和销毁爆炸物必备的人体防护装备。排爆服主要由头盔、上衣、裤子、防爆靴以及防弹板、通信等附件组成，材质采用防弹玻璃和凯夫拉纤维等防爆材料制成。

在遇爆炸物爆炸时，防爆服主要功能是防止破片、高温对人体内脏器官、组织的伤害，另外还可抵挡、分导冲击波、声波等，最大限度地保护耳、眼、口、鼻不受冲击波的伤害。排爆服缺点是重量重，人员活动困难；冲击波防护效果较差；戴上头盔20min后就会造成排爆专家头晕、恶心、呼吸困难；头盔重量靠颈椎来支撑，易造成颈椎伤害。

1）排爆服标准

目前排爆服种类、品牌杂多，标准不一。由于排爆个人防护装备涉及的科学技术领域多、确定评价方法难度大，直到2008年美国司法部发布《司法部门排爆服标准》工作草案，2012年正式颁布世界上第一部排爆服标准NIJ 0117.00《公共安全排爆服标准》，才打破国内外无相关标准的局面，而我国至今未见该类标准。NIJ 0117标准首次对排爆服的六方面性能（包括破片、冲击力、火焰、部分冲击波超压、光学及人机工效学）提出要求及评价方法，使排爆服的研制单位和使用单位对排爆服的评价有据可依。

NIJ 0117标准的发展历程可追溯到自2000年以来公开发表的一些评价排爆个人防护装备的文献报道，报道形式包括试验报告、论文、技术备忘录、专题学术讨论会纪要以及标准草案等，美军的CECOM组织、阿伯丁测试中心、医药研究和物资管理部、纳蒂克士兵中心研究/发展和工程管理部、弗吉尼亚大学和加拿大防御研究和发展部、Med-Eng 系统有限公司以及欧洲标准化委员会等单位联合对评价排爆个人防护装备性能的测试方法进行了系列研究，其中世界上使用最为广泛的排爆服生产商加拿大 Med-Eng 公司（2008 年被英国 Allen Vanguard 公司收购）提供部分试验样品并参与了相关研究工作。

大部分与排爆个人防护装备评价相关的研究工作重点都集中在对爆炸冲击波超压防护的评价方法上。其中，"利用模拟真人身体的设备 Hybrid Ⅲ型冲击测试假人作为测试平台的主体，利用传感器和数据采集技术，通过设置不同距离、不同炸药当量、假人姿势等工况，对排爆个人防护装备所覆盖的头部、颈部、胸部和肢体末端重要部位对爆炸的力学响应进行测试与数据收集分析，实现对排爆个人防护装备的防冲击波超压的定量化评价"，该方法为近年来研究和重复试验最多的。2008 年 12 月，美国司法部发布《司法部门排爆服标准》草案中，将 Hybrid Ⅲ型冲击测试假人纳入到排爆服的评价测试标准体系。2012 年 3 月，美国司法部正式颁布 NIJ 0117.00《公共安全排爆服标准》，该标准提出了对排爆人员处置危险爆炸装置时穿着的排爆服的基本性能要求，规定了排爆服应达到的最低设计要求和性能指标，以及相应的测试方法。同时，NIJ 0117.00 标准还包括两个另行公布的配套文件《公共安全排爆服鉴定程序要求》和《公共安全排爆服选择和应用指南》。前者规定了制造商对其所生产的排爆服进行标准符合性认证时应达到的各项要求，后者采用通俗的语言为排爆服的采购和使用部门提供有关排爆服的选择和使用指导。

2014 年 9 月，美国司法部发布了更新的 NIJ 0117.01《公共安全排爆服标准》草案。新版标准草案更改了 NIJ 0117.00 版中部分性能指标要求的细节，同时也包含了 NIJ0117.00 中提到的配套文件《公共安全排爆服鉴定程序要求》和《公共安全排爆服选择和应用指南》的 0117.01 版本。2016 年 4 月，美国司法部正式颁布 NIJ 0117.01 版《公共安全排爆服标准》。该版排爆服标准在 NIJ 标准的官方网站上属于活跃内容，即该标准可能随时会被更新。

这里着重介绍 2016 年 4 月 NIJ 0117.01 版《公共安全排爆服标准》（以下简称"标准"）的内容。该标准提出了对排爆服评价的最低要求，包括形状、尺寸、性能、检测方法和标签等，只适用于新的、无磨损的排爆服，为非强制性标准。其中，主要从 6 个方面评价排爆服性能，分别是破片、冲击力、火焰、部分冲击波超压、光学及人体工效学，不涵盖对核生化方面的防护要求，具体包括 11 个章节的性能要求：工效学、光学、阻燃性、抗静电、头部防护、脊柱防护、破片防护、防爆完整性、救援提拉装置、标签耐久性和足部防滑功能（选择性要求）。其中，在排爆过程中，排爆人员需要防护来自爆炸破片、冲击力、火焰和冲击波超压带来的伤害，而相关的光学和人体工效学功能对穿着排爆服的排爆人员的执行能力有重要影响。标准的制定考虑了排爆的防护要求与排爆人员对排爆服灵活性、清晰视觉等需求之间的平衡，并对这两部分的评价进行了折中。

标准指出，评价排爆服对冲击波超压的防护能力只涉及排爆服的防爆完整性，即只与排爆服在遭遇爆炸后是否保持完整有关。目前，有关超压防护的研究所获得的测试数据非常有限，不足以支持制定超压防护的性能要求以及相应的测试方法。涉及有关冲击波超压带来的损伤评价直到必要的研究完成后才会提出，包括冲击头部损伤、胸部冲击伤、钝性胸部损伤、钝性下颈部损伤、其他颈部损伤和冲击耳部损伤等。

（1）排爆服基本要求。排爆服至少应为穿着者提供头、面、颈、胸/腹、骨盆、手臂和腿等 7 个部位的防护，其中手臂防护组件设计应能确保服装的袖筒在手腕部可扎紧。

如果排爆服设 3 个号型，则它们的质量应满足要求：小号不超过 30.8kg，中号不超过 34.5kg，大号不超过 38.6kg。如果仅设置一个通用号型，应可通过调整转换满足 3 个号型的要求，且调整后的防护服应达到对应号型的质量要求。

每件排爆服上衣必须匹配至少 2 个紧急提拉装置，如在左、右肩部位置各设置 1 个。

必须设置接地装置，以避免排爆人员身上产生的静电引爆。接地装置一端固定在穿着者腿部或者脚踝部位，另一端固定在排爆服的足部防护组件或者执勤靴上，以消除静电。

（2）组件要求。面罩不能有盲点或分割视线区域，应通过各种方式固定在头盔上。

脊椎保护器用来保护穿着者脊椎，长度应至少覆盖从颈椎 T_1 节椎骨顶部至腰椎 L_5 节椎骨底部，宽度不小于 20.3cm。

（3）附件要求。所有附件不能干扰排爆服整体或其组件的功能。如果配备的附件需组装或整合在排爆服中，则安装或整合了该附件的排爆服也应满足本标准所规定的性能要求。

（4）性能要求。

工效学：①排爆服的穿脱时间要求。整套排爆服（含附件）的穿着时间应不超过 5min，可有 1 名助手协助穿着；快速解脱时间应不超过 1min，穿着者可借助 1 把没有扶手的椅子操作；对于穿着者失能的情况下，助手帮助快速解脱时间不超过 2min。②面罩的可视范围要求。分为静态视野、动态视野—头部转动、动态视野—头部和身体运动 3 种可视范围测试要求。静态视野测试，主要用来评价戴上排爆头盔和面罩后，穿着者静态时可看到的视野范围。根据 ASTM F1587-12a 标准设置的测试方法，以人的左眼为基准将可见的视野范围分为 8 个方向，分别记录排爆服穿着者的两眼在 8 个方向上可看到的最远距离，根据公式计算出静态视野（FOV）值。动态视野—头部转动测试，主要用来评价戴上排爆头盔和面罩后，穿着者仅头部可转动时（低头时）视觉盲区的大小，头部转动的平均角度不大于 25°。动态视野—头部和身体运动测试，主要用来评价戴上排爆头盔和面罩后，穿着者头部和躯干都可以活动的情况下，弯下身从两腿间隙向后看到的最远点距离不小于 30cm。③行动能力要求。行动能力要求包括捡硬币、平躺站立、按照设置的要求完成的系列行动任务（含前进、上下楼、爬行、翻越护栏、模拟排爆操作等动作）。④整衣机动性测试。排爆服整体穿着时，身体各部位活动的要求，包括跪蹲、上臂外展、上臂前伸、上臂后摆、大腿外展、大腿弯曲、大腿前伸、大腿后摆等 8 项。⑤防雾性能要求。根据美国国家职业安全与健康研究所制定的标准 NIOSH CET-APRS-STP-CBRN-0314，Revision 1.1 版中 6.1 的规定进行排爆服防雾性能测试，获得的平均视觉敏锐度分值应大于等于 75 分。

光学：光学要求涉及光畸变、可见光透射系数、耐磨性、屈光力和棱镜度偏差等方面。其测试方法采用美军标 MIL-DTL-43511D《聚碳酸酯飞行员头盔、面罩的详细规范》等标准中的相关方法。

阻燃性：排爆服的服装面料和头盔均需进行阻燃性测试。根据 ASTM D6413—99《纺织品阻燃性能标准测试方法（垂直燃烧法）》规定的相关要求进行。服装面料的阻燃性要求包括损毁长度小于 89mm，续燃时间小于 2s，阴燃时间小于 25s，不容许有熔滴；头盔的阻燃性要求包括续燃时间小于 15s，阴燃时间小于 25s，不容许有熔滴，面罩仍然保持连接。

抗静电：抗静电要求仅针对排爆服套装，不包含头盔。根据美国静电防护组织的 STM 2.1—1997 标准《易产生静电放电物品的防护性能测试方法服装》进行测试，排爆服套装的接地电阻应大于（1±5%）MΩ。

头部防护警用装备：头部防护要求包括对头盔的抗冲击性能、抗穿刺性能和悬吊系统进行测试，测试依据为美国交通部的 TP-218-06 和 FMVSS No. 218《摩托车头盔的实验室测试规程》。测试结果要求，头盔（不含面罩）的抗冲击性能应达到以下要求：加速度峰值不超过 $290g$，加速度大于 $200g$ 的持续时间不超过 2.0ms，加速度大于 $150g$ 的持续时间不超过 4.0ms；头盔（不含面罩）的抗穿刺性能测试中，试验线以上头模表面任意点与落锤均不能接触；头盔的悬吊系统在测试中不应出现组件或附属物之间的分离，最大变形量不能大于 2.5cm。

脊柱防护：根据加拿大标准化协会颁布的 CAN/CSA Z617—06《防钝伤个体防护装备标准》规定的试验方法测试脊柱保护装置的防护能力，分别在常温、高温、低温的条件下，球形落锤以 45J 的能量向脊柱保护装置冲击 2 次，任何一次冲击测试中出现的最大载荷都不应超过 4kN。

破片防护：对排爆服不同部位的破片防护要求不同。标准中列出了 7 个防破片要求不同的防护区域，每个防护区域对应着人体不同的防护部位。这些防护区域从头到脚覆盖了排爆服。标准中除用表格列出各区域名称，同时还用附录图形象地标出。各区域的防破片 V50 值要求从 300m/s 至 1100m/s 不等，测试设备和方法参照了美军标 MIL-STD-662F《装甲的防弹 V50 值测试方法》。

防爆完整性：防爆完整性即为实爆试验。用到的仪器设备包括 1 个 Hybrid Ⅲ型冲击测试假人、1 套炸药安装定位装置、1 套假人固定装置、2 个自由场超压传感器、1 套数据采集系统。其中，自由场超压传感器和数据采集系统的使用，仅是为了记录爆炸引起的冲击波超压数据，以作为参考。炸药为 C4 塑性炸药，质量为 567g。具体实爆试验时，给假人穿上待测的排爆服及头盔，然后以跪姿将假人固定在固定装置上。排爆服表面距炸药水平距离为 0.6m，炸药中心距离地面高度为 77cm。引爆炸药，记录和报告试验结果。经过爆炸冲击后，排爆服的完整性应达到下列要求：各组件需保持牢固可靠的连接，头盔形状完整、无裂缝、刚度不变；面罩完好，不得粉碎，不得滑落；颈部及胸腹部防护组件应完好附着在服装上，保持形状完整，不能出现断裂、塌陷，结构刚度不降低；袖口保持完整固定在假人手腕上。允许排爆服出现外观破损，如掉色、磨损、外层织物撕裂等损坏，但不得影响到防弹织物层，防弹层应保持完整不受损；假人表面不能出现孔洞、裂纹等损伤。

救援提拉装置：救援提拉装置用于穿着者失能时，辅助人员对其进行紧急救援时的辅助工具。按照标准要求，救援提拉装置应缝制在排爆服上，便于辅助人员拖拽穿着排爆服的失能者。标准要求的拖拽距离是 2.5m。

标签耐久性：标签耐久性测试包括标签的耐磨性和耐化学试剂性两项，分别参照 ASTM Standard D4966—12《纺织品耐磨测试标准方法》和美国国家消防协会的 NFPA 1971《建筑物及其周边消防用防护用品》标准进行，经过测试后的服装标签仍然清晰可见。

足部防滑功能（选择性要求）：足部防滑功能为可选测试。如果排爆服含足部防护，则要进行相应测试。测试依据为 ASTM F489《鞋底和脚后跟材料静态干摩擦因数的标准测试方法》，结果为所测试的部件静态摩擦因数不应低于 0.60。

2）英国 MK5 排爆服

MK5 排爆服（图 5-6）是当今世界上安全性能高使用灵活方便的排爆服。配有新式头盔的新型 MK5 型排爆服是专为排爆专家设计的，它提供最大限度的全面防护系统，是多年来用于北约政府成员及世界许多国家的 MK4 型替代品，MK5 的尺寸可以定做。

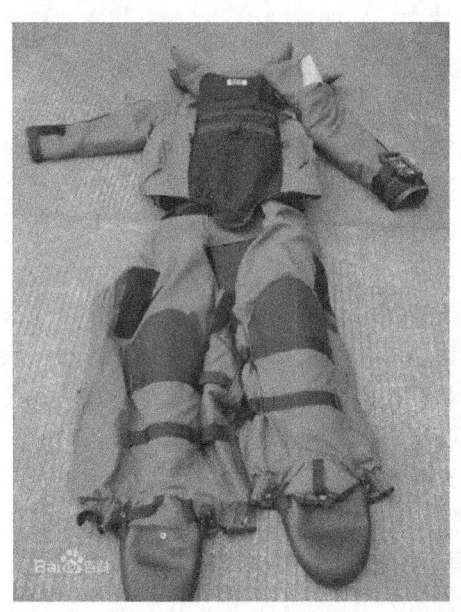

图 5-6 英国 MK5 排爆服

MK5 EOD 防爆服采用目前最好的防弹材料制成，已经被英国政府有关部门检测，完全达到标准的质量和安全要求。整套防爆服由凯夫拉纤维制成，纤维外面是诺梅克氏 111 型防水、防火材料。排爆服由以下几项构成：活领上衣、裤子、风冷式吹风机、充电器、带有护镜的头盔、可调频的无线电听筒、护脖板、麦克风、护胸板、铝材质携带包、护腹股隔板。其技术参数如下。

排爆服（V50 值）：600m/s（不含防爆板）；

防爆板（V50值）：1600m/s（腹股、胸部、颈部）；

电源：12V直流外设电源插槽；

质量：不含插板15kg，含插板26kg，头盔4.7kg。

SE125 SDMS水冷服(选配)，给需要在极其炎热的环境下必须保持高效率和集中精力的人提供安全和凉快的环境。适合执行排爆和监视操作人员使用，也适合于没有空调装置的武装车里的人及消防员、探雷工作人员等使用，其用冰水移走操作人员在工作中产生的热量。水冷服由防火的凯美尔材质制成，试验证明该服具有抗高压、防碎、防弹和防热等功能，非常适合穿于防爆服、防化服里面，以及任何需要降温的情况下使用。其技术参数：包括热置换300W，持续时间在35℃下45min，控制装置关/开/流量控制，制冷物质冰和水，电源12V，质量衣服和泵2.0kg，SE229有线通信功能含100m电缆、耳机、麦克风、携带包，也可选无线通信功能，质量10kg。

2．防护盾牌

轻便、有效的盾牌对碎片防护效果明显。防护盾牌采用大分子纤维材料制成，最大优点是该材料重量轻，制作的盾牌便于携带。盾牌可以根据碎片质量和飞散速度调整厚度，达到防护的目的，如图5-7所示。

图 5-7　防护盾牌

在排除塑壳预制钢珠未爆手榴弹时，设计制作了高1500mm、宽600mm的盾牌，全重12kg。盾牌距地面1200mm和700mm位置处各设有防弹玻璃制作的观察窗，便于人员行进和蹲姿作业时可以看到未爆弹。盾牌背面设有上下两个把手，便于人员携带。盾牌下部设有可折叠式支腿，行进中收起，作业时打开站立在地面。该盾牌可以保证0.12g

钢珠以 400m/s 速度无贯穿。

5.5.3 爆炸品储存箱

爆炸品储存箱外壳采用钢板，内部衬有防爆材料、防火材料和绝缘材料，用于未爆弹处置中携带存放爆炸品，如图 5-8 所示。

图 5-8　爆炸物品保管箱

使用说明：储存箱使用时，箱盖必须盖好，锁扣扣好并加锁；储存箱放置于干燥处，注意防雨防潮，以免箱内外受潮而降低防护性能；同一储存箱内只能装同一品名或同一编号的货物；爆炸品装入储存箱后，多余空间要填充紧密，防止在箱内移动、碰撞；炸药箱与雷管箱存放距离应大于 5m 以上。

5.5.4 激光引爆装置

采用激光销毁危险爆炸物最突出特点在于远距离快速销毁，避免了人员直接接触危险爆炸物、雷管、导爆索等爆炸性物品，提高了操作安全性。其不足是销毁目标能够被直视或直瞄，设备体积大、重量重，不便于单兵携带作业。

1. 美国激光销毁弹药系统

目前，美国在激光销毁弹药研究领域走在世界前列，成功开发了"悍马"激光弹药销毁系统（"宙斯"）和"激光复仇者"武器系统，正在研究更强大功能的固体热容激光器反 UXO（未爆弹）和 IED（简易爆炸装置）系统，它们显著的特点是非接触、远距离、低爆轰和高机动。我国也在积极跟踪激光销毁地雷、危险弹药研究，结合地雷、危险弹药销毁工程实际，提出了利用激光打孔销毁地雷或弹丸装药、激光点火间接销毁弹药、激光辐照直接销毁弹药等想法。

1)"宙斯"—"悍马"激光弹药销毁系统（Zeus）

美国开发的"悍马"激光弹药销毁系统，通常称为"宙斯"，它是将中、高功率固体激光器和束控系统集成进"悍马"车，用于排除地表地雷、UXO 和 IED 的武器系统。

"宙斯"系统由高功率激光器、束定向器、标记激光器、彩色视频相机、控制台和相应的支持系统组成，前 4 个部件安装在一个用万向架固定的平台上。整个系统都集成进一辆"悍马"车内。"宙斯"系统的所有部件都采用了现有的商业产品。"宙斯"系统的工作原理：利用视频相机侦察发现目标后，用控制手柄旋转和倾斜相机，直到目标处在电视屏幕的中心，然后将绿色标记激光射向目标并选择瞄准点。由于视频相机与激光器和束定向器处在同一视轴上，所以当目标处在电视屏幕的中心时，激光器和束定向器就瞄准了目标。从距离目标 25～300m 处，高能激光器产生的光束通过束定向器聚焦加热目标弹药（在发展试验中，该系统还摧毁了一个 1200m 外的目标），使其装填的炸药着火并开始燃烧，最后目标弹药以低效率爆炸而被清除，这种方式可使销毁引起的间接破坏减少到最小，并能够通过对激光能量的调整实现对爆炸效果的控制。"宙斯"系统排除 1 个 UXO 需要 5s～4min，平均不超过 30s，其机动性强，可用 C-17 与 C-130 运输机空运，也可用直升机空投。

2)采用固体热容激光器的反 UXO 和 IED 系统

美国能源部利弗莫尔实验室在成功开发高功率的固体热容激光器（SSHCL）后，提出了用激光排除 UXO、IED 和掩埋地雷的设想。首先用探测装置查明地雷、UXO 或 IED 的位置；然后用脉冲激光照射，使其在地下、水中引起微爆，掘去地雷上面的土壤或烧穿帆布、植物等其他覆盖物，使目标暴露出来；最后用激光再加热或烧穿地雷的外壳，引起内部炸药产生低效率的爆炸，从而清除目标。操作员通过控制，可以容易地选择不同的光束功率和光斑尺寸，能够最佳地实现掘土和引爆这两个过程。利弗莫尔实验室用 1.5kW 的 SSHCL（3Hz，500J/脉冲）进行了掘土试验，激光脉冲产生了惊人的微爆效应。

利弗莫尔实验室还对激光销毁地雷进行了模拟试验。用 1.5 kW 的激光束照射实际地雷的塑料外壳，3～4s 后，外壳很容易就被烧穿了；用 21kW 的 SSHCL 照射一个厚 1cm 的钢试件，在 7s 时（激光器关闭之后 3s），钢试件背面的温度升至 750℃；用 25kW 的 SSHCL 产生的光束聚焦到厚 1cm 的铝试件上，在不到 3s 的时间内，铝试件被烧穿为直径 3cm 的孔。

2. 国内激光销毁弹药系统

1)激光扫雷研究

国内部队研究所曾经和中国科学院上海光学精密机械研究所合作进行过激光扫雷初步探索，但由于所利用的二氧化碳激光器过于庞大，而无法进行工程化应用而最终放弃。2007 年 7 月，中国兵器装备研究院联合部队研究所对光纤激光器进行了适用于车载销毁地雷系统工程化研究，研究了引起 TNT、RDX 及梯黑装药燃烧/爆炸的激光参数阈值，并开展了大功率光纤激光器销毁金属和塑料壳地雷的原理性试验研究。试验采用的光纤激光器功率为 300W，在距离激光器 30m 处，实现了对 3mm 塑料和金属地雷壳体的穿透；在平均 20s 时间内，实现了对壁厚 3mm 的混合装药试验雷的点燃。目前，正在对千瓦样机进行小型化和各分系统的改进设计，以满足照射 100m 左右的地雷和未爆弹试验需求。

2）激光点火式聚能射流销毁弹药研究

军械技术研究所开展了激光点火式聚能射流销毁弹药试验研究，其设计的新型激光引爆弹药装置销毁废旧弹药的基本原理和过程如下：激光器产生的激光，点火引爆导爆管并稳定传输爆轰，进而起爆聚能装药，聚能装药爆炸使药型罩形成的高温高速金属射流侵彻弹体，消耗一定射流后，剩余的金属射流继续侵彻引爆弹丸装药，从而实现弹丸爆炸，达到销毁目的。该装置主要由激光点火系统、导爆管爆轰传输系统和聚能起爆器三大部分组成。该装置销毁危险弹药最突出的优点在于其可靠的激光点火能力和强大的射流侵彻能力，较好地集成应用了激光点火技术与聚能效应，能够满足当前列装弹药远距离销毁需求，不足之处在于选用的二氧化碳激光器体积过于庞大，电源与冷却系统没有较好地优化，机动性较低。

3）激光直接销毁报废弹药研究

原总装通用弹药导弹质量监控和保障技术实验室开展了激光直接销毁报废弹药试验探索研究，采用 400W 连续光纤激光器，通过激光辐照弹体试验，研究不同特征参数的激光对不同材质、不同壁厚弹体辐照效应的影响，并利用炸药爆发点评估激光辐照弹体作用效果。其试验基本原理：激光通过光束控制系统辐照到试验样品上，调节透镜与试验样品之间的距离，从而改变样品表面上的光斑尺寸，激光与试验样品相互作用，使样品温度升高，用功率计测量激光功率，用热电偶测量激光辐照样品背面温度，从温度记录仪上读取温度。试验表明：当激光功率密度达到 $1379W/cm^2$，辐照时间为 80s 时，试验样品温度达到 303.9℃；若以 TNT 5min 延滞期爆发点温度 290℃，RDX 5min 延滞期爆发点温度 230℃为评估指标，假设试验样品温度达到炸药爆发点温度时，认为与试验样品接触的炸药发生爆炸，则在上述试验条件下激光辐照弹药将发生爆炸。

3．激光销毁危险爆炸物未来发展动向

1）向危险弹药销毁领域拓展

目前，"宙斯"系统主要针对路边炸弹、浅表地雷、简易爆炸装置等战场恐怖爆炸物。与制式弹药相比，这些危险爆炸物一般外壳为强度较低的金属，有的还是塑料材质，且壁厚较薄，装药量较少，利用目前的激光器能够实现对其销毁。然而，随着国防科技的迅速发展，在弹药科研生产、兵器试验、部队训练、野外演习、勤务处理、修理处废、后方仓库储存供应保障以及地方基础设施建设中经常会出现不同姿态不同状态不同地形条件下的射击未爆弹、跌落弹药、事故弹药、技术处理障碍弹药以及历史遗留的旧杂式弹药和不明技术状况危险爆炸物。这些危险弹药通常采用炸药包殉爆方式销毁，存在着较大的安全隐患。因此，长期以来，安全高效环保地处理危险弹药一直是国内弹药销毁领域关注的重点。利用激光销毁危险弹药将开创危险弹药销毁新模式，推动销毁手段革新。

2）实现车载激光器工程化设计

光纤激光器是近几年激光领域人们关注的热点之一。在同样的输出功率下，光纤激光器的光束质量、散热特性、光传递特性、可靠性和体积大小等都占有优势，易于实现高效率和高功率。采用更大功率的光纤激光器不仅能够销毁口径更大、弹体更厚、弹丸装药感度更低的报废弹药，而且能够从更远距离销毁危险弹药，提高销毁效率。随着实战化训练力度加大和兵器试验深入开展，山地、丛林、滩涂、高原高寒地区等复杂地域环境产生未爆弹药、地雷、爆破器材等危险爆炸物的概率加大，提高危险爆炸物销毁的机动性日益突出。光纤激光器由于器件结构简单，体积小巧，使用灵活方便，使车载激光器工程化设计成为可能。

3）激光与危险爆炸物作用机理研究

目前，一般从激光与材料相互作用出发，认为激光对危险爆炸物作用主要以热机理为主。在这方面，国内研究集中在激光与裸露装药相互作用，较少关注激光与带壳装药相互作用，而对于激光直接销毁危险爆炸物作用机理研究鲜见报道。激光与危险爆炸物作用机理研究是一个复杂的热物理过程，涉及光学、热学、材料力学、爆炸力学等多个学科专业，需要综合运用现有研究成果和研究手段，从多角度多层面分析研究，特别要关注激光侵彻弹体过程中，激光作用对弹丸装药的影响，着力探索激光引爆与引燃销毁危险爆炸物的临界条件，这是实现激光销毁危险爆炸物关键所在。

4. 弹体材质对激光销毁弹药影响

激光辐照销毁危险弹药是一种新型的弹药销毁处理方法。弹体是激光辐照销毁目标弹药时首先接触的传热介质。在激光与弹体相互作用过程中，弹体依靠吸收的激光能量加热弹体，通过传热过程，进一步加热与其接触的弹丸装药。在一定的激光辐照条件下，弹体材质不同，弹体温度场分布也不同，对弹丸装药的传热作用不同，从而影响激光销毁弹药效果。运用有限元热分析理论、单层介质一维传热理论，以具有普遍意义的弹体作为研究对象，对激光辐照下弹体温度场分布进行研究，并运用单因素方差试验方法对影响激光辐照弹体热毁伤的因素进行分析，描述影响激光辐照弹体热毁伤的因素变化规律及趋势。

通过分析激光辐照弹体热毁伤仿真需求，建立激光辐照弹体温度场数值模拟流程，确定激光辐照弹体热毁伤过程仿真需要输入的激光主要特征参数、目标弹体参数和环境参数。激光主要特征参数指影响激光与弹体材质相互作用的重要因素，主要包括激光功率密度、光斑大小和辐照时间。目标弹体参数是指危险弹药等效弹体的几何参数和材料参数（热传导率、密度、比热容等）。环境参数指弹体在受到激光辐照前的环境温度。然后，根据建立的等效弹体热模型，运用 ANSYS 软件，按照瞬态热分析的基本步骤进行仿真计算。最后，输出仿真求解结果（弹体的温度场分布）。

仿真研究报废弹药弹体材质选择 60Si2MnA、D60 和 45 钢 3 种弹体钢，在其他影响因素一定的情况下，通过调整弹体材质相关参数，研究弹体材质对激光辐照弹体所形成的温度场分布的影响情况。可以得出如下结论：弹体材质对激光销毁弹药温度场分布影响不显著，对于弹体用钢较多的 60Si2MnA 材质和 D60 材质，激光辐照弹体背面最高温度较为接近,因此,在激光销毁弹药系统工程设计中可以不考虑弹体材质对激光辐照销毁效果的影响。

5.5.5 排爆机器人

1. 排爆机器人概述

排爆机器人是排爆人员用于处置或销毁未爆弹或爆炸可疑物的专用器材,避免不必要的人员伤亡。它可用于多种复杂地形,代替排爆人员搬运、转移未爆弹或爆炸可疑物品,代替排爆人员使用爆炸物销毁器销毁炸弹,代替现场处置人员实地勘察并实时传输现场图像,可配备探测器材检查危险场所及危险物品。

按照操作方法,排爆机器人分为两种:一种是远程操控型机器人,在可视条件下进行人为排爆,也就是人是司令,排爆机器人是命令执行官;另一种是自动型排爆机器人,先把程序编入磁盘,再将磁盘插入机器人身体里,让机器人能分辨出什么是危险物品,以便排除险情。由于成本较高,所以很少用,一般是在很危急的时候才肯使用。

按照行进方式,排爆机器人分为轮式及履带式。它们一般体积不大,转向灵活,便于在狭窄的地方工作,操作人员可以在几百米到几千米以外通过无线电或光缆控制其活动。机器人车上一般装有多台彩色CCD摄像机用来对未爆弹或爆炸物进行观察;一个多自由度机械手,用它的手爪或夹钳可将未爆弹的引信或雷管拧下来,并把爆炸物运走;车上还装有猎枪,利用激光指示器瞄准后,它可把爆炸物的定时装置及引爆装置击毁;有的机器人还装有高压水枪,可以切割未爆弹或爆炸物。

2. uBot-MCR-A20排爆机器人(图5-9)

uBot-MCR-A20排爆机器人可远程操控其运动与手臂动作,让它移除地表的地雷、手榴弹及其他未爆弹和爆炸危险品。它采用精密加工的航空级铝合金机身,质量约80kg,负载能力可达50kg以上,由机器人本体、六自由度的机械手臂、云台监控系统和远程操控终端四部分组成。4路红外CCD相机作为监控摄像头,分布在前视、手爪上下及监控云台处,所有的传输图像以画中画形式呈现给操控者,以便及时对机器人和机械臂下达指令。视不同速度,uBot-EOD-A20可在2~4h内进行巡航。

图5-9 uBot-MCR-A20排爆机器人

(1)行走部分。uBot-MCR-A20采用"轮+履带"的复合装置,可在泥泞地、灌木丛及沙石地等作业难度大、危险系数高的恶劣环境中扫雷排爆作业。IP65 全天候的防护等级，即使在水中也能正常执行任务。uBot-MCR-A20 还可攀爬 30°以上的楼梯和 35°以上的斜坡，跨过 0.4m 的沟渠，翻跃 0.25m 以下的障碍，适应亚热带山岳丛林的环境。

（2）六自由度机械臂。uBot-MCR-A20 六自由度的机械手臂，臂展达 1.6m，可抓取最大 15kg 的爆炸物，操控终端通过一键操作，即可实现手臂伸展、抓取和复位的功能。扫雷排查时，它不仅能将机械手臂伸到十分狭窄的区域，抓取和转移可疑物品，还可让手爪抓上工具，取下附着于其他物体上的爆炸物。除此之外，机械臂所采取的模块化设计，让它能快速从车体装卸，实现快速部署与响应。在 uBot-MCR-A20 机器人的机身上，还提供了一个水炮枪的安装接口，方便水炮枪及激光瞄准仪等武器的接入。

3."雪豹"-10（图 5-10）

"雪豹"-10 由中国航天科工集团公司自主研制，车体可进行前后摆臂，并根据地形改变履带形状，从而完成不同地形的行走命令，如平地行走、跨越沟壑、上下楼梯等。机械手是排爆机器人的一个关键部位。为满足排爆任务多是将地面重物抓住、抓牢、抓起的特点，"雪豹"-10 的机械手设计了多个自由度，同时采用多种功能机构等，保证了手爪有足够的夹紧力，确保了排爆机器人的安全性和可靠性。机械手还可根据实际需要进行随机更换。小到手机，大到 10kg 的铁块，第二代排爆机器人"雪豹"-10 都可以牢牢抓起，并按指令运送到指定位置。为保证第二代排爆机器人"雪豹"-10 动作精细、准确到位，设计人员在该机器人的电气系统中设有电动机及驱动系统、计算机控制系统、光学与传感器系统 3 个部分。其中，电动机及驱动器部分装有多个电动机部件，为完成每个动作提供不同的驱动力。

图 5-10 "雪豹"-10 机器人

4. Raptor-eod 机器人（图 5-11）

Raptor-eod 机器人是北京博创集团开发的一款中型特种排爆排险机器人，用于处置各种突发涉爆、涉险事件，代替以往人工排出可疑爆炸物及在危险品搬运过程中对操作者带来的危险。该机器人具备大型排爆机器人的基本功能,体积小、重量轻,便于更快地在突发事件中部署与执行任务。相对大型排爆机器人具有更广阔的适应性,已装备全国多地公安武警部队。

图 5-11 Raptor-eod 机器人

Raptor-eod 机器人可以在各种地形环境工作,包括楼宇、户外、建筑工地、会场内、机舱内,甚至坑道、废墟;四关节机械手可以轻松处置藏于汽车底部的可疑物品;满足全天候工作条件,即使在积水路面仍能正常执行任务;自带强光照明,在黑暗中操作时可以准确分辨物体颜色及位置;双向语音通信系统可以使指挥中心和现场人员及时交换信息。

该机器人附加摄像机,喊话器,放射线探测器,毒品探测器,散弹枪,各种水炮枪等;模块化设计,所有部件可迅速拆装。

Raptor-eod 机器人技术参数如表 5-6 所列。

表 5-6 Raptor-eod 机器人技术参数

项目	参数	项目	参数
长×宽×高	820mm×430mm×550mm	质量	49kg(全配置)
满负荷连续工作	2h 以上	抓持能力	5~15kgf[①]
防护等级	IP65	碳纤维结构伸长度	1.25m
最高速度	20m/min	摄像功能	3 台 CCD 摄像机,10 倍光学变焦
遥控距离	300~500m	线控距离	100m

5. "灵蜥"智能机器人

"灵蜥"智能机器人是在我国"国家 863 高科技发展计划"的支持下,由中国科学院沈阳自动化研究所研制的具有自主知识产权的新型复合移动结构的机器人,目前已推出

---

① 1kgf=9.8N。

A 型、B 型、H 型等具有不同的任务针对性的种类，其中"灵蜥"-H 是 2002 年研制反恐机器人以来所研制的第三代反恐机器人，在国内处于领先地位，在世界上也属于先进行列，已被军警部门大量装备。它的头部安装有摄像头，以便操纵人员及时下达控制指令。行走部分采用"轮+腿+履带"的复合装置，在平地上用四轮快速前进，遇到台阶或斜坡时，按照指令迅速收缩四轮，改换成擅长攀爬越障的履带。"灵蜥"动作灵活，可以前后左右移动或原地转弯，一只自由度较强的机械手可以抓起 5kg 重的爆炸物，并迅速投入"排爆筒"。"灵蜥"可以攀爬 35°以下的斜坡和楼梯，可以翻跃 0.4m 以下的障碍，可以钻入洞穴取物，作业的最大高度达 2.2m。此外，它还可以装备爆炸物销毁器、连发霰弹枪及催泪弹等各种武器，痛击恐怖分子。"灵蜥"-B 型机器人属于遥控移动式作业机器人，是一种具有抓取、销毁爆炸物等功能的新型机器人产品。它由本体、控制台、电动收缆装置和附件箱四部分组成，体形矫健，自重仅 1800g；由电池电力驱动，可维持数小时左右；最大直线运动速度为 40m/min；三段履带的设计可以让机器人平稳地上下楼梯，跨越 0.45m 高的障碍，实现全方位行走，具备较强的地面适应能力。"灵蜥"-A 型机器人是 2004 年 7 月 17 日在沈阳的东北亚高新技术及产品博览会上首次亮相的较早型号，该款反恐防爆机器人同属"国家 863"计划的研究成果，目前也已装备公安、武警部队的反恐一线。

5.5.6 排爆杆

排爆杆是一款超轻便、超强度的排爆设备，主要作用是排爆人员利用排爆杆在一定距离之外对未爆弹进行触动、翻转，或者安全转移。排爆杆一般由杆子、抓手、连接线、支架组成，有的带防护盾牌、视频观察等，可分为全机械和电动两类，如图 5-12 所示。

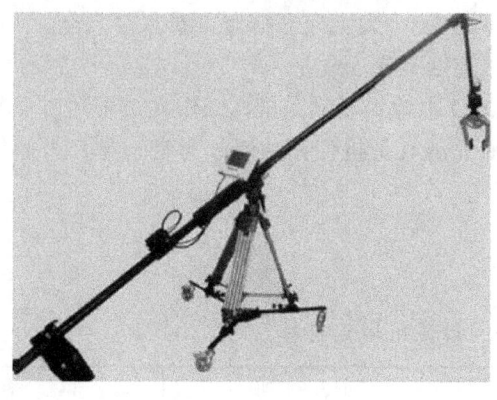

图 5-12 排爆杆

排爆杆优点是作业人员与未爆弹之间有一定距离，未爆弹意外爆炸后可减轻对人员的损伤。排爆杆操作简单、可靠、实用，是未爆弹处置的常用工具之一。

1．JXS-II 型电动排爆机械手

1）概述

电动排爆机械手全套包括机械手、机械臂、电池盒和控制等装置；机械臂由碳纤维空心臂杆拼接而成，机械手固定在机械臂的一端，机械臂的另一端采用电池配重。长臂上装有背带，可将其挎在肩上。其主要特点是机械杆长度最长可达 4.8m，抓举质量可达 20kg，所有接头全部采用航插接头且线路全部内置保证危险现场处置安全，携带方便，安装速度快，只需一个熟练有素的排爆员在 5min 就可以安装排爆杆，对爆炸物进行排爆工作。手爪部分可手动旋转，能从不同的方向抓取物品。每个部分采用模块化设计，每个部分可快速分离，各个部分之间的干扰不会很大，便于维护和维修。配备可伸缩三脚支架，更加省力，使抓举物品移动更加稳定，更大程度上减少了排爆过程中的爆炸危险。配重为电池，这样减轻了整个装置的重量。夹具更加方便装卸，更加稳定快捷，结合更稳定，也缩短了安装的时间。排爆杆采用有缆电动控制机械手的夹持，可以任意一个角度抓取物品，由于配备了远红外摄像系统，在夜间没有任何光线的地域也同样可以进行排爆工作，最长使用时间可达到 5h，充满一次电可以进行 30～40 次排爆工作。

广泛应用于安检排爆、特警反恐行业，另外该设备也可以用于其他危险行业，如化工行业，可用于移除人不可直接接触的危险化工用品。

2）参数及详细说明

（1）控制：电动控制机械手张合，前端机械手可 360°手动旋转，带万向轮的高度可调支架。电动抓持，安全可靠，拨动开关可完成抓持/移动作；速度稳定，安全性高；手部角度可调，可伸入防爆罐。

（2）装配快捷：组装式，携带/组装简便，5min 左右完成组装。

（3）重量轻：排爆杆部分只有 10kg；采用电池作为配重，设备质量只有 25kg。

（4）夹持力大：采用高强度轻质碳纤材料可夹持 20kg 左右的重物；爪子张开尺度 15cm 左右。

（5）长度：杆子和爪子的总长度可达 5m，大大保证排爆人员人身安全。

（6）电源：内置高效充电电池，可连续工作 5h。

（7）视觉系统：420 线高分辨力 CCD 摄像机及液晶屏，操作人员可随时观察处置物情况，前端红外摄像机可夜间操作；液晶屏具备抗强光功能，可在强光户外操作处置爆炸物，方便可靠。

3）技术指标

排爆机械手参数如表 5-7 所列。

表 5-7 排爆机械手参数

序 号	性能指标	说 明	备 注
1	机械杆质量	10kg	
2	电池质量	6kg	
3	总长度	5m	
4	手抓夹持力	20kgf	满载情况测得
5	连续工作时间	5h	满载情况测得
6	机械手旋转	360°	

(续)

序 号	性 能 指 标	说 明	备 注
7	机械手上下角度	180°	
8	摄像机分辨力	420线	
9	显示屏	LED	
10	机械杆材质	碳纤维	
11	组装时间	≤5min	

2. HDKS-301杆式排爆机械手

HDKS-301杆式排爆机械手,包括机械手、机械臂、配重、电池盒和控制等装置。机械臂由空心臂杆拼接而成,机械手固定在机械臂的一端,机械臂的另一端设置有配重。控制装置设置有开合控制。其结构简单,操作方便,能控制机械手的开合,结合LED显示器实现机械手的精确操作。

HDKS-301杆式排爆机械手特点:
(1)组装式,携带/组装简便,重量轻;
(2)电动抓持,安全可靠;
(3)带视觉系统,处置爆炸物方便可靠;
(4)红外夜视摄像机及LCD监视器,可夜间操作;
(5)组装简单快速,3min左右完成组装;
(6)内置高效充电电池,可连续工作5h;
(7)手部角度可调,可伸入防爆罐;
(8)适用于不同目标的夹具可随时更换。

HDKS-301杆式排爆机械手性能参数:
(1)排爆机械手夹持力可达到20kgf;
(2)所有连接线采用航空插头从杆身内部连接,安装拆卸比较方便;
(3)机械臂的长度为5m;
(4)具有红外夜视功能;液晶屏具备抗强光功能,可在强光户外操作。

5.5.7 未爆弹行动APP

1. 简介

近年来,试验、演习与实弹训练过程中出现了多起未爆弹伤人亡人事故,都给人以深刻的教训。未爆弹的处置不仅是部队,也是试验人员所面临的共同问题。研制一款未爆弹处置行动APP,可以帮助基层指挥员进行辅助决策,对减少人员伤亡、装备器材损失和训练保障具有重要意义。该软件产品是面向一线指挥员精心研发的具有受领任务、行动计划、准备工作、处置侦察、处置销毁、检查撤收等模块的未爆弹处置软件。

2．功能列表

（1）处置场景选择。

【操作路径】"打开软件"

【功能说明】为了保证在各种情况下未爆弹都能够得到有效处置，因此共设计了 4 种场景，根据不同情况选择不同的处置场景进行处置，能够使行动在确保安全的情况下提高效率。另外，主界面还设计了"基础资料"和"处置模拟"模块。"基础资料"模块中包含未爆弹处置过程中所需的基础知识，对于处置经验还不够丰富的指挥员，可以在处置前进行了解熟悉。"处置模拟"模块提供了以往的处置案例供指挥员进行了解学习。目前，主要针对"未爆弹处置""基础资料""处置模拟"3 个模块进行设计，其他模块功能还未具体实现。

（2）行动安排。

【操作路径】"打开软件">>"未爆弹处置"

【功能说明】行动安排主要包括处置前、处置中、处置后三大部分共计六大项工作。其中每大项工作中各包含 2~3 项具体工作，共计 15 项具体工作。通过完成这 15 项具体工作来完成一次完整的未爆弹处置行动。

注意：在每项具体工作完成后，该项工作后会出现"√"符号，表明该项工作已经完成。

功能列表行动安排和首领任务界面如图 5-13 所示。

图 5-13　功能列表行动安排和首领任务界面

（3）理解任务。

【操作路径】"未爆弹处置">>"理解任务"

【功能说明】通过对"发射地点""未爆弹位置""发射时间""任务进场时间""任务开始时间""任务最迟完成时间""未爆弹型号""未爆弹数量""可调用兵力数"共计 9 项内容的填写，明确此次未爆弹处置行动的基本任务情况，为之后合理安排各项工作奠定基础。

注意:"发射地点""未爆弹位置"两项内容需要手动输入,"发射时间""任务开始时间""任务最迟完成时间"需要手动选择,"未爆弹型号"通过下拉框选择,"未爆弹数量""可调用兵力数"两项内容需要手动选择。当单击"完成"按钮后,此项工作自动保存完成并自动跳转下一项工作。

(4)初步侦察。

【操作路径】"未爆弹处置">>"初步侦察"

【功能说明】通过对"距离居民区距离""周围情况""地形地貌""风向""风速""天气""友邻情况"共计7项内容的填写,明确此次未爆弹处置行动所在地域的基本情况,为之后合理安排各项工作奠定基础。

注意:该项工作中的所有内容都需要手动输入。当单击"完成"按钮后,此项工作自动保存完成并自动跳转下一项工作。

初步侦察情况判断处置方案界面如图5-14所示。

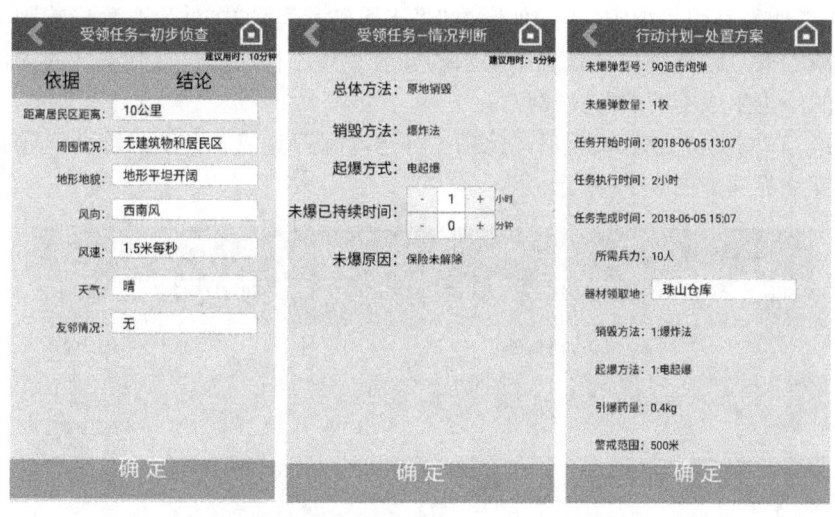

图5-14 初步侦察情况判断处置方案界面

(5)情况判断。

【操作路径】"未爆弹处置">>"情况判断"

【功能说明】通过对"总体方法""销毁方法""起爆方式""未爆已持续时间""未爆原因"共计5项内容的填写,明确此次未爆弹处置行动需要使用的销毁方式,为之后合理安排各项工作及器材准备奠定基础。通常情况下,"总体方法"选择"原地销毁","销毁方法"选择"爆炸法","起爆方式"选择"电起爆"。

注意:"总体方法""销毁方法""起爆方式""未爆原因"通过下拉框进行选择,"未爆已持续时间"需要手动选择,当单击"完成"按钮后,此项工作自动保存完成并自动跳转下一项工作。

（6）处置方案。

【操作路径】"未爆弹处置">>"处置方案"

【功能说明】通过对"指挥员""任务分组""未爆弹位置""未爆弹型号""未爆弹数量""任务开始时间""任务执行时间""任务完成时间""所需兵力""器材领取地""销毁方法""起爆方法""引爆药量""警戒范围""相关保障"共计 15 项内容的明确，形成简洁明了的方案概况，使指挥员实现对整个处置行动的宏观掌控。

注意："指挥员""器材领取地"通过手动输入，"任务分组""未爆弹位置""未爆弹型号""未爆弹数量""任务开始时间""任务执行时间""任务完成时间""所需兵力""销毁方法""起爆方法""引爆药量""警戒范围""相关保障"根据之前完成的工作自动生成，当单击"完成"按钮后，此项工作自动保存完成并自动跳转下一项工作。

（7）风险评估。

【操作路径】"未爆弹处置">>"风险评估"

【功能说明】利用"火灾""意外爆炸""飞散破片""冲击波"4 种影响因素，通过将自行生成的安全距离与安全规程中要求的安全距离进行比较，得到不同的评估结论，根据不同的结论生成不同的防护建议。

注意：当单击"完成"按钮后，此项工作自动保存完成并自动跳转下一项工作。

风险评估界面如图 5-15 所示。

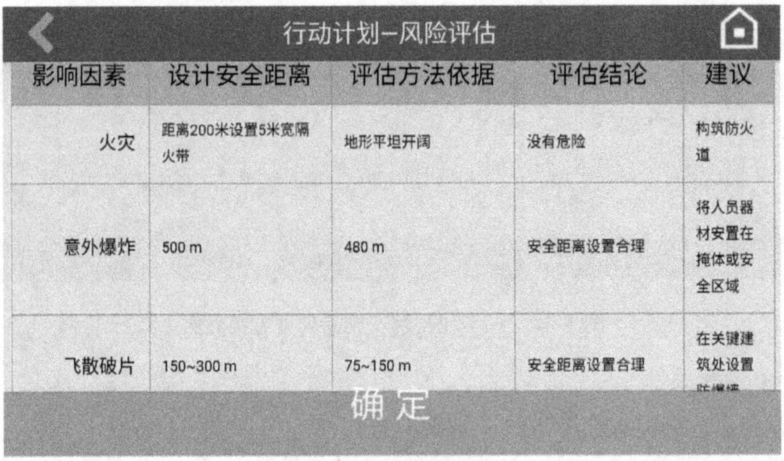

影响因素	设计安全距离	评估方法依据	评估结论	建议
火灾	距离200米设置5米宽隔火带	地形平坦开阔	没有危险	构筑防火道
意外爆炸	500 m	480 m	安全距离设置合理	将人员器材安置在掩体或安全区域
飞散破片	150~300 m	75~150 m	安全距离设置合理	在关键建筑处设置防爆墙

图 5-15 风险评估界面

（8）人员分工。

【操作路径】"未爆弹处置">>"人员分工"

【功能说明】明确参与行动的每一个人的具体分工。

注意：当单击"完成"按钮后，此项工作自动保存完成并自动跳转下一项工作。

人员分工平面布置界面如图 5-16 所示。

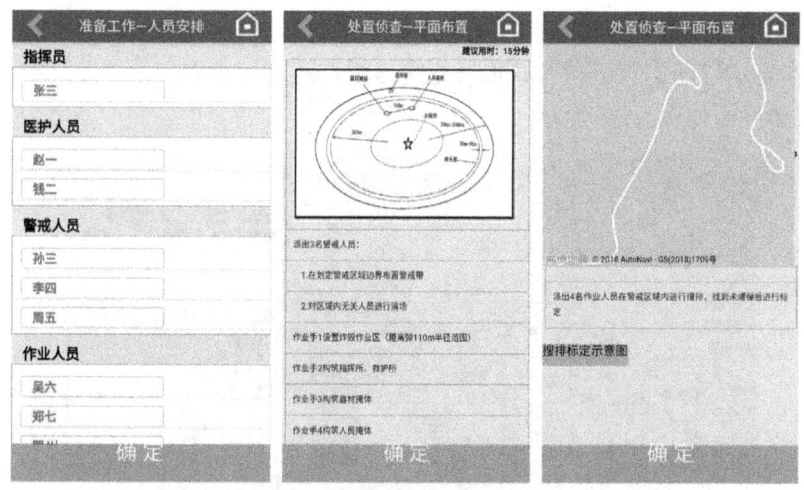

图 5-16　人员分工平面布置界面

（9）器材准备。

【操作路径】“未爆弹处置”>>“器材准备”

【功能说明】列出整个处置行动所需的所有器材种类、数量。

注意：当单击“完成”按钮后，此项工作自动保存完成并自动跳转下一项工作。

（10）平面布置。

【操作路径】“未爆弹处置”>>“平面布置”

【功能说明】明确处置场地各处如何进行相关掩体、场所的布置。

注意：当单击“完成”按钮后，此项工作自动保存完成并自动跳转下一项工作。

器材准备界面如图 5-17 所示。

准备工作—器材准备

序号	类型	名称	单位	数量	备注
1		激光测距仪	台	2	
2		卷尺	个	8	
3		工兵锹	把	8	
4	探测挖掘器材	十字镐	把	8	

确定

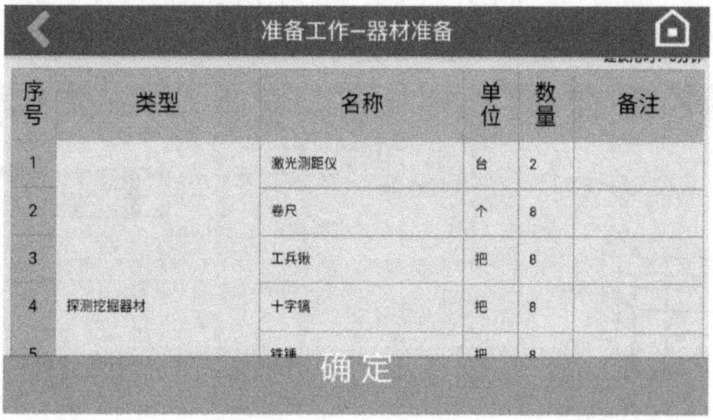

图 5-17　器材准备界面

（11）地面搜排。

【操作路径】“未爆弹处置”>>“地面搜排”

【功能说明】根据实际的地形现地确定搜索未爆弹时的队形要求、起始点、终止点位置、相关区域的选取。

注意：当单击"完成"按钮后，此项工作自动保存完成并自动跳转下一项工作。
【搜排标定示意图】查看搜排队形及标定未爆弹直观示意图。
地面搜排界面如图 5-18 所示。

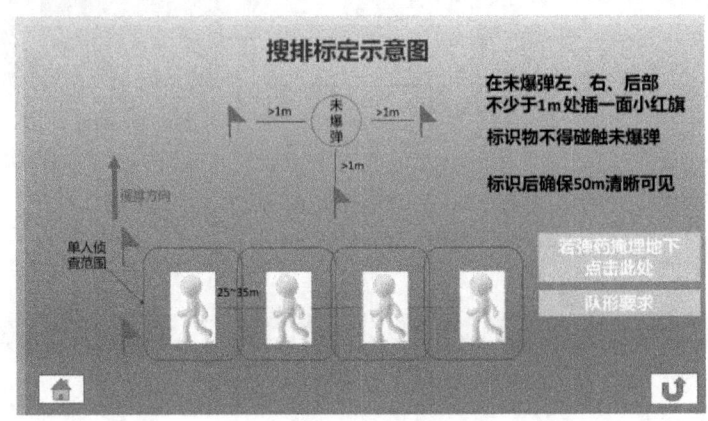

图 5-18　地面搜排界面

（12）做起爆体。
【操作路径】"未爆弹处置">>"做起爆体"
【功能说明】明确诱爆药包药量及捆绑方法。
注意：当单击"完成"按钮后，此项工作自动保存完成并自动跳转下一项工作。
（13）敷设线路。
【操作路径】"未爆弹处置">>"敷设线路"
【功能说明】明确线路敷设相关要求。
注意：当单击"完成"按钮后，此项工作自动保存完成并自动跳转下一项工作。
做起爆体敷设线路设置装药界面如图 5-19 所示。

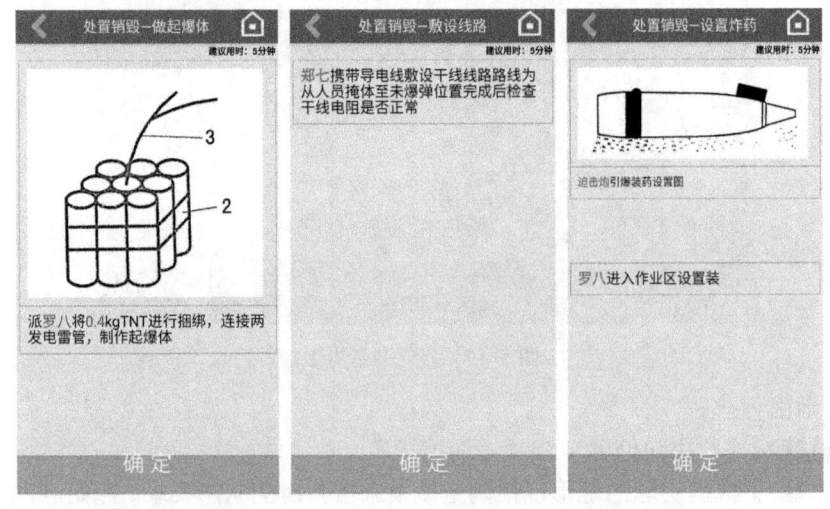

图 5-19　做起爆体敷设线路设置装药界面

(14) 设置装药。

【操作路径】"未爆弹处置" >> "设置装药"

【功能说明】通过装药设置图,明确诱爆药包的放置位置。

注意:当单击"完成"按钮后,此项工作自动保存完成并自动跳转下一项工作。

(15) 检查起爆。

【操作路径】"未爆弹处置" >> "检查起爆"

【功能说明】明确一切准备工作完毕到完成起爆的一系列指令。

注意:当单击"完成"按钮后,此项工作自动保存完成并自动跳转下一项工作。

检查起爆撤收器材报告上级界面如图5-20所示。

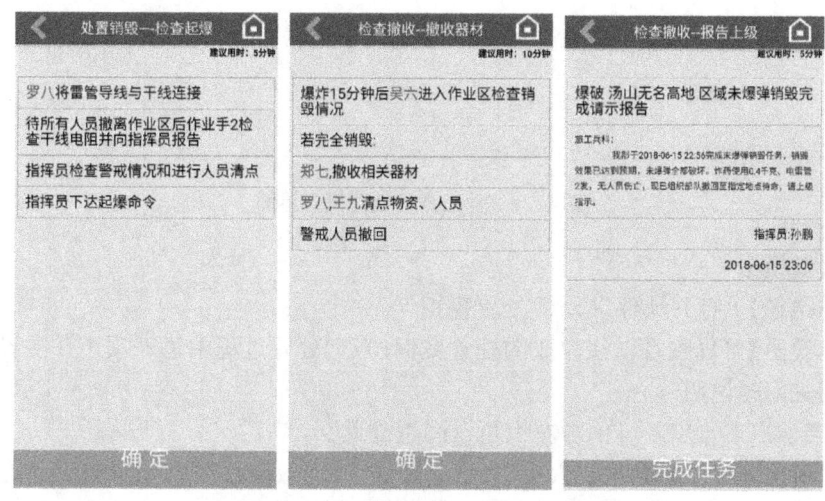

图 5-20　检查起爆撤收器材报告上级界面

(16) 撤收器材。

【操作路径】"未爆弹处置" >> "撤收器材"

【功能说明】提醒处置完成后的相关撤收工作开展。

注意:当单击"完成"按钮后,此项工作自动保存完成并自动跳转下一项工作。

(17) 报告上级。

【操作路径】"未爆弹处置" >> "报告上级"

【功能说明】处置行动完成后以报告文件的形式向上级报告处置情况。

注意:当单击"完成"按钮后,此项工作自动保存完成并自动跳转下一项工作。

3. 基础资料

【操作路径】"打开软件" >> "基础资料"

【功能说明】可以查看处置作业的安全要求、各个人员的具体职责要求及探测搜排、处置销毁过程中所要注意的问题及具体动作步骤。

注意:查看完一项要求之后通过单击左上角的返回键可以返回"基础资料"界面。

基础资料处置模拟界面如图 5-21 所示。

图 5-21　基础资料处置模拟界面

4．处置模拟

【操作路径】"打开软件">>"处置模拟"

【功能说明】可以查看以往完成的处置案例，查询处置过程中每一项工作的设置情况。

5．相关问题说明

（1）若误击下一步，可单击左上角返回按键返回。

（2）"风险评估"界面中"火灾""意外爆炸""飞散破片"3 项影响因素中的设计安全距离是根据参考书籍中所给的相关数据得出的。

（3）整个行动安排共分为六大步，其中每一步的内容及顺序是根据实际需要所确定，每一大步中分为两到三小步细化分类。

（4）未爆弹处理允许进场时间是在弹药发射后没有爆炸的 0.5h 之后，在这里为了保证安全，允许进场时间设置为发射时间之后 1h。

（5）人员分工根据以往经验，一个排爆班可以对未爆弹进行处置，因此将人员数量设置为 8 人，另外增设 2 名医护人员，总人数为 10 人。

（6）处置模拟中存储方式为服务器云端数据存储模式，不存在本地数据保存形式。

第 6 章 未爆弹药处置与销毁安全技术

6.1 未爆弹药的风险评估

所有未爆弹存在的区域都有一定的危险,而且,还有不少未爆弹落点处没有被标识出来。对待那些被怀疑存在未爆弹的区域必须十分谨慎,千万不要过分指望警示标志和人员屏障所起的警告和保护作用。

未爆弹的危险度可以按照这样的 3 个要素或事件进行评估:

(1) 遭遇未爆弹;

(2) 未爆弹爆炸;

(3) 未爆弹爆炸后果。

其中第一个要素主要考虑人员从未爆弹区域穿行,并因某种程度的外力、能量、移动或其他方式改变了未爆弹状态的可能性;第二个要素则考虑了一旦出现与未爆弹遭遇时,未爆弹发生爆炸的可能性;而第三个要素包含了广泛的后果,包括人员伤亡,与暴露在化学战剂中有关联的生理健康危险,由未爆弹爆炸扩散到空气、土壤、地表水及地下水中化学成分及核物质所引起的环境恶化等。

一般来说,未爆弹的风险评估通常采用保守的评价方法,即假设未爆弹爆炸的后果是严重的人员伤亡。

6.1.1 影响风险因子的各种输入参量

在遭遇未爆弹以及未爆弹爆炸的可能情况下,下列因素将直接影响与未爆弹有关联的风险严重程度。

1. 可获取数据因子的输入参量

1) 未爆弹的侵深

通常情况下,人员遭遇地表或部分侵入地下的未爆弹要比遭遇那些全部侵入地下的未爆弹更有可能。地表或部分侵入地下的未爆弹比弹体全部侵入地下的未爆弹爆炸的可能性更大。此外,未爆弹侵入松软土壤要比其他类型的土壤更为容易,因此,松软土壤中发现的未爆弹深度要比预期的深度大。

2) 未爆弹的迁移

气候条件会影响未爆弹的地表迁移,未爆弹的可见度以及埋在地下的未爆弹向地表迁移。暴雨和强风天气更可能使未爆弹通过地表水和土壤侵蚀发生迁移，而大雪的覆盖可以隐匿地表的未爆弹。最后，气候还会影响冰冻线和冰融循环。一般来讲，天气越冷，冰冻线越深，可能迁移至地表的未爆弹数量也越多。同样地，经历一段时期内冰融循环的次数越多，未爆弹迁移到地表所花的时间也越短。

另外，地貌也可以影响未爆弹的迁移，使未爆弹集中起来，通过地表水的运动和土壤侵蚀，未爆弹更可能迁移到山谷和洼地中。

3）耕作、挖掘深度水平

对于侵入地下的未爆弹，未爆弹爆炸的可能性取决于人员在未爆弹区域内进行的活动，诸如浅层挖掘、挖沟、耕作、建筑以及其他作业活动都可以破坏到侵入地下的未爆弹的安定状态。

2．整体风险因子的输入参量

1）未爆弹的风险类型

未爆弹由于长期暴露在野外或长期埋入地下，装药的状态、性质发生了很大的变化，弹体也可能被锈蚀，因此，未爆弹装药能否燃烧或爆炸、壳体能否产生破片，都将在很大程度上影响其风险等级。

2）引信的类型和敏感度

就引信类型概括来讲，磁引信和近炸引信被认为是最敏感的引信，而拉发和压发引信是最不敏感的引信。引信的敏感度以及引信是否解除保险、引信在弹药中的位置等其他因素均会影响未爆弹发生爆炸的可能性。

3）未爆弹中装填的含能材料的类型、质量

未爆弹中一般装填的是高能炸药，但也有其他的填充物，如部分未爆弹是毒气弹、燃烧弹、烟幕弹等各种特种弹药。此外，炸药的类型、质量不同，也直接影响风险等级。

3．暴露因子的输入参量

1）现有的和可能的地域使用情况

增加某一地域上的人员使用次数，遭遇未爆弹的可能性也会增大。例如，当土地所有者将其土地用于消遣的目的（如旅行、打猎或野营），而不是用于放牧或作为野生生物保护区时，遭遇未爆弹的可能性会更大。一般说来，某地区受土地使用活动的影响程度越深广，并且这些活动的强度越大，那么遭遇未爆弹以及导致未爆弹爆炸的可能性也就越大。

2）地域的易接近程度

某区域的易接近程度会直接影响到进入该地域和遭遇未爆弹的人数。例如，公路附近没有篱笆的区域要比远处有篱笆的区域更易进入，这就增加了遭遇未爆弹的可能性。

地貌会影响可能进入某场地的人数，也会影响到土地使用的数量和类型。人们较可能进入居民区附近的平坦地域，而不会到远处具有崎岖地形的地域活动。

3）地域上未爆弹的数量或分布密度

某区域内未爆弹的数量越多，人员遭遇未爆弹的概率也就越大；相反，低分布密度的未爆弹区域，人员遭遇未爆弹的可能性也较低。未爆弹的分布密度主要取决于该区域内所使用的弹药类型和数量。例如，布撒子弹区域的未爆弹分布密度要大于其他类型未爆弹区域。另外，未爆弹的分布密度还受土壤类型和气候等条件的影响。

4）人员出入未爆弹区域的活动

人员在有未爆弹（要结合引信类型具体分析）的区域内活动，会增大未爆弹发生爆炸的可能性。例如，在大规模挖掘地域，带碰炸引信的未爆弹发生爆炸的可能性要比野生生物保护区的大得多。

5）未爆弹的大小

未爆弹的大小会直接影响到其是否易被发现。因为大型未爆弹比小型未爆弹更易被人们所发现，所以人们更容易看到并避免接触到大型未爆弹。

以上这些因子之间相互关联，并不能根据某一因子来对未爆弹进行风险评估。

6.1.2 风险评估及等级划分

对未爆弹进行风险评估，应着重做好以下三方面的工作：

（1）对特定军事基地或设备遭受破坏的风险进行评估。

（2）对存在未爆弹区域的人员职业风险和未爆弹剩余风险开展标准化评估方法的研究工作。

（3）基于生活周期成本和公共风险，开展对弹药分类场所和炸药处废点的方法论研究。不管采用何种方法，任何特定场所的风险评估结果，都受制于从该场所可以获得的资料总量及其可靠性。

确定特定场所风险的第一步就是对该场所进行评估。典型场所评估的内容涉及收集诸如土壤和地质条件、地形、植被、气候以及现有的和可能的地域使用情况等因子的现有信息。另外，场所评估还需要进行直观的检查，即对土壤、水质和空气进行采样。上述结果可用于确定风险是否容易被有效控制，或是否需要更为细致深入地研究和分析。

如果需要进一步的研究和分析，就需要对场所进行评定，收集区域内曾使用的弹药类型、与弹药相关联的器材以及环境信息，从而对该场所造成的风险水平进行评估，以作出明智的风险管理决策。这里所收集的信息要比对场所进行评估时收集的信息更为详细，场所评定的结果可直接用于综合风险的评估，确定是否需要特殊场所响应，以及评定特殊风险进行响应取舍的效率。

6.2 销毁作业事故树分析及安全措施

6.2.1 销毁作业事故树分析

事故树分析又称为故障树分析，是一种描述事故因果关系的有方向的"树"，是安全系统工程分析中最为广泛、普遍的一种分析方法。该方法从要分析的特定事故或故障（顶上事件）开始，层层分析其发生的原因，直到找出事故的基本原因，即故障树的基本事件为止。事故树分析作为安全评价和事故预测的一种先进的科学方法，已得到国内外公认,并被广泛采用。

1. 事故树符号表示

故障树分析使用布尔逻辑门产生系统的故障逻辑模型来描述系统故障和人为失误是如何组合导致顶上事件的。事件符号主要有矩形、圆形,矩形符号表示需进一步往下分析的事件,圆形符号表示基本事件。逻辑门符号主要有与门和或门,逻辑与门表示全部输入事件都出现时输出事件产生,逻辑或门表示只要有一个或一个以上输入事件出现时输出事件产生。符号如图6-1所示。

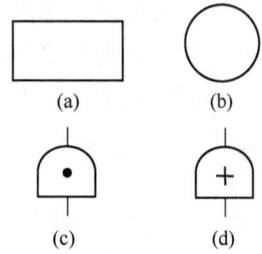

图6-1 事故树符号

(a) 矩形符号; (b) 圆形符号; (c) 逻辑与门; (d) 逻辑或门。

2. 事故树编制

战争遗留爆炸物销毁是一项技术复杂、耗资大且风险高的工程,销毁作业可分为组织准备(清理、识别、制定销毁方案、安全评价、销毁场地选择与建设)和组织实施(装箱、装车、运输、卸车、置坑、设置起爆网路、起爆、检查)两个阶段,销毁作业事故主要集中在组织实施阶段。能够引起销毁事故的基本事件如表6-1所列。

表6-1 基本事件

符号	基本事件	符号	基本事件	符号	基本事件
B_1	跌落	B_5	碰撞	X_{26}	作业器材没有撤收
X_1	人员操作不当	X_{13}	车速过快	B_8	没有进行安全校核
X_2	装运工具不妥	X_{14}	道路颠簸	X_{27}	冲击波危害
X_3	人员撞击	X_{15}	弹药摆放不合理	X_{28}	地震波危害
B_2	外来电能	X_{16}	无缓冲措施	X_{29}	破片危害
X_4	雷电	X_{17}	摆放不合理	X_{30}	飞石危害
X_5	静电	B_6	拒爆	X_{31}	没有撤离至安全区域
X_6	感应电	C_2	器材不合格	B_9	毒烟危害
X_7	杂散电	X_{18}	导爆管雷管不合格	X_{32}	处在下风向
B_3	外来热能	X_{19}	电雷管不合格	X_{33}	烟雾稀释时间不够
X_8	作业人员违规操作	X_{20}	导电线不合格	B_{10}	火灾危害
C_1	周围环境影响	X_{21}	起爆器材不合格	X_{34}	销毁场地建设不合格
X_9	天气炎热	X_{22}	网路设置不合理	X_{35}	没有消防车辆、设备

(续)

符 号	基本事件	符 号	基本事件	符 号	基本事件
X_{10}	无隔热措施	X_{23}	人员起爆失误	X_{36}	扑救不及时
B_4	滑落	B_7	没有清查销毁场地	B_{11}	残余弹药危害
X_{11}	弹药架设过高	X_{24}	作业人员没有撤离、遗漏	X_{37}	没有检查爆破效果
X_{12}	无稳固措施	X_{25}	车辆没有撤离	X_{38}	清查销毁场地不彻底

根据表 6-1 所列基本事件，依据事故树分析的基本程序，绘制销毁事故树，如图 6-2 所示，图中重复出现的基本事件在第一次出现时已予以了详细编制，随后出现只列出上级事件。

3．事故树数学表达式

$$T = A_1 + A_2 + A_3 + A_4 + A_5 + A_6 + A_7 + A_8$$
$$= 4B_1 + 6B_2 + 5B_3 + B_4 + B_5 + B_6 + B_7 + B_8 + B_9 + B_{10} + B_{11} + 4X_3 + X_{17} + X_{29}$$
$$= 4(X_1 + X_2) + 6(X_4 + X_5 + X_6 + X_7) + 5(X_8 + X_9 X_{10}) + X_{11} X_{12} + (X_{13} + X_{14} + X_{15} + X_{16}) +$$
$$(X_{18} + X_{19} + X_{20} + X_{21} + X_{22} + X_{23}) + (X_{24} + X_{25} + X_{26}) + (X_{27} + X_{28} + X_{29} + X_{30}) + X_{31} +$$
$$(X_{32} + X_{33}) + X_{34} X_{35} X_{36} + (X_{37} + X_{38}) + 4X_3 + X_{17} + X_{29}$$

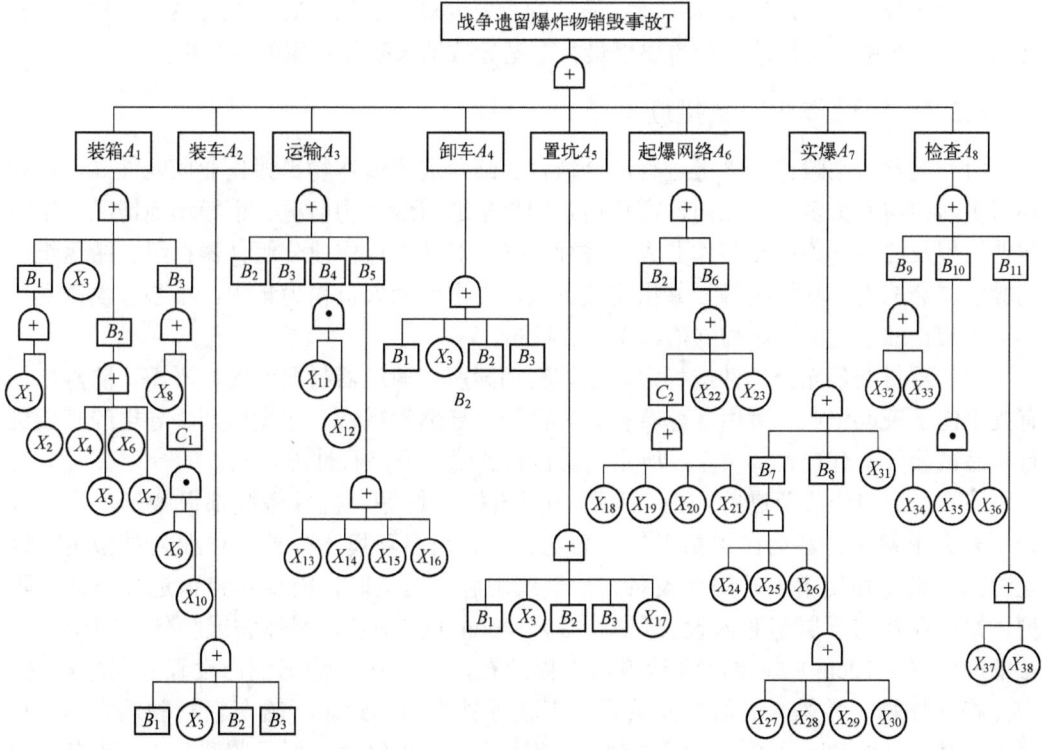

图 6-2 战争遗留爆炸物销毁事故树

4. 事故树最小割集

导致顶上事件发生的最低限度的基本事件的集合称为最小割集。利用布尔代数化简法，得战争遗留爆炸物销毁事故的最小割集为

$\{X_1\}$，$\{X_2\}$，$\{X_3\}$，$\{X_4\}$，$\{X_5\}$，$\{X_6\}$，$\{X_7\}$，$\{X_8\}$，$\{X_9, X_{10}\}$，$\{X_{11}, X_{12}\}$，$\{X_{13}\}$，$\{X_{14}\}$，$\{X_{15}\}$，$\{X_{16}\}$，$\{X_{17}\}$，$\{X_{18}\}$，$\{X_{19}\}$，$\{X_{20}\}$，$\{X_{21}\}$，$\{X_{22}\}$，$\{X_{23}\}$，$\{X_{24}\}$，$\{X_{25}\}$，$\{X_{26}\}$，$\{X_{27}\}$，$\{X_{28}\}$，$\{X_{29}\}$，$\{X_{30}\}$，$\{X_{31}\}$，$\{X_{32}\}$，$\{X_{33}\}$，$\{X_{34}, X_{35}, X_{36}\}$，$\{X_{37}\}$，$\{X_{38}\}$ 共计 34 个。

5. 结构重要度分析

事故树各基本事件对顶上事件影响程度可用公式 $I(i)=\sum 1/2(n-1)$，$X \in K$，进行近似计算，其中 $I(i)$ 为基本的重要系数近似判别值，K_i 为包含 X_i 的割集（所有），n 为基本事件 X_i 所在割集中基本事件个数。据此，有

$I(1)=I(2)=I(3)=I(4)=I(5)=I(6)=I(7)=I(8)=I(13)=I(14)=I(15)=I(16)=I(17)=I(18)=I(19)=$
$I(17)=I(18)=I(19)=I(18)=I(19)=I(20)=I(21)=I(22)=I(23)=I(24)=I(25)=I(26)=I(27)=$
$I(28)=I(29)=I(30)=I(31)=I(32)=I(33)=I(37)=I(38)=1$

$I(9)=I(10)=I(11)=I(12)= 1/2$

$I(34)=I(35)=I(36)=1/4$

由上述分析可见，X_{34}、X_{35}、X_{36} 的结构重要度最小，X_9、X_{10}、X_{11}、X_{12} 的结构重要度居中，其余基本事件的结构重要度最大，是导致销毁事故发生的主要事件。

6.2.2　销毁作业安全措施

（1）对参与销毁作业人员进行安全教育。战争遗留爆炸物销毁作业风险性高，作业环节多，参与人员多，作业前，需将销毁的战争遗留爆炸物情况、销毁场地情况、销毁作业流程及注意事项向参与作业人员进行明确，对其进行作业分组（器材组、搬运组、驾驶组、警戒组、联络组等）并指定负责人，要求作业人员精力集中，小心谨慎，密切协同，防止战争遗留爆炸物跌落、滑落、撞击。

（2）器材准备充分，性能稳定。爆炸物销毁所用搬运器材要结实、平整、防静电，有提手便于装运作业。所用起爆器材如电雷管、导爆管雷管、起爆装药、导电线等要进行真品试验并备有较大富余量。所用消防器材数量要充足且性能可靠。

（3）按照操作规范进行作业。爆炸物对电能、热等、机械碰撞都很敏感，作业过程中要力求避免。避免在雷雨天气、高电压区、高温环境下作业，作业人员搬运、设置弹药时禁止使用手机、照明设备、抽烟或闲聊。运输时，需要对弹体进行充分的防护，如在爆炸物下层车厢内设置厚实（30~40cm）的细沙，爆炸物或箱体之间留设足够的间隙（≥20cm）并填满细沙或铺设棉纱布，避免在运输车辆内设置多层爆炸物，避免将爆炸物（弹体）引信方向放置与车辆行驶方向一致。运输车辆行驶过程中，车速不宜过大（≤30km/h），车距不宜过小（≥50m），车辆性能好且需配备灭火设备和泄静电接地铁链。

（4）起爆体设置合理，起爆网络连接可靠。用于诱爆的起爆体（自制或用制式弹药如反坦克地雷、手榴弹等）药量要充分，设置于待销毁爆炸物中央并紧贴爆炸物。起爆网络连接要可靠并需专人全面检查、维护。

（5）安全校核全面，人员、机械撤离及时、彻底。安全校核要综合考虑诱爆装药及待销毁爆炸物的药量，需包括冲击波、地震波、破片及飞石安全校核。人员、机械需撤离至指定安全区域并做好隐蔽、随时疏散工作。

（6）积极稳妥地做好销毁作业善后工作。销毁效果的检查、销毁场地的清理是销毁作业的重要组成部分，起爆后约 20min（洞穴内销毁不小于 60min），由经验丰富的技术人员接近销毁点进行查看，确认全部诱爆后，组织人员逐点进行全面清理并做好文字记录，拍摄销毁效果，确保销毁彻底。当出现有火灾征候应立即组织人员、消防器材进行扑救；当发现有销毁不彻底情况，应及时进行再销毁。

6.3 未爆弹药销毁安全设计

弹药对目标的毁伤是杀伤作用（利用破片的动能）、侵彻作用（利用弹丸的动能）、爆破作用（利用爆炸冲击波的能量）、燃烧作用（根据目标的易燃程度以及炸药的成分而定）等多种效应综合而致。弹药主要是依靠炸药爆炸后产生的气体膨胀功、爆炸冲击波和弹丸破片动能来摧毁目标的，前者是榴弹的爆炸破坏（简称爆破）作用，主要对付敌人的建筑物、武器装备及土木工事；后者是榴弹的杀伤破坏（简称杀伤）作用，主要对付敌方的有生力量。通常，以爆破作用为主的弹丸称为爆破弹；以杀伤作用为主的弹丸称为杀伤弹，两者兼顾者称为杀伤爆破弹。

6.3.1 爆破震动效应

未爆弹药在地面、地下爆炸均会引起周围介质和地面振动，对周围地上和地下目标造成影响，甚至破损。未爆弹药爆炸法销毁中应对爆破震动进行校核和控制。

1. 内部爆破引起的振动

（1）爆破振动安全允许标准参照《爆破安全规程》（GB 6722—2014）执行。爆破振动安全允许距离为

$$R = \left(\frac{K}{v}\right)^{\frac{1}{\alpha}} Q^{\frac{1}{3}} \tag{6-1}$$

式中：R 为爆破振动安全允许距离（m）；Q 为炸药量，齐发爆破为总药量，延时爆破为最大单段药量（kg）；v 为保护对象所在地安全允许质点振速（cm/s）；K，α 为与爆破点至保护对象间的地形、地质条件有关的系数和衰减指数，应通过现场试验确定；在无试验数据的条件下，可参考表 6-2 选取。

表 6-2 爆区不同岩性的 K、α 值

岩　性	K	α
坚硬岩石	50～150	1.3～1.5
中硬岩石	150～250	1.5～1.8
软岩石	250～350	1.8～2.0

（2）美国陆军技术手册 TM5-855-1 给出了土中地冲击参数的计算方法，由于土中地冲击脉冲的到达时间与地震波速成反比，因而在地震波速较高的介质（如饱和黏土）中爆炸将产生持续时间很短的高频脉冲，加速度值较高、位移较小。相反，在干燥、松散介质中的爆炸将产生持续时间较长且频率低的地运动。航、炮弹爆炸所产生的地运动参数为

$$V_0 = 48.8 f \left(\frac{2.52R}{Q^{1/3}} \right)^{-n} \tag{6-2}$$

$$a_0 Q^{1/3} = 11.7 f \cdot C \left(\frac{2.52R}{Q^{1/3}} \right)^{-(n+1)} \tag{6-3}$$

式中：V_0 为振动速度（m/s）；f 为耦合系数，见图 6-3；R 为爆心距离（m）；Q 为爆炸当量（kg）；a_0 为加速度（g）；C 为介质地震波速（m/s）；n 为衰减系数，见表 6-3。

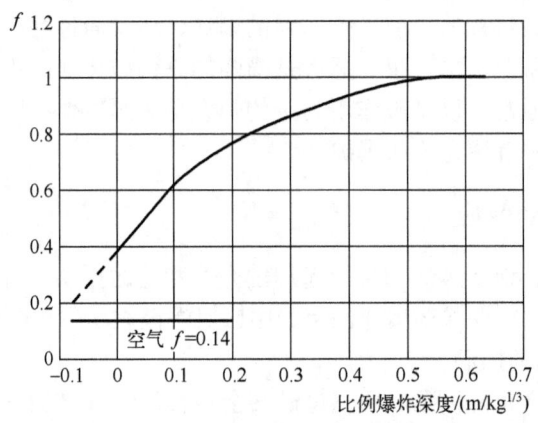

图 6-3 地震动耦合系数 f

表 6-3 计算地冲击参数的土壤特性

材料描述	地震波速 C/(m/s)	衰减系数 n
低相对密度松散干砂和砾石	180	3～3.25
砂质填土、黄土、干沙和回填土	300	2.75
高相对密度密实沙	500	2.5

(续)

材料描述	地震波速 C/(m/s)	衰减系数 n
含气量大于4%的湿沙质黏土	550	2.5
含气量大于1%的饱和沙质黏土和沙	1500	2.25~2.5
强饱和黏土和泥质页岩	>1500	1.5

2．地表爆破与内部爆炸引起的振动

地表爆炸或装药不完全埋入介质中时，爆炸能量中空气冲击波所占比例较多。随着装药埋深加大，空气冲击波逐渐减少，介质振动增加，未爆弹药埋深不同，引起周围介质的振动速度也不同。

1）TM5-855-1计算值

按1000gTNT在不同土壤之中爆炸计算，半埋时比例爆炸深度为0，地冲击振动速度接近松动爆破的1/3左右，如表6-4所列。

表6-4　1000gTNT在不同埋深条件下爆炸振动速度峰值

土壤类别	埋深 m	振动速度峰值/(cm/s)		
		水平距离2m	水平距离4m	水平距离6m
低相对密度松散干砂和砾石	地表	3.27	0.382	0.109
	装药半埋	6.29	0.734	0.209
	装药全埋	9.31	1.09	0.309
	0.2	18.01	2.12	0.606
	0.4	20.92	2.55	0.733
	0.6	20.46	2.64	0.764
	0.8	18.58	2.57	0.755
含气量大于4%的湿沙质黏土	地表	9.20	1.63	0.590
	装药半埋	17.69	3.13	1.14
	装药全埋	26.71	4.63	1.68
	0.2	50.77	9.06	3.29
	0.4	59.5	10.91	3.98
	0.8	54.6	11.06	4.13

2）试验数据

用75gTNT药柱在坚硬青黏土中试验，装药在地表、埋深0.2m、0.4m、0.6m、0.8m处起爆，距爆源4m、5m、6m成直线布置测量爆破振动速度，测量数据见图6-4。从图上可以看出，炸药量一定时，地表爆炸时的振动速度峰值约为内部松动爆破时的1/3左右。

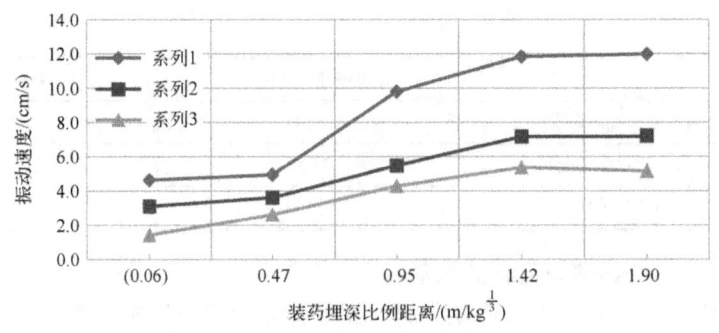

图 6-4　装药埋深比例距离与地表振动速度

6.3.2　爆炸销毁飞散物

弹药被诱爆后一般认为弹丸壳体内的炸药被瞬时引爆，产生高温、高压的爆轰产物。该爆轰产物猛烈地向四周膨胀，一方面使弹丸壳体变形、破裂，形成破片，并赋予破片以一定的速度向外飞散；另一方面，高温、高压的爆轰产物作用于周围介质或目标本身，使目标遭受破坏。未爆弹药销毁爆炸时，在弹药裸露爆炸时以原装药爆炸产生弹片飞散为主，在覆土或坑内销毁时以回填土或覆土为主。

1. 弹片飞散

当弹丸爆炸时，弹体将形成许多具有一定动能的破片，这些破片会造成周围人员、保护目标的损害。弹丸破片的形成过程是极为复杂的，影响因素很多，欲从理论上对此进行充分的描述尚有困难。目前，主要还是借助于试验的方法进行研究和分析。

如图 6-5 所示，当引信引爆后，炸药的爆轰将以波的形式（爆轰波）自口部向右传播。紧跟在爆轰波后面的是由于弹体变形等而产生的稀疏波。爆轰波以 10^{10} Pa 的压力冲击弹体，在冲击点 1 处压力最大，稀疏波所到之处压力急速下降。当爆轰波达到弹底时，弹丸内装的炸药全部爆轰完毕。弹体在爆轰产物的作用下，从冲击点开始，沿内表面产生塑性变形，同时弹体迅速向外膨胀。弹体出现裂缝后，爆轰产物即从裂缝向外流动，作用于弹体内表面的压力急速下降。弹体裂缝全部形成后，即以破片的形式以一定的速度向四周飞散。

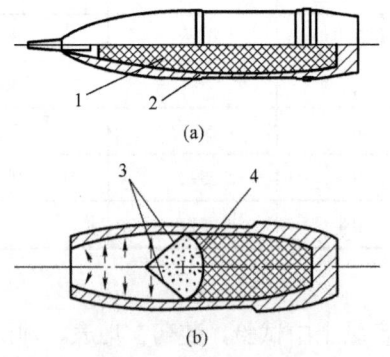

图 6-5　弹丸爆炸过程示意图
（a）爆炸前；（b）爆炸过程中。

1—炸药；2—弹体；3—稀疏波；4—爆轰波。

弹丸由起爆到炸药爆轰结束所经历的时间，同弹体由开始变形到全部破裂成破片所经历的时间相比是很短的，约为后者的 1/4。例如，122mm 的榴弹由起爆到炸药爆轰结束约需 60μs，而弹体由塑性变形到全部形成破片则需 250μs 左右。但对于很长的弹体来说，在炸药尚未爆轰结束时，弹体的起爆端就可能发生破裂，从而影响杀伤破片的形成。在这种情况下，应当对传爆系列采取措施，尽量避免上述情况的出现。

弹丸爆炸后，生成的破片是不均匀的，其中圆柱部产生的破片数量最多，占70%左右。如图 6-6 所示。由于破片主要产生在圆柱部，所以弹丸落角的不同，将会影响杀伤破片的分布。若弹丸垂直爆炸，则破片分布近似为圆形，具有较大的杀伤面积；若弹丸爆炸时具有一定的倾角，则只有两侧的破片被有效地利用，而上下方的破片则飞向天空和土中，因此破片的有效杀伤区域近似为一矩形，面积较小。杀伤弹爆炸后在空间构成一个立体杀伤区，其大小、形状由弹丸的破片飞散角、方位角和杀伤半径所限定。有效杀伤半径随目标的易损性不同而不同。

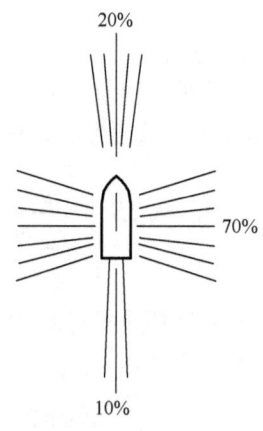

图 6-6 破片的飞散

弹体在膨胀过程中获得了很高的变形速度，故破片具有很高的速度，而且当破片向外飞散时，由于爆轰产物的作用，破片还略有加速。但破片所受的空气阻力很快与爆轰产物的作用相平衡，此时破片速度达到最大值，称其为破片初速 v_0。破片初速与弹体材料、炸药性能和质量有关，一般为 600~1000m/s。

弹体在爆炸后形成的破片总数 N 及其按质量的分布规律，是衡量弹体破碎程度的标志，同时也是计算弹丸杀伤作用的重要依据。用理论方法预先估计弹丸爆炸后产生的破片总数及质量分布是一个十分困难的问题，至今尚未解决。在工程计算中，常用如下的经验公式计算 1g 以上的破片总数 N：

$$N = 3200\sqrt{M} \cdot \alpha(1-\alpha) \tag{6-4}$$

式中：M 为弹体质量（kg）；α 为炸药装填系数（即 $\alpha=m/M$）；m 为炸药质量；此式适用于壳体壁厚较大的弹丸和战斗部。

对于壳体壁厚较薄，装填 TNT 炸药的弹丸或战斗部，可以应用下述公式来近似估算破片数：

$$N = 4.3\pi\left(\frac{1}{2} + \frac{r}{\delta}\right)\frac{l}{\delta} \tag{6-5}$$

式中：r 为壳体内半径（mm）；l 为壳体长度（mm）；δ 为壳体厚度（mm）。

破片平均质量的估计值为

$$\bar{m}_f = k\frac{m_s}{N} \tag{6-6}$$

式中：m_s 为金属壳体的质量，k 为壳体质量损失系数，其值为 0.80～0.85。

一般钢质整体式壳体在充分破裂后所形成的破片，大致为长方形，其长宽厚尺寸的比例大约为 5：2：1。破片质量分布规律的经验公式为

$$m_i = m_s\left(1 - e^{-Bm_{fi}^a}\right) \tag{6-7}$$

式中：m_i 为质量小于等于 m_{fi} 的破片总质量（g）；m_{fi} 为大于 1g 的任一破片质量（g）；B，a 为取决于壳体材料的常数，对于钢材料分别为 0.0454 和 0.8。

破片初速 v_0 也是衡量弹丸杀伤作用的重要参数。对于圆柱形弹体，其破片初速为

$$v_0 = \sqrt{2E}\sqrt{\frac{m}{M + \frac{m}{2}}} \tag{6-8}$$

式中：E 为单位质量炸药的能量；m 为炸药质量；M 为弹体质量。

根据斜抛运动原理，单片飞散的距离为

$$R = \frac{v_0^2 \sin 2\alpha}{g} \tag{6-9}$$

式中：v_0 为破片初速（m/s）；α 为初速度与水平方向间的夹角；g 为重力加速度。当 α 为 45°时得到飞散最大距离 $R_{max} = v_0^2/g$。

2．回填土飞散

当弹丸在岩土中爆炸时，爆轰产物强烈压缩周围的岩土介质，使其结构完全破坏，岩土颗粒被压碎。当弹丸在有限岩土介质中爆炸时，如果弹丸与岩土表面较接近或炸药量较大，那么破碎区将逐渐接近于岩土表面。由于在岩土表面处没有外层的阻力，所以弹丸爆炸时岩土很容易向上运动、抛掷、部分回落并在地表形成漏斗坑。

如图 6-7 所示，从爆炸时岩土运动的过程来看，在弹丸爆炸后的一段时间内，最小抵抗线 OA 处的地面首先突起，同时不断向周围扩展。上升的高度和扩展的范围随时间的增加而增加，但范围扩展到一定的程度就停止了，而高度却继续上升。在这一段时间内，漏斗坑内的岩土虽已破碎，但地面却仍然保持一个整体向上运动，其外形如鼓包（钟形），故称为鼓包运动阶段（图 6-8）。当地面上升到最小抵抗线高度的 1～2 倍时，鼓包顶部破裂，爆轰产物与岩土碎块一起向外飞散，此即鼓包破裂飞散阶段。此后，岩土块

在空气中飞行,并在重力和空气阻力作用下落到地面,形成抛掷堆积阶段。

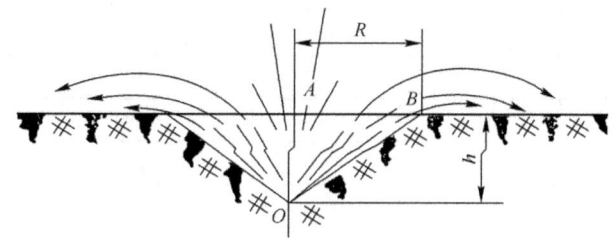

图 6-7 抛掷漏斗坑

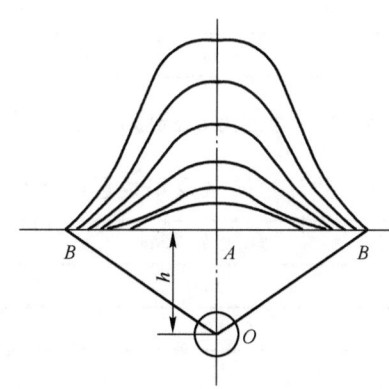

图 6-8 鼓包的运动

大量测试数据表明,松动爆破时岩土飞散初速约为 10~20m/s,抛掷爆破时飞石初速约为 30~100m/s。

坑内回填爆炸回填土飞散物安全距离为

$$R_f = 20K_f n^2 W \tag{6-10}$$

式中:R_f 为爆破飞石安全距离(m);K_f 为安全系数,一般取 1.0~1.5;n 为爆破作用指数;W 为最小抵抗线(m)。

应逐个药包进行计算,选取最大值为个别飞散物安全距离。

对于未爆弹药销毁时的安全距离可参照表 6-5、表 6-6 数据。

表 6-5 炸毁各种废弹数量及最小安全距离参考表

弹药种类	每坑销毁弹数/个	爆炸时破片最大飞散距离/m	对一般建筑物玻璃门窗的安全距离/m	警戒安全半径/m
各种手榴弹	100	100~250	1200	500
50 掷榴弹	80	100~250	1200	500
60 迫击炮弹	40	100~250	1200	500
70 步兵炮榴弹头	20	200~400	1200	500

(续)

弹药种类	每坑销毁弹数/个	爆炸时破片最大飞散距离/m	对一般建筑物玻璃门窗的安全距离/m	警戒安全半径/m
75 山野炮榴弹	14	200~500	1200	1000
81,82 迫击炮弹（轻弹）	20	150~300	1200	500
90 迫击炮弹	20	150~300	1200	500
105 榴弹头	4	500~1000	1200	1500
150 榴弹头	2	600~1250	1200	1500
150mm 以上榴弹	2	1250~1500	1200 以上	2000
81 烟幕弹	5	50~150	800	400
75 瓦斯弹头	5	50~150	800	3000（无防毒面具）

礼花弹、高空礼花弹可按炸毁炮弹的方法销毁，但安全距离不应少于 500m。

表 6-6 航弹炸毁场危险区及警戒区的最小安全半径

弹 种	弹片飞散半径/m	警戒区/m
50kg 以内的炸弹	500	距危险区 200
100kg 以内的炸弹	800	距危险区 200
100kg 以上的炸弹	1200	距危险区 500
220kg 以上的穿甲炸弹	1500	距危险区 500
炮弹，火箭弹战斗部		距炸点的距离为（弹头毫米数×10）m

6.3.3 爆破冲击波与噪声

炸药在空气中爆炸，爆炸气体产物压力和温度局部上升，高压气体在向四周迅速膨胀的同时，急剧压缩和冲击药包周围空气，使被压缩空气压力急增，形成以超声速传播的空气冲击波。掩埋在介质中的炸药爆炸所产生的高压气体通过裂隙或飞散泄漏到大气中也会产生冲击波。

1．地表裸露爆炸空气冲击波

（1）露天地表爆破当一次爆破炸药量不超过 25kg 时，按式（6-11）确定空气冲击波对在掩体内避炮作业人员的安全允许距离。

$$R_k = 25\sqrt[3]{Q} \tag{6-11}$$

式中：R_k 为空气冲击波对掩体内人员的最小允许距离（m）；Q 为一次爆破梯恩梯炸药当量，秒延时爆破为最大一段药量，毫秒延时爆破为总药量（kg）。

（2）在地表进行大当量爆炸时，应核算不同保护对象所承受的空气冲击波超压值，并确定相应的安全允许距离。在平坦地形条件下爆破时，可按式（6-12）计算超压。

$$\Delta P = 14\frac{Q}{R^3} + 4.3\frac{Q^{2/3}}{R^2} + 1.1\frac{Q^{1/3}}{R} \tag{6-12}$$

式中：ΔP 为空气冲击波超压值（10^5Pa）；Q 为一次爆破梯恩梯炸药当量，秒延时爆破为最大一段药量，毫秒延时爆破为总药量（kg）；R 为爆源至保护对象的距离（m）。

（3）国家军用标准。炮航弹在爆炸时产生的入射冲击波超压为

$$\Delta P_1 = 0.658\frac{Q^{1/3}}{R} + 0.261\left(\frac{Q^{1/3}}{R}\right)^{1.5} \tag{6-13}$$

该式的适用范围：0.014MPa≤ΔP_1≤7.020MPa。

地面反射冲击波超压为

$$\Delta P_m = 2\Delta P_1 + \frac{6\Delta P_1^2}{\Delta P_1 + 0.7} \tag{6-14}$$

该式的适用范围：ΔP_m≤2MPa。

2．覆盖爆炸的空气冲击波

炸药在岩土介质中爆炸，炸药能量除了使介质产生压缩、破碎、运动、震动以及热能损失之外，在空气中产生空气冲击波。

（1）装药在岩石中爆炸冲击波。根据大量实测资料，装药在岩石中爆炸冲击波峰值压力为

$$\Delta P_1 = K\left(\frac{Q^{1/3}}{R}\right)^\alpha \tag{6-15}$$

式中：K 为与爆破条件相关的参数，主要取决于介质本身、填塞条件和起爆方法，见表6-7；α 为空气冲击波衰减指数，见表6-7；Q 为装药量，齐发起爆时为总药量，延期起爆时为最大一段装药量（kg）；R 为自爆破中心到测点距离（m）。

表6-7　装药在岩石中爆炸冲击波相关参数

爆破条件	K		α	
	微差起爆	齐发起爆	微差起爆	齐发起爆
药孔爆破	1.43		1.55	
破碎大块石时的炮孔爆破		0.67		1.31
破碎大块石时的裸露爆破	10.7	1.35	1.81	1.18

（2）装药在土中爆炸冲击波。通过在石灰岩场地试验，将8kgTNT按照表面接触、装药半埋、埋深40cm/80cm/200cm爆炸，在地表水平距离3m、4m、5m、6m测量空气冲击波超压峰值研究，得到当常规装药埋深从地表开始向下增加时，装药埋深越大则地表空气冲击波超压峰值越小，超压峰值随测点的比例距离的衰减规律近似一致，装药的比例埋深影响衰减系数，如图6-9和图6-10所示。

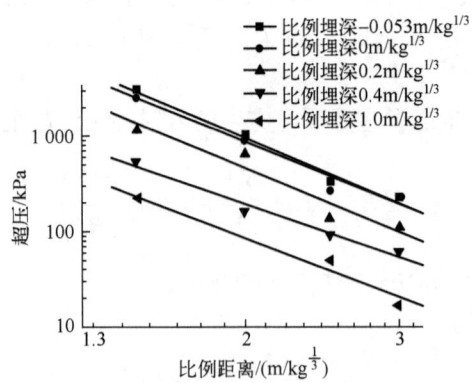

图 6-9　不同埋深爆炸地表空气冲击波超压峰值随离爆心水平比例距离的衰减曲线

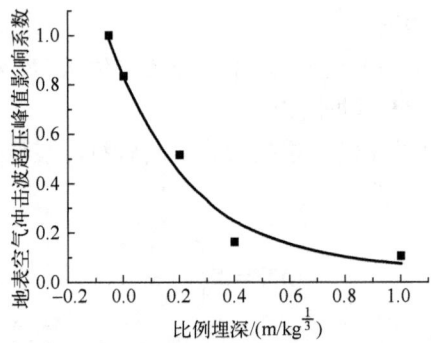

图 6-10　装药比例埋深与地表空气冲击波超压峰值影响系数关系曲线

整理数据后得出不同装药埋深时地表空气冲击波超压峰值随爆心水平距离变化的公式为

$$\Delta P_1 = 14.32 \left(\frac{R}{(\lambda Q)^{1/3}} \right)^{-3.643} \tag{6-16}$$

式中：ΔP_1 为地表空气冲击波超压值（MPa）；Q 为一次爆破梯恩梯炸药当量（kg）；R 为爆源至测点的水平距离（m）；λ 为比例埋深对地表空气冲击波超压峰值影响系数，$\lambda = 0.058 + 0.790 e^{-3.47h}$，式中 h 为装药比例埋深（$m/kg^{\frac{1}{3}}$）。

3. 空气冲击波对目标的破坏作用

《爆破安全规程》规定工程爆破空气冲击波超压的安全允许标准：对不设防的非作业人员为 0.02×10^5 Pa，掩体中的作业人员为 0.1×10^5 Pa；冲击波对人身的伤害发生在冲击波的正压期间和负压期间。致伤的机理：对人耳而言，冲击波超压进入外耳后，在耳鼓膜内外形成压力差，当鼓膜承受不了压力差的作用时，鼓膜便发生破裂。心肝肺脾等内脏致伤机理比较复杂，主要是冲击波作用于人体胸壁时，胸腔内气体容积减小，局部压力急剧增大造成的。目前，世界各国关于冲击波超压对人体致伤关系的研究通过以下两种方法进行：一是爆炸事故造成人员伤亡的调查、分析；二是利用动物进行试验，经过对试验结果的分析、处理后过渡到人。表 6-8 所列为空气冲击波对目标的破坏作用。冲击波超压对人伤害的试验结果也不相同，1945 年广岛核爆炸耳膜穿孔超压为 0.1961×10^5Pa、重伤为 $(0.4413\sim0.5884)\times10^5$Pa、死亡为大于 0.5884×10^5Pa，1947 年美国得克萨斯州基尔霍斯顿海湾 2300t 硝铵炸药爆炸耳膜穿孔超压为 $(0.1373\sim0.1961)\times10^5$Pa、轻伤为 $(0.1961\sim0.3727)\times10^5$Pa、中伤为 $(0.3727\sim0.4904)\times10^5$Pa、重伤为 $(0.4904\sim1.2749)\times10^5$Pa、死亡为大于 1.2749×10^5Pa，1976 年中国 1.8t TNT 爆炸轻伤为 $(0.1079\sim0.2746)\times10^5$Pa、中伤为 $(0.3531\sim0.4904)\times10^5$Pa、重伤为 $(0.4904\sim1.5691)\times10^5$Pa、死亡为大于 1.5691×10^5Pa。国外超压标准也不同，美国耳膜穿孔超压为 0.3432×10^5Pa、轻伤为 0.1569×10^5Pa、中伤为 0.2354×10^5Pa、重伤为 0.5394×10^5Pa、死亡为大于 1.8633×10^5Pa，苏联耳膜穿孔超压为 0.3432×10^5Pa、轻伤为 $(0.1961\sim0.3923)\times10^5$Pa、重伤为 $(0.3923\sim0.9807)\times10^5$Pa、死亡为大于 2.3537×10^5Pa。各自对伤势定义不同，冲击波超压数据也不同，总体上看，超压小于 0.1×10^5Pa 肯定是安全的。建筑物的破坏程度与超压的关系也列入表 6-8。

表 6-8 空气冲击波对目标的破坏作用

	超压 $\Delta P_\mathrm{m}/10^5$Pa	破 坏 能 力
对人员的杀伤	<0.196	无杀伤作用
	0.196～0.294	轻伤
	0.294～0.49	中等伤害
	0.490～0.981	重伤其至死亡
	>0.981	死亡
对建筑物的破坏程度	<0.2	玻璃偶尔破坏，门窗、结构无损坏
	0.2～0.9	玻璃大部分成碎块，少部分成大块，木门窗少量破坏，顶棚少量掉灰
	0.9～2.5	玻璃成碎块，木门窗大量破坏，外墙裂缝，瓦屋面大量移动，顶棚大量掉灰
	2.5～4.0	砖外墙 5～50mm 裂缝，混凝土屋顶出现小裂缝，砖内墙出现小裂缝
	4.0～7.6	砖外墙大于 50mm 裂缝部分倒塌，混凝土屋顶出现 2mm 裂缝，砖内墙出现大裂缝部分倒塌，钢筋混凝土柱有倾斜
	>7.6	砖外墙大部分倒塌，砖内墙大部分倒塌，钢筋混凝土柱有较大倾斜

4. 爆破作业噪声控制标准

爆破突发噪声判据，采用保护对象所在地最大声级，其控制标准见表 6-9。

表 6-9 爆破噪声控制标准

声环境功能区类别	对应区域	不同时段控制标准/dB(A)	
		昼间	夜间
0类	康复疗养区、有重病号的医疗卫生区或生活区，进入冬眠期的养殖动物区	65	55
1类	居民住宅、一般医疗卫生、文化教育、科研设计、行政办公为主要功能，需要保持安静的区域	90	70
2类	以商业金融、集市贸易为主要功能，或者居住、商业、工业混杂，需要维护住宅安静的区域；噪声敏感动物集中养殖区，如养鸡场等	100	80
3类	以工业生产、仓储物流为主要功能，需要防止工业噪声对周围环境产生严重影响的区域	110	85
4类	人员警戒边界，非噪声敏感动物集中养殖区，如养猪场等	120	90
施工作业区	矿山、水利、交通、铁道、基建工程和爆炸加工的施工厂区内	125	110

6.3.4 炸药的殉爆

1. 殉爆与殉爆距离

炸药爆炸时，引起它邻近的炸药爆炸的现象称为炸药殉爆。炸药 A 和 B 之间被惰性介质（空气、土、沙、水、钢铁等无爆炸性的介质）隔开，当它们之间距离小于某一值时，炸药 A 爆炸会引起炸药 B 爆炸，炸药 A 称为主发炸药，炸药 B 称为被发炸药，殉爆距离是指主发炸药能够引起被发炸药殉爆的最大距离。

主发炸药和被发炸药均为 TNT，被发炸药放在主发炸药周围地面上，殉爆试验结果见表 6-10。

表 6-10 TNT 殉爆试验数据

主发炸药/kg	10	30	80	120	160
被发炸药/kg	5	5	20	20	20
殉爆距离/m	0.4	1.0	1.2	3.0	3.5

受两炸药之间介质的影响，当炸药间隔有沙或土时，殉爆距离明显减小。殉爆现象主要原因有三：一是主发炸药的爆炸产物直接冲击被发炸药，两炸药距离较近且间隔介质密度不是很大，被发炸药在爆炸产物冲击和加热作用下可能引起爆炸；二是主发炸药冲击波冲击被发炸药，冲击波传播到被发炸药中引爆被发炸药；三是主发炸药爆炸时抛射出来的固体物质冲击被发炸药，如炮弹爆炸时的碎片冲击被发炸药引起爆炸。外部装药爆炸法销毁就是利用殉爆原理引爆未爆弹。

2. 殉爆安全距离

殉爆安全距离是指炸药 A 爆炸后不致引起周围炸药 B 殉爆的最小距离。但在多点、延时起爆进行爆炸法销毁未爆弹时，虽然二者之间不能殉爆，也要注意先爆弹药产生的冲击波对周围未起爆装药和未爆弹的冲击，防止后爆装药与未爆弹之间移动错位。经大量试验，殉爆安全距离为

$$R = K\sqrt{Q} \tag{6-17}$$

式中：R 为殉爆安全距离（m）；K 为与炸药性质、介质性质及装药条件有关的系数，表 6-11 中裸露适用于裸露堆积在空气中或存储在轻包装中的炸药，埋藏适用于炸药在防护墙内存储的情况；Q 为装药质量（kg）。

表 6-11 系数 K 值

被发炸药	主发炸药	硝铵炸药		梯恩梯		高级炸药	
		裸露	埋藏	裸露	埋藏	裸露	埋藏
硝铵炸药	埋藏	0.25	0.15	0.40	0.30	0.70	0.55
	埋藏	0.15	0.10	0.30	0.20	0.55	0.40
梯恩梯	裸露	0.80	0.60	1.20	0.90	2.10	1.60
	埋藏	0.60	0.40	0.90	0.50	1.60	1.20
高级炸药	裸露	2.00	1.20	3.20	1.40	5.50	4.40
	埋藏	1.20	0.80	2.40	1.60	4.40	3.20

6.3.5 销毁安全防护设计

为减小未爆弹药销毁对周围目标的损伤，一般用土袋墙、防爆墙、覆土或坑内销毁的方法控制弹片、冲击波和振动。

1. 弹片对防护物的侵彻

破片初速 v_0 是衡量弹丸杀伤作用的重要参数。对于圆柱形弹体，其破片初速为

$$v_0 = \sqrt{2E}\sqrt{\frac{m}{M + \frac{m}{2}}} \tag{6-18}$$

式中：E 为单位质量炸药的能量；m 为炸药质量；M 为弹体质量。

由于空气阻力的原因，弹片速度随着距离的增加而降低，其与飞散距离 r(m)、弹片质量 m_f(g) 的关系为

$$v_s = v_0 \cdot e^{-kr} \tag{6-19}$$

$$k = \frac{C_x \rho S}{2 m_f}$$

式中：m_f 为破片质量；ρ 为当地空气密度；S 为破片迎风面积，对球形破片而言 $S=\pi d^2/4$，d 为球形破片直径；C_x 为空气阻力系数；k 为破片衰减系数，与空气阻力系数、迎风面积、破片质量等因素有关。

在航炮弹销毁的过程中，一般采用堑壕或土质堆积物作为防护手段，破片在法向撞击条件下，对土的侵彻深度为

$$t_p = 1.64 m_f^{1/3} K_p \lg(1 + 50 v_s^2) \tag{6-20}$$

式中：t_p 为侵彻深度（cm）；K_p 为侵彻系数，见表 6-12；v_s 为撞击速度（m/s）。

表 6-12 土壤侵彻系数

土 壤 类 别	侵 彻 系 数
石灰石	0.775
沙土	5.290
含腐烂物的土	6.950
黏土	10.600

美军炮弹爆炸后碎片在沙土防爆墙中侵彻深度如表 6-13 所列。

表 6-13 美军炮弹爆炸后碎片在沙土防爆墙中侵彻深度

炮弹型号（弹径mm）	装填炸药 TNT 当量/kg	弹壳质量 /kg	沙土墙3m处 侵彻深度/cm	沙土墙6m处 侵彻深度/cm
迫击炮弹 M49A4(60mm)	0.1991	0.381	22.78	21.89
迫击炮弹 M362A1(81mm)	0.9954	1.928	23.73	22.83
炮弹 M1（105mm）	2.408	13.13	37.91	37.01
炮弹 M107（155mm）	7.3	64.35	59.56	58.67
航弹 MK81 mod1（22.86mm）	55.08	12.76	49.12	48.21
航弹 M117（40.89）	221.5	38.61	71.35	70.45

2．冲击波对防护物的作用

爆炸产生的冲击波会对周围人员和设施造成重大危害，构建防护挡墙能对冲击波的传播起到一定的削弱和防护作用。

1）作用机理与规律

装药在空气中爆炸，初期的冲击波向外传播时，爆炸产物的膨胀不断地供给冲击波能量。试验表明，约有70%的爆炸能传给空气冲击波，这种冲击波在一定距离内对建筑物和人员可能造成不同程度的危害。冲击波波阵面处的气流质点和挡波墙相遇时即被遏制阻止，然后下一层的运动质点也被阻止，停止向入射波传播方向的运动，这时便在挡波墙附近出现高压静止区。当质点从挡波墙返回膨胀时，便产生反射波，从而改变了空气冲击波的方向，对于该方向上挡波墙后一定距离的建筑物和人员起到了防护作用。当冲击波正方向作用于墙壁正面时，就发生正反射，壁正面所受压力增加，但壁面边缘以外的冲击波超压并未增加，于是形成了超压差，并引起了空气的流动和波的产生。在壁面反射高压区中的空气向壁面边缘以外的低压域流动的同时，稀疏波以反射波后的声速从壁边缘向中间传播。经过时间 t 后，壁正面所受到的压力为环流压力，此时壁正面附近的气流处于相对稳定状态。t 时间之后，冲击波经过侧面和顶面到达背面，随着时间的增加，压力达最大值。之后形成的环流压力便随着传播距离的增加逐渐衰减为声波。冲击波通过挡墙的数值模拟传播图如图 6-11 所示。

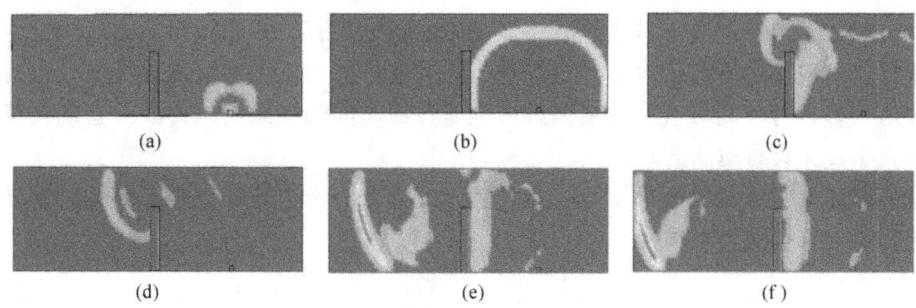

图 6-11　冲击波通过挡墙传播图

（a）$t=596\mu s$；（b）$t=3\,196\mu s$；（c）$t=7\,192\mu s$；
（d）$t=9\,894\mu s$；（e）$t=18\,189\mu s$；（f）$t=22\,092\mu s$。

通过模拟爆炸冲击波遇到挡墙后在远场的传播特性与衰减规律，结合试验验证得到了一些相关结论：①挡墙对远场冲击波超压可以起到有效的降低作用，挡墙的有无与尺寸大小并不会改变冲击波到达远场后的传播特性与衰减规律；②挡墙越高，防护作用越好，且有效防护降低量与挡墙高度大体呈线性关系；③挡墙距爆心越近，防护作用越好，远场超压峰值随挡墙距离的增加大体呈指数增长关系，即距离越近，防护作用越好，超过一定范围后，这种特性将变得相对不再显著；④在冲击波入射角大于马赫角的条件下，爆炸冲击波绕过墙后形成的环流与冲击波作用易形成马赫波或超压最大值，最大值点的距离一般发生在 1.5～2.5 倍墙高处。冲击波超压峰值与挡墙参数关系如图 6-12 所示。

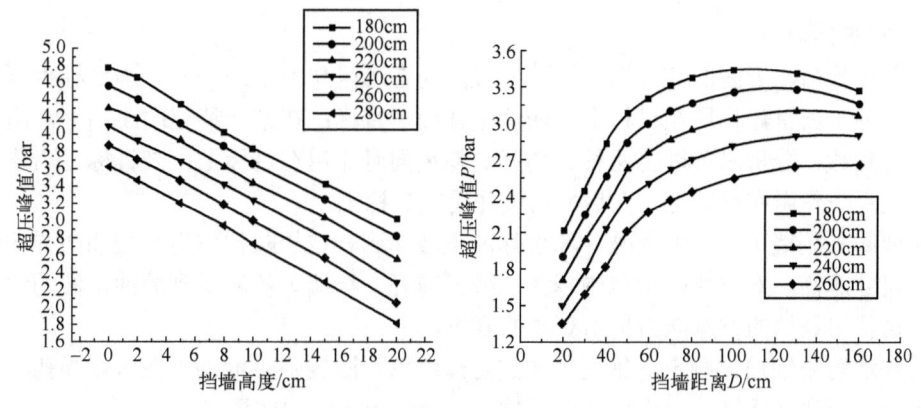

图 6-12　冲击波超压峰值与挡墙参数关系图

2）冲击波对沙袋墙作用

弹药爆炸冲击波对邻近目标主要有超压和冲量作用，超压和比冲量是相互影响相互关联的，如果在考虑问题时，忽略了任何一个，都不容易得到正确的结果。因此"超压-冲量"准则相比于超压或冲量准则更具有考虑全面、评价准确和适用广泛的优点。从毁伤角度讲，"超压-冲量"准则认为，要对给定目标产生某种程度（某一等级）的毁伤，ΔP 必须不低于某一临界值，并且对目标持续作用的时间不小于某一临界值，只有具有这种条件的冲击波才能够对目标产生给定的毁伤效果。爆炸冲击波能否在一段时间内对目标保持一定的压力作用决定着爆炸冲击波是否对目标具有一定的毁伤能力,相反也决定着在爆炸冲击波作用下防护设施是否具有一定的防护能力。大多数常规炸药产生的爆炸冲击波是一种具有较高幅值且持续微秒级至毫秒级时间的强间断压力波,它既具有一定的幅值大小,又具有时间的意义。

沙袋墙结构中沙袋之间摩擦小,抗拉差,在冲击波压力作用下容易破坏。根据非接触爆破药量计算公式可以得出

$$b = \frac{Q}{K_H(a+h)^2} \tag{6-21}$$

式中:Q 为弹药装药量(kg);b 为沙袋墙厚度(m);h 为沙袋墙高度(m);a 为装药中心到墙体的距离(m);K_H 为沙袋墙材料系数,根据试验一般取 6~10。沙袋防护墙如图 6-13 所示。

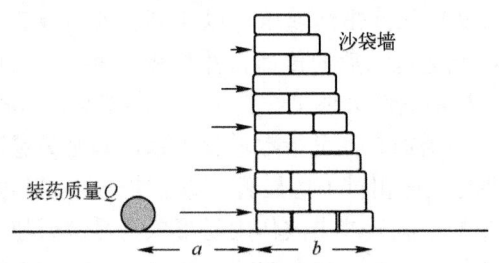

图 6-13 装药与挡墙参数示意图

3. 防护挡墙

弹药爆炸后,近区的破片滞后于冲击波,而在远区超前于冲击波。当目标距离炸点较近时,冲击波首先作用在目标上,随后破片撞击目标;在某一特定的距离上,两种毁伤元同时到达,分析时可以将两种毁伤元的能量同时作用在目标上;当目标距离炸点更远时,破片先作用在目标上,而后冲击波作用在目标上。

构建防护挡墙可以对弹药破片和爆炸冲击波起到一定的防护作用。挡墙与弹药距离越近、尺寸越高,对破片防护范围越大、效果越好,挡墙本体所受到的冲击波的危害也越大,这就对挡墙的抗爆能力提出更高的要求。

防爆墙可用钢筋混凝土、钢板、制式防爆墙以及沙袋临时堆砌,在未爆弹药处置与销毁中一般用沙袋堆砌。沙袋可就地取材,简便实用,防护效果好。

1)厚度

沙袋墙厚度应大于破片侵彻深度,能保证墙体承受冲击波时整体稳定。沙袋之间相互搭接以增强防爆墙的稳定性和防护性能。

对于小型未爆弹,如弹径小于 70mm 的导弹和火箭弹,弹径小于 75mm 的炮弹及小炸弹和手榴弹等,在未爆弹周围需要搭建双层厚的沙袋防爆墙,其厚度足以保护人员免受冲击波和破片的杀伤。这种类型的防爆墙可以采用半圆周形或圆形。

对于中等尺寸的未爆弹,如弹径达 200mm 的导弹、火箭和炮弹以及设置在地表的大尺寸弹药,在未爆弹周围需要搭建 4~5 层厚的沙袋防爆墙。这种类型的防爆墙通常采用

半圆周形。

对于大型未爆弹,如大型炮弹、导弹和通用航空炸弹等,不能在其周围修建具有有效防护能力的防爆墙,如遇这种情况,应在受未爆弹影响区域内的设备和人员周围修建堤形防爆墙,这种未爆弹威胁区与受影响区之间的防爆墙能为人员和设备提供最佳防护。

2) 高度

弹径小于 70mm 的导弹和火箭弹,弹径小于 75mm 的炮弹及小炸弹和手榴弹等,沙袋堆垛高度不小于 0.92m。对于中等尺寸的未爆弹,如弹径达 200mm 的导弹、火箭和炮弹以及设置在地表的大尺寸弹药,沙袋堆垛高度不小于 1.52m。

根据需要可以在弹药与目标之间布设多道防爆墙。弹药与防爆墙之间距离应适当减小,遮蔽碎片飞散范围,如图 6-14 所示。

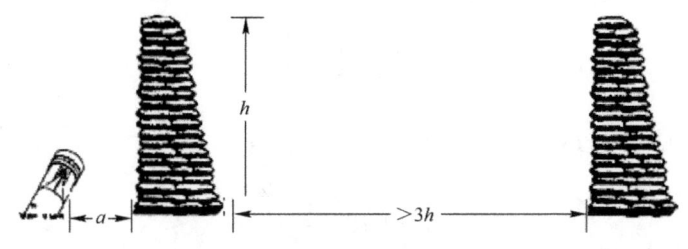

图 6-14 弹药与挡墙关系示意图

4. 覆土厚度

装药在有自由面的介质中爆炸,除了在装药周围形成压碎区、裂隙区和震动区外,装药朝向自由面方向的介质被破碎,脱离原介质形成爆破漏斗。当形成的漏斗锥顶角较小时,漏斗内破碎的介质只发生隆起,无大量碎块抛掷现象的爆破方式称为松动爆破。漏斗半径 r 与装药最小抵抗线 w 的比值称为爆破作用指数 n,影响爆破程度。

当 $n=1$ 时为标准抛掷爆破漏斗,$n>1$ 为加强抛掷爆破漏斗,$n<1$ 为减弱抛掷爆破漏斗。实践表明,在平地上爆破时 $n=0.75$ 左右是才会出现可见爆破漏斗,$n<0.75$ 时只有岩土的隆起而没有可见漏斗,也称松动爆破漏斗,$0.75<n<1$ 为加强松动爆破漏斗,岩土块度破碎比较细小。实践表明,n 不是随着装药量增大而无限增大,$n=3$ 左右时便不再增长,工程中通常取 2~2.25 为极限范围。

弹药销毁地点周边有保护目标时,可采用一定厚度的沙土等介质覆盖,使装药爆炸后在覆土表面只发生隆起而无大量碎块抛掷,才能最大限度地保证周围目标不受飞散物损坏。

1) 覆土厚度

装药在介质中爆炸,覆土厚度与装药量、介质性质、破坏程度等因素相关。根据岩土内部爆破装药量计算公式,有

$$Q = Abw^3 \tag{6-22}$$

式中:Q 为装药总量(kg);A 为覆盖介质材料系数,见表 6-14;b 为爆炸作用系数,$b = 2^{3/4}((1+n^2)/2)^{9/4}$,当 $n=0.5$ 时 $b=0.6$,无可见漏斗深度;w 为最小抵抗线(m)。

表 6-14 覆盖介质材料抗力系数

土 壤 类 别	A	说　明
湿黏土	0.32	（1）根据 TNT 炸药测试得出，其他炸药应进行换算； （2）A 值与介质密度、含水量等多种因素相关，可以进行试验确定； （3）含水量大时，A 值应适当减小
湿沙质黏土	0.53	
干黏土	0.70	
湿沙土	0.92	
干沙质黏土	1.12	
干沙土	1.51	

由式（6-22）得覆土厚度公式为

$$h = \left(\frac{Q}{Ab}\right)^{1/3} \tag{6-23}$$

将不出现可见漏斗深度时的 $b=0.6$ 代入式（6-23），得

$$h = 1.186\left(\frac{Q}{A}\right)^{1/3} \tag{6-24}$$

式中意义同上。爆炸法坑内销毁时，为根据爆破漏斗坑尺寸判断销毁效果，可以通过调整埋深将 n 值设置在 1 左右，使爆炸后出现明显漏斗坑。

2）试验验证

为寻找销毁时合理的覆土厚度，用 75gTNT 药柱进行模拟试验。试验在较干黏土中进行，75gTNT 药柱在表面爆炸形成一个爆坑。在 0.2m 地下爆炸形成漏斗半径小，飞散量少但距离较大。在 0.4m 地下爆炸漏斗半径大，飞散量较大但距离较小。在 0.6m 地下爆炸基本没有形成漏斗，基本无飞散。试验图片见图 6-15。

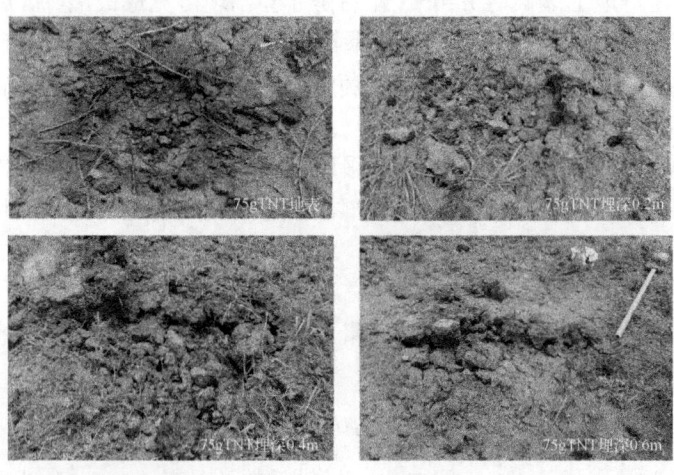

图 6-15 不同装药埋深时地表漏斗特征图

参 考 文 献

[1] 娄建武，龙源，谢兴博．废弃火炸药和常规弹药的处置与销毁技术[M]．北京：国防工业出版社，2007．

[2] 李金明，雷彬，丁玉奎．通用弹药销毁处理技术[M]．北京：国防工业出版社，2012．

[3] 方秦．TM5-855-1 常规武器防护设计原理[M]．南京：中国人民解放军工程兵工程学院，1997．

[4] 中华人民共和国国家军用标准（GJBZ20419.3—98），防护工程防常规武器设计规范[S]．1998．

[5] 周丰峻．国际常规武器效应与结构相互作用会议专题报告[R]．洛阳：洛阳水利工程研究所，1997．

[6] 王儒策，等．弹药工程[M]．北京：北京理工大学出版社，2002．

[7] 齐世福，等．军事爆破工程[M]．北京：解放军出版社，2010．

[8] 齐世福，等．爆炸反恐怖技术[M]．北京：解放军出版社，2012．

[9] 爆破安全规程[S]．GB6722—2014．北京：中国标准出版社，2015．

[10] 吴腾芳．爆破材料与起爆技术[M]．北京：国防工业出版社，2008．

[11] 郭涛，齐世福，王树民，等．大批量废旧弹药爆破销毁技术的应用[J]．工程爆破，2011（2）：89-91．

[12] 于淑宝，汪旭光．被覆爆炸法——销毁常规废旧弹药的技术[J]．工程爆破，2016（6）：83-86．

[13] 黄鹏波，等．废弃常规弹药销毁技术综述[J]．工程爆破，2013（6）：53-56．

[14] 李金明，王国栋，张玉令，等．报废弹药拆卸销毁安全性探讨[J]．工程爆破，2016（1）：46-48．

[15] 王新建．爆炸物品爆炸燃烧销毁研究[J]．中国人民公安大学学报（自然科学版），2012（3）：39-42．

[16] 范俊余，方秦，张亚栋，等．岩石乳化炸药 TNT 当量系数的试验研究[J]．兵工学报，2011（10）：1243-1249．

[17] 成艳荣，薛政宇，袁德国．聚能效应在机场地下未爆弹排除中的应用[J]．工程爆破，2010（3）：78-80．

[18] 钱武铭．销毁炮弹最小药量试验与分析[D]．武汉：武汉理工大学，2014．

[19] 尹建平，王志军．弹药学[M]．北京：北京理工大学出版社，2014．

[20] 宋桂飞，李良春，王韶光，等．激光销毁危险爆炸物应用研究进展[J]．激光与红外，2014（10）：1075-1078．

[21] 唐剑兰，王远途．NIJ0117 排爆服标准解读[J]．警用装备，2017（10）：83-86．

[22] 刘鹏，等．某型木柄手榴弹事故弹药处理与销毁[J]．四川兵工学报，2009（2）：120-121．